Wege zur Stadtplanungslehre in der DDR und der BRD um 1970

Ilona Hadasch

Wege zur Stadtplanungslehre in der DDR und der BRD um 1970

Hochschule für Architektur und Bauwesen Weimar und Gesamthochschule Kassel

Mit einem Geleitwort von
apl. Prof. Dr.-Ing. habil. Harald Kegler

Ilona Hadasch
Wien, Österreich

Originaltitel: Beginn der eigenständigen Stadtplanungsausbildung in
der DDR und der BRD um 1970 anhand der Fallbeispiele
„Hochschule für Architektur und Bauwesen Weimar" und
„Gesamthochschule Kassel". Ein Beitrag zur Hochschul- und
Disziplingeschichte.

Dissertation an der Universität Kassel im Fachbereich 6 (Architektur
– Stadtplanung – Landschaftsplanung), eingereicht 2019
Datum der Disputation: 27.02.2020
Erstgutachter: apl. Prof. Dr.-Ing. habil. Harald Kegler
Zweitgutachter: Prof. Dr. phil. Dr. h.c. Ulrich Teichler

ISBN 978-3-658-30886-5   ISBN 978-3-658-30887-2   (eBook)
https://doi.org/10.1007/978-3-658-30887-2

Die Deutsche Nationalbibliothek verzeichnet diese Publikation in der Deutschen National-
bibliografie; detaillierte bibliografische Daten sind im Internet über http://dnb.d-nb.de abrufbar.

Springer Spektrum ist ein Imprint der eingetragenen Gesellschaft Springer Fachmedien Wiesbaden GmbH
und ist ein Teil von Springer Nature.
Die Anschrift der Gesellschaft ist: Abraham-Lincoln-Str. 46, 65189 Wiesbaden, Germany

Geleitwort

Jubiläen sind gemeinhin geeignete Anlässe, Themen Aufmerksamkeit zu widmen, die ansonsten Randerscheinungen bleiben könnten. Ein halbes Jahrhundert ist ein jubiläumsträchtiger Grund, Ereignisse zu würdigen. Genau vor 50 Jahren beschloss der Landtag Hessens, die Gründung eines neuen Typs an Hochschule, die Gesamthochschule Kassel. Damit wurde der Weg bereitet für den Zusammenschluss einer Kunsthochschule mit einer Ingenieurschule und einer Landwirtschaftsschule zu einem neuen Typ an höherer Schule, die ein Prototyp für eine Reformhochschule werden sollte. Ihr sollten weitere folgen, doch es blieb in Hessen bei dem Experiment Gh Kassel. Im Laufe der Zeit entstand ein Mythos um diese fast schon legendäre Bildungseinrichtung. Wie aber war es wirklich mit der Gründung dieser Schule bestellt? Wer waren die Hauptakteure im Gründungsprozess? Welche Rolle spielte der zur Legende gewordene Lucius Burckhardt? War es ein systematischer Aufbau oder ein chaotischer Findungsvorgang? Was waren die Besonderheiten dieser Schule im Gründungsjahrzehnt?

Die Autorin näherte sich aber nicht nur dieser Hochschulgründung. Auch vor 50 Jahren, genauer 1969, wurde im anderen deutschen Staat, in Weimar, an der dortigen Hochschule für Architektur und Bauwesen, der Nachfolgeinstitution des legendären Bauhauses, ein neuer Studiengang gegründet, den es in Deutschland bis dahin als eigenständiges Lehrangebot noch nicht gab: Gebietsplanung und Städtebau. Zwar war ein Jahr zuvor in Dortmund die Fakultät Raumplanung entstanden, die jedoch den stärker gestalterisch angelegten Städtebau-Zweig nicht im Programm hatte. In Weimar war also ein integrierter Studiengang für Städtebau, Stadt- und Regionalplanung begonnen worden aufzubauen. Dieser Studiengang hatte eine Reihe von Gemeinsamkeiten mit dem Studiengang Architektur, Stadt- und Landschaftsplanung (ASL) in Kassel, der jedoch praktisch erst ab 1973 bzw. 1975 voll funktionsfähig war. Wie verlief nun der Gründungsprozess in Weimar, unter gänzlich anderen gesellschaftlichen Voraussetzungen? War die faktische Parallelität ein Zufall? Wer waren die Hauptakteure in Weimar? Wie sah das Lehrkonzept aus? Wie war das Verhältnis zur Praxis?

Diesen beiden Institutionen und derartigen Fragen ging die Autorin insbesondere durch die Einbeziehung von über 60 Zeitzeugen und -zeuginnen nach. Sie prüfte deren Aussagen anhand einer Fülle von Dokumenten und unterbreitete am Schluss einen vorsichtigen Versuch der übergreifenden Deutung dieser Gründungsprozesse. Damit betritt sie Neuland – es handelt sich um die erste Vergleichsstudie deutsch-deutscher Hochschulentwicklung (zumindest auf dem Gebiet der Stadtplanung). Sie versuchte im Wesentlichen die Quellen und Akteure sprechen zu lassen, um einen möglichst authentischen Eindruck von diesen aufregenden Jahren zu erlangen. Damit gelang eine Besonderheit, die sonst kaum mehr möglich sein würde: Akteure der ersten Stunde bzw. der Gründungsphase berichteten von dem Suchen und Finden dieser aus der heutigen Rückschau als heterodox zu bezeichnenden Studiengänge, wichen sie doch ab vom gängigen Modell der tradierten Hochschule, und doch waren sie Kinder der Zeit mit – aus heutiger Sicht – Unzulänglichkeiten und Vorstellungen der Umbruchjahre um 1970. Dies versucht die Autorin mit dem Modell der „Modus-Wissenschaften" zu fassen, was sicher weiterer Untersuchungen und Diskussionen bedarf, anderseits aber die Chance eröffnet, den deutsch-deutschen Wissenschaftsvergleich einmal nicht aus politisch-ideologischer Sicht zu bewerten, sondern aus der Innensicht der Wissenschaft, hier der reproduzierenden Wissenschat in Gestalt neuartiger Lehreinrichtungen. Ein Blick auf diesen beiden Institutionen ermöglicht es auch, aktuelle Themen im Zusammenhang mit der Weiterentwicklung der Bologna-Reform zu erörtern.

Ich möchte die geneigten Leserinnen und Leser einladen, den dokumentarisch angelegten Ausführungen zu folgen und sich ein Bild von den Gründungsjahren jener reformorientierten Schulen zu verschaffen, die beiderseits des „Eisernen Vorhangs" zu ähnlichen Themen und mit je zwar unterschiedlichen, aber dennoch zu einem Teil jedenfalls unorthodoxen Methoden und Inhalten wirkten. Mit dieser Veröffentlichung wird der Teil der Dissertation publiziert, der den Kern der Arbeit ausmachte; der umfangreiche Dokumentanhang muss bei der Autorin angefragt werden. Die Autorin hat gerade mit letzterem auch eine Grundlage für den Aufbau eines Archivs der Gründung der Gh Kassel, Fachbereich ASL, gelegt und die Dokumentensammlung zum Gründungsprozess in Weimar als Vergleichsgegenstand sofort verfügbar gemacht. Sie hat also in verschiedenerlei Hinsicht eine Grundlagenarbeit vorgelegt und den Anstoß gegeben für weitere komparative Forschungen im Bereich der Lehre zu den raumplanenden Disziplinen im vereinten Deutschland.

Kassel/Weimar   Harald Kegler

Inhaltsverzeichnis

Anhang

Anlagenband 1 – Anmerkungen zu den Anlagenbänden und Archivgut zum Fallbeispiel Weimar

Anlagenband 2 – Archivgut zum Fallbeispiel Kassel

Hinweis: Der Anhang sowie die Anlagenbände sind per Mail bei Ilona Hadasch anzufragen (ilona.hadasch@gmail.com).

Angepasste Genderklausel

Der gewählten historischen Herangehensweise entsprechend werden in der vorliegenden Arbeit bewusst zwei verschiedene Varianten des Genderns verwendet. Zum einen handelt es sich dabei um die Übernahme der nicht gegenderten Formen bei wörtlichen Zitaten aus Gesprächen und Dokumenten. Zum anderen werden gegenderte Formen bei Texten genutzt, die von der Verfasserin geschrieben worden sind, da dies im Jahr 2019 hinsichtlich der aktuellen Debatte als zeitgemäß betrachtet wird. Der Anspruch, die erläuterten zwei Sichtweisen in Einklang zu bringen, wiegt aus Perspektive der Verfasserin schwerer als die Tatsache, dass dadurch keine Einheitlichkeit hervorgebracht wird.

Abbildungsverzeichnis

Tabellenverzeichnis

Abkürzungsverzeichnis

Abkürzung	Bezug (WE = Weimar, KS = Kassel)	Ausgeschriebene Bedeutung der Abkürzung
AESOP	/	Association of European Schools of Planning
AdM	WE	Archiv der Moderne Weimar (besteht aus Universitätsarchiv und Sammlung für Architektur, Ingenieurbau, Kunst und Design)
Anm.	/	Anmerkung (wird in Zitaten verwendet)
AStA	KS	Allgemeiner Studentenausschuss oder Allgemeiner Studierendenausschuss
APuZ	/	Aus Politik und Zeitgeschichte (Beilage zur Wochenzeitung „Das Parlament")
ARL	/	Akademie für Raumforschung und Landesplanung (Sitz in Hannover)
ASL	KS	Architektur Stadtplanung Landschaftsplanung (Bezeichnung für den ehemals bestehenden Studiengang sowie für die damalige Organisationseinheit und den jetzigen Fachbereich)
BA	WE	Bauakademie der DDR
BArch	/	Bundesarchiv
BDA	KS	Bund Deutscher Architekten
BdA/DDR	WE	Bund der Architekten in der DDR, ab 1971 (davor: Bund Deutscher Architekten in der DDR)
BMBF	/	Bundesministerium für Bildung und Forschung
BPS	KS	Berufspraktische Studien
BPB	/	Bundeszentrale für politische Bildung
BRD		Bundesrepublik Deutschland (Anm. IH: Nach Information von Prof. Dr. Dr. h. c. Ulrich Teichler: In Westdeutschland war von Deutschland die Rede. Der Begriff BRD wurde in der DDR verwendet und erhält daher eine besondere Konnotation. Für diese Arbeit wird BRD dennoch verwendet, um den Unterschied zwischen West- und Ostdeutschland besser verdeutlichen zu können)

Abkürzung	Bezug (WE = Weimar, KS = Kassel)	Ausgeschriebene Bedeutung der Abkürzung
BTU	/	Brandenburgische Technische Universität Cottbus-Senftenberg
BuFaKo	/	Bundesfachschaftenkonferenz
clab	KS	Computerlabor im Fachbereich 06 (ASL) der Universität Kassel
DASL	/	Deutsche Akademie für Städtebau und Landesplanung
DBA	WE	Deutsche Bauakademie
DDR	WE	Deutsche Demokratische Republik
DFG	/	Deutsche Forschungsgesellschaft
doku:lab	KS	Dokumentationsstelle des Fachbereiches 06 (ASL) der Universität Kassel
DNK	/	Deutsches Nationalkomitee für Denkmalschutz
DSGVO	/	Datenschutzgrundverordnung
EGL	KS	Entwicklungsgruppe Landschaft
ETCP-CEU	/	European Council of Spatial Planners / Conseil Européen des Urbanistes
ENRS	/	European Network for Remembrance and Solidarity
e-PIT	/	Planerinnen- und Planertreffen der ehemaligen Stadtplanungsstudierenden
ETH	KS	Eidgenössische Technische Hochschule Zürich
FPL	WE	Fakultätsparteileitung
GEW	KS	Gewerkschaft Erziehung und Wissenschaft
GfHf	/	Gesellschaft für Hochschulforschung
GhK	KS	Gesamthochschule Kassel
GVBl.	KS	Gesetz- und Verordnungsblatt
h	/	Stunde
HAB	WE	Hochschule für Architektur und Bauwesen Weimar
HAG	WE	Hauptauftraggeber
HbK	KS	Hochschule für bildende Künste Kassel

Abkürzung	Bezug (WE = Weimar, KS = Kassel)	Ausgeschriebene Bedeutung der Abkürzung
HfG	KS	Hochschule für Gestaltung Ulm
HHG	KS	Hessisches Hochschulgesetz
HHStAW	KS	Hessisches Hauptstaatsarchiv Wiesbaden
HoF	/	Institut für Hochschulforschung Halle-Wittenberg
HSR	/	Hochschule für Technik Rapperswil (Schweiz)
IAP	KS	Integrierte Abschlussphase
IBA	/	Internationale Bauausstellung
IfZ	/	Institut für Zeitgeschichte Potsdam-München
IH	/	Ilona Hadasch (wird bei Anmerkungen in Zitaten verwendet)
INCHER	KS	International Centre for Higher Education Research
IRS	/	Leibniz-Institut für Raumbezogene Sozialforschung
KBML	KS	Kommunistischer Bund Marxismus-Leninismus
KSV	KS	Kommunistischer Studentenverband
LMU	/	Ludwig-Maximilian-Universität München
MfB	WE	Ministerium für Bauwesen
MFH	WE	Ministerium für Fach- und Hochschulwesen
min	/	Minute/Minuten
NC	KS	Numerus Clausus
NPT	WE	Nationalpreisträger der DDR
NVA	WE	Nationale Volksarmee (Armee der DDR)
NÖSPL	WE	Neues Ökonomisches System der Planung und Leitung
OE	KS	Organisationseinheit
PIT	/	Planerinnen- und Planertreffen
PO	KS	Diplomprüfungsordnung
RAF	/	Rote Armee Fraktion
RGW	WE	Rat für gegenseitige Wirtschaftshilfe
SBK	WE	Sonderbaukombinate

Abkürzung	Bezug (WE = Weimar, KS = Kassel)	Ausgeschriebene Bedeutung der Abkürzung
SBZ	WE	Sowjetische Besatzungszone
SDS	KS	Sozialistischer Deutscher Studentenbund (1946–1970 in Westdeutschland)
SED	WE	Sozialistische Einheitspartei Deutschlands
SPK	WE	Staatliche Plankommission
SPO	KS	Studien- und Prüfungsordnung
SRL	/	Vereinigung für Stadt-, Regional- und Landesplanung
UEDXX	/	Urbanism of European Dictatorships during the XXth Century Scientific Network
UniArch	WE	Universitätsarchiv Weimar
UrbanHIST	/	History of European Urbanism in 20th century, von EU gefördertes Promotionsprogramm (teilnehmende Hochschulen: Karlskrona/Schweden, Košice/Slowakei, Valladolid/Spanien, Weimar/Deutschland)
ÖGRR	WE	Österreichische Gesellschaft für Raumforschung und Raumplanung
ZK	WE	Zentralkomitee

Zusammenfassung

Die Gründungen der Stadtplanungsstudiengänge an der „Hochschule für Architektur und Bauwesen (HAB) Weimar" im Jahr 1969 und an der „Gesamthochschule Kassel (GhK)" im Jahr 1975 stehen im Mittelpunkt dieser Arbeit. Die Grundlage für diese erstmalige Beschäftigung von zwei Studiengängen im Ost-West-Vergleich bildet der Forschungsstand unter anderem zum Modell der „Transformativen Wissenschaft", zum Kontext Hochschule und zur Stadtplanung als Disziplin. Nach der begründeten Auswahl der beiden Fallbeispiele haben insgesamt 63 Gespräche der Hauptuntersuchung gedient, die sich in der „Oral History" verorten lassen. Hinzugezogen worden sind ebenfalls Dokumente beispielsweise aus dem Universitätsarchiv Weimar oder dem Hessischen Hauptstaatsarchiv in Wiesbaden, aber auch aus Privatarchiven, worin eine Herausforderung des Forschungsprozesses bestanden hat.

Als acht Schlüsselgespräche identifiziert waren, wurde die Auswertung der Transkripte mithilfe der „qualitativen Inhaltsanalyse" vorgenommen. Entlang der Forschungsfrage und den Leitfragen wurden die einzelnen Aussagen der Gesprächspartnerinnen und Gesprächspartner jeweils passendem Archivgut gegenübergestellt.

Als Hauptergebnisse der vorliegenden Untersuchung sind die Sicherung der Aussagen der damaligen Akteurinnen und Akteure, die Rekonstruktion der Gründungsprozesse in Weimar und Kassel sowie die Einordnung dieser in übergreifende gesellschaftliche und politische Zusammenhänge zu nennen.

Zusammenfassend lässt sich feststellen, dass es in diesem Vergleich neben verschiedenen Parallelitäten und Unterschieden zur Zeit der Gründungen auch personelle Bezüge von Weimar nach Kassel gegeben hat. Besonders hervorzuheben ist der Nachweis von Einflüssen auf die Gründung in Weimar aus den frühen 1950er-Jahren.

Es wird deutlich, dass durch die Arbeit eine Basis für weitere Betrachtungen geschaffen worden ist wie beispielsweise die Nutzung der umfangreichen Anlagenbände für das durch das Bundesministerium für Bildung und Forschung geförderte Verbundprojekt „Stadtwende" und ähnliche an diese Arbeit anschließende Analysen.

Schlüsselbegriffe: Stadtplanung, Disziplingeschichte, Hochschulgeschichte, Transformative Wissenschaft, Hochschule für Architektur und Bauwesen Weimar, Gesamthochschule Kassel, DDR, BRD, Ost-West-Vergleich, Oral History, Archivarbeit, Schlüsselgespräche, qualitative Inhaltsanalyse

Abstract

This paper focusses on the foundations of study programs for female and male city planners at the "Institute for Architecture and Construction Weimar" (Hochschule für Architektur und Bauwesen, HAB) in 1969 and at "Comprehensive University Kassel" (Gesamthochschule Kassel GhK) in 1975. Based on the current state of research about the model of "Transformative Science" (Transformative Wissenschaft), the context of higher education institutions and about city planning as discipline, this is the first investigation of two study programs compared in an East-West analysis.

After the justified choice of both case studies, in total, 63 interviews were conducted in the main investigation, which are referred to the method of "Oral History". Moreover, archived documentation was taken into account from the University Archive (Universitätsarchiv) Weimar, the Hessian Main State Archive (Hessisches Hauptstaatsarchiv) Wiesbaden and also several private archives, which emerged as a challenge during the research process.

Eight key interviews were identified and the evaluation of the transcripts was made by using "qualitative content analysis".

Along the research question and the lead questions the individual statements were contrasted with the respective archive material.

The securing of the statements from former female and male stakeholders, the reconstruction of the foundation processes in Weimar and Kassel as well as the classification in superordinate contexts are to be named as the main findings of the paper.

One can conclude the comparison created besides parallelisms and contrasts the facts that there have been personal connections from Weimar to Kassel during the time of the foundations. Emphasis should especially be placed on the proof of influences on the foundation which took place in Weimar from the early 1950s.

It is clear that with this paper a basis for further investigations was produced like for instance using the extensive appendix volume for the joint project "Stadtwende" which is financed by the German Federal Ministry of Education and Research (Bundesministerium für Bildung und Forschung, BMBF) dealing with the role of city planners regarding the political turn in 1989/90 and similar analyses subsequent to the present work.

Key words: City planning, history of disciplines, history of higher education institutions, Institute for Architecture and Construction Weimar, Comprehensive University Kassel, GDR, FRG, east-west analysis, Oral History, archival work, key interviews, qualitative content analysis

1 Einleitung

Die folgenden zwei Dokumente stehen für noch nicht im Detail betrachtete Prozesse, die Gründungen der Stadtplanungsstudiengänge in Weimar und Kassel. Daher handelt es sich hierbei um wichtige Quellen, die neben Zeitzeuginnen und Zeitzeugen befragt werden können, um diese Entwicklungen zu rekonstruieren.

Mit der vorliegenden vergleichenden Arbeit wird Neuland betreten und eine Einordnung ins Wissenschaftssystem gewagt.

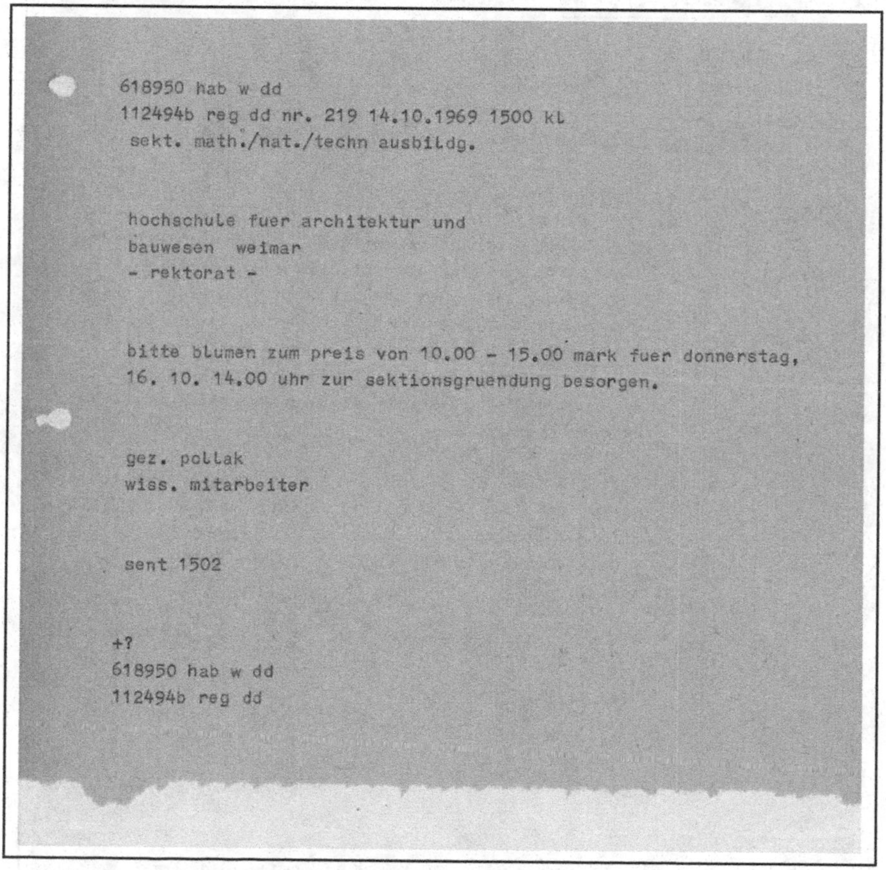

Abbildung 1:   bitte blumen (Pollak 1969) (AdM I/06/453)

© Der/die Herausgeber bzw. der/die Autor(en), exklusiv lizenziert durch
Springer Fachmedien Wiesbaden GmbH, ein Teil von Springer Nature 2020
I. Hadasch, *Wege zur Stadtplanungslehre in der DDR und der BRD um 1970*,
https://doi.org/10.1007/978-3-658-30887-2_1

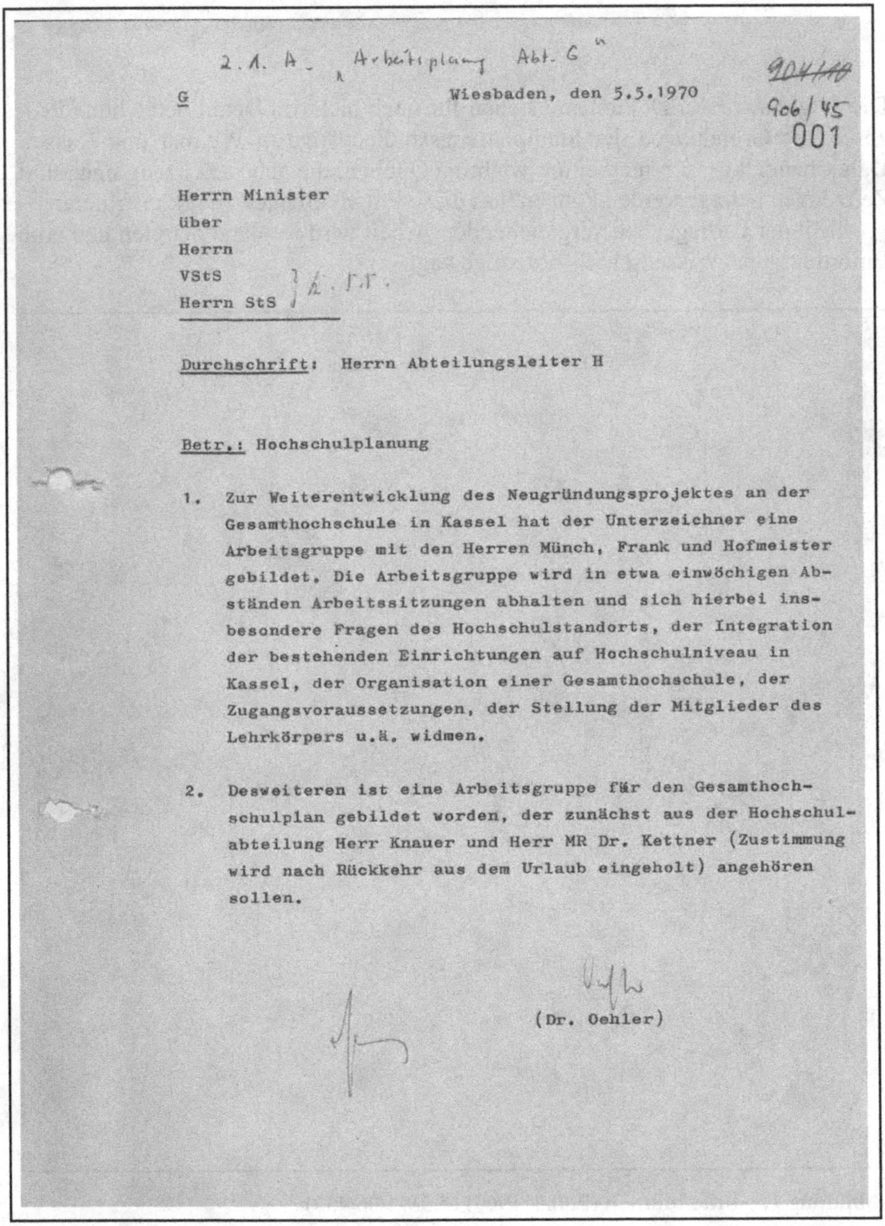

2.1.A. „Arbeitsplanung Abt. G"

G   Wiesbaden, den 5.5.1970

Herrn Minister
über
Herrn
VStS
Herrn StS

Durchschrift: Herrn Abteilungsleiter H

Betr.: Hochschulplanung

1. Zur Weiterentwicklung des Neugründungsprojektes an der
    Gesamthochschule in Kassel hat der Unterzeichner eine
    Arbeitsgruppe mit den Herren Münch, Frank und Hofmeister
    gebildet. Die Arbeitsgruppe wird in etwa einwöchigen Ab-
    ständen Arbeitssitzungen abhalten und sich hierbei ins-
    besondere Fragen des Hochschulstandorts, der Integration
    der bestehenden Einrichtungen auf Hochschulniveau in
    Kassel, der Organisation einer Gesamthochschule, der
    Zugangsvoraussetzungen, der Stellung der Mitglieder des
    Lehrkörpers u.ä. widmen.

2. Desweiteren ist eine Arbeitsgruppe für den Gesamthoch-
    schulplan gebildet worden, der zunächst aus der Hochschul-
    abteilung Herr Knauer und Herr MR Dr. Kettner (Zustimmung
    wird nach Rückkehr aus dem Urlaub eingeholt) angehören
    sollen.

                                              (Dr. Oehler)

Abbildung 2:   Betr.: Hochschulplanung (Oehler 1970) (HHStAW Abt. 504 Nr. 12.667)

1.1 Kontext der Arbeit

Fünfzig Jahre nach der Gründung des Stadtplanungsstudiengangs in Weimar und dreißig Jahre nach der politischen Wende bildet diese Arbeit eine Beschäftigung mit Gegenständen ab, die es nicht mehr vollständig gibt. Das Wissen der Zeitzeuginnen und Zeitzeugen, die an den damaligen Prozessen beteiligt gewesen sind, ist zum Teil noch vorhanden. Doch die im Fokus stehenden beiden Hochschulen, Gesamthochschule Kassel (GhK) und Hochschule für Architektur und Bauwesen (HAB) Weimar, sind in den vergangenen Jahrzehnten zur Universität Kassel sowie zur Bauhaus-Universität Weimar umgewandelt worden. Dies ist infolge verschiedener Gründe geschehen, die in dieser Arbeit angesprochen werden. Auch die zwei damals gegründeten Stadtplanungsstudiengänge „Architektur, Stadtplanung, Landschaftsplanung" sowie „Technische Gebietsplanung und Städtebau" existieren nicht mehr in der damaligen Form und auch nicht mit den ursprünglichen Namen. In Kassel sind aus dem kombinierten Studiengang drei einzelne Studiengänge Architektur, Stadtplanung und Landschaftsplanung entwickelt worden. In Weimar hat man am Institut für Europäische Urbanistik (IfEU) nach einer mehrjährigen Unterbrechung erneut Studiengänge mit verschiedenen Schwerpunkten sowie Qualifizierungsstufen, sowohl den Bachelorstudiengang Urbanistik als auch die Masterstudiengänge Urbanistik und Europäische Urbanistik, ins Leben gerufen. Diese lassen sich ebenfalls zur Disziplin (Definition s. Glossar) Stadtplanung zuordnen, was beispielsweise daran ersichtlich wird, dass man nach erfolgreichem Abschluss des Bachelorstudienganges und nach anschließender zweijähriger Berufserfahrung als Stadtplanerin oder Stadtplaner in die Architektenkammer des jeweiligen Bundeslandes aufgenommen werden kann. Die Tatsache, dass die ursprünglichen Namen und Formen nicht mehr existieren, führt zu einem Risiko der Mythos- (Definition s. Glossar) beziehungsweise Mythenbildung um die GhK und die HAB. Um diese Gefahr zu umgehen, wird für die vorliegende Arbeit eine Kombination aus verschiedenen Methoden angewandt. Dabei steht es im Vordergrund, die Quellen sprechen zu lassen.

Dieses Zitat von Karl-Otto Edel zeigt, dass Geschichtsschreibungen vorgeprägt sind:

> „Anregungen aus dem Osten Deutschlands in Betracht zu ziehen, war für die Bildungsreformer der nach der Wende größer gewordenen Bundesrepublik Deutschland offensichtlich keine Option. Man war der Auffassung, die Transformation des ostdeutschen Hochschulsystems auf westdeutschen Standard und die Reformierung des westdeutschen Hochschulsystems nicht gleichzeitig bewältigen zu können, auch wenn auf diese Art für das westdeutsche Hochschulsystem eine historische Chance für Reformen verpasst wurde" (Edel 2013, 6).

Daher sollen in dieser Arbeit übliche Denkschemata aufgebrochen werden, um
der Gefahr zu entgehen, Gemeinplätze zu wiederholen. Als grundlegende Ein-
stellungen, mit denen an die vorliegende Arbeit herangegangen worden ist, lassen sich die folgenden nennen: konzeptionelle Offenheit, keine Vorurteile und
das Konstatieren gängiger Einschätzungen, ohne sie als Richtschnur zu nutzen.
Dem Rahmen der Arbeit, der übergreifenden Einordnung in den Wissenschafts-
kontext, kommt daher eine besondere Bedeutung zu. Dieser Zusammenhang ist
neu; bisher liegt nach Informationen der Verfasserin noch keine Analyse zweier
Studiengangsgründungen in der BRD und in der DDR vor. Außerdem besteht ein
Erkenntnisinteresse, das folgende Frage beschreibt: Hat es Ansätze eines neuen
Wissenschaftstyps im Zuge der Hochschulreformen (Definition von „Reform"
s. Glossar) in Ost und West gegeben? Bei Korrespondenzen kann eine Signifikanz vorliegen, wobei weitere Studien erhoben werden müssen, um die Auffälligkeiten in der Stadtplanungslehre für andere Felder zu prüfen. Damit handelt
es sich bei dieser Betrachtung um mehr als nur einen Ost-West-Vergleich.

Die vorliegende Arbeit beantwortet Fragen und wirft andere auf. Während
in vielerlei Hinsicht Neuland betreten wird, zum Beispiel in Hinsicht auf die
Betrachtung von Personen und Institutionen, ist es beabsichtigt, dass sie eine
gewisse Oberflächlichkeit behält. Damit wird der Untersuchung im Ost-West-
Vergleich ein größerer Raum ermöglicht. Es sind mithilfe einer Vielzahl von Informationen Prozesse rekonstruiert worden, die bisher nicht betrachtet worden
sind, als Resultat der Geschichte der Modernisierung um 1970 gelten und die
Geschichte der Hochschulen erweitern. Das methodische Vorgehen liefert die
Basis für weitere Arbeiten. Indem die Quellen im Anhang[1] und in den Anlagenbänden dargestellt werden, sind Übertragungen für anschließende Fragestellungen möglich.

Der im Fokus stehende Zeitraum lässt sich der Definition von Jarausch zufolge mit „Neuere Zeitgeschichte" beschreiben. Diese Einteilung gilt seinen Aussagen nach vom Jahr 1945 bis zum Jahr 1990 (Jarausch zitiert in Hechler u. a.
2009, 16). Zeitgeschichte ist dabei als „Epoche der Mitlebenden" (Rothfels zitiert in Pasternack 2012, 7) zu verstehen. Auf dem Gebiet der jetzigen Bundesrepublik Deutschland umfasst diese Neuere Zeitgeschichte die Geschichte zweier
Staaten. Einen weiteren Unterschied zwischen diesen beiden Staaten beschreibt
Wentker wie folgt:

> „Die Feststellung, dass im Westen Deutschlands der Nationalsozialismus die zwölf-
> jährige Unterbrechung einer Demokratiegeschichte markierte, während er im Osten

---

1   Der Anhang sowie die Anlagenbände sind per Mail bei Ilona Hadasch anzufragen
     (ilona.hadasch@gmail.com).

den Auftakt einer fast 60 Jahre währenden diktatorischen Entwicklung bedeutete, klingt zunächst banal" (Wentker 2009, 30).

Die zwei Staaten gehören mit zu den Rahmenbedingungen vieler Entwicklungen. Wentker nennt in diesem Zusammenhang die Begriffe wechselseitige Perzeption, Synthesekerne sowie komparative Zugriffe (vgl. ibid.), Kleßmann beschreibt die Prozesse als „deutsch-deutsche Beziehungs-, Verflechtungs- und Kontrastgeschichte" (Kleßmann 2009, 46). In diesem Zusammenhang betont er:

> „Wir wissen heute deutlicher als früher, wie eng beide Teile trotz staatlicher Trennung verflochten waren und sich auch gegenseitig beeinflussten. Dieser Wechselbezug war zu allen Zeiten asymmetrisch" (ibid., 52).

Diese Aussagen müssen im historischen und internationalen Kontext gesehen werden, da die zwei Staatsformen als Reaktion auf den Nationalsozialismus nach Ende des Zweiten Weltkrieges entwickelt worden sind. Die ehemals durch die Siegermächte dieses Krieges besetzten Zonen haben sich auch in den darauffolgenden Jahren in Abhängigkeit der Ost- und Westmächte gewandelt.

Ein Vergleich der beiden Fallbeispiele kann – im Gegensatz zur Betrachtung eines Fallbeispiels – besondere Erkenntnisse hervorbringen. Auch die Vermutung, dass aufgrund der beinahe zeitgleichen Gründungen Gemeinsamkeiten vorliegen, spricht für die Betrachtung der Studiengangsgründungen in Weimar und Kassel.

1.2 Persönliche Motivation

Hinsichtlich der ostdeutschen Hochschulen stellt Pasternack fest: Die „zweifache Diktaturerfahrung mit der spezifischen Konnotation, dass die DDR als radikale Negation der nationalsozialistischen Diktatur entworfen worden war, verlangt nach anspruchsvollen Auseinandersetzungen" (Pasternack 2012, 6).

Diese von Pasternack genannte Herausforderung lässt sich als eine der persönlichen Motivationen identifizieren. Als eine weitere kann angeführt werden, dass die Verfasserin im zweiten Jahrgang des Bachelorstudiengangs Urbanistik an der Bauhaus-Universität Weimar studiert hat. Damit hat sie sich mit Chancen sowie Herausforderungen einer Ausbildung in der Disziplin (Definition s. Glossar) Stadtplanung in ihrem Studienalltag beschäftigt sowie im Rahmen ihrer Bachelorarbeit zu den „Kommunalen Praktika" als Element der Stadtplanungsausbildung der DDR wissenschaftlich auseinandergesetzt (vgl. Hadasch 2013). Im Anschluss daran ist das Interesse gewachsen, den Rückblick auf die Gründung an der Hochschule für Architektur und Bauwesen (HAB) Weimar in einer weiteren wissenschaftlichen Arbeit zu betrachten.

Dazu ist der Austausch mit Studierenden und Lehrenden im In- und Ausland durch das Auslandsjahr im Rahmen des Bachelorstudiengangs, den Master an einer weiteren Hochschule sowie die Planerinnen- und Planertreffen (PITs) für Stadtplanungsstudierende und Planerinnen- und Planertreffen für Alumni der Stadtplanungsstudiengängen (e-PITs) in Deutschland und im deutschsprachigen Ausland gekommen, wobei auch die Gemeinsamkeiten und Unterschiede der Stadtplanungsstudiengänge diskutiert worden sind. Beispielsweise hat die Frage um den Stellenwert der Soziologie in der Ausbildung von Stadtplanerinnen und Stadtplanern im Mittelpunkt eines Workshops und der Bundesfachschaftenkonferenz des PITs an der Brandenburgischen Technischen Universität (BTU) Cottbus-Senftenberg gestanden, das im Mai 2017 stattgefunden hat. Der Verfasserin ist unter anderem dabei aufgefallen, dass wenig Kenntnis bezüglich der Geschichte der Stadtplanungsausbildung sowie bezüglich der Hochschulen im besonderen Kontext zwischen Gesellschaft und Wissenschaft an Institutionen und in der Literatur vorhanden ist. Dahingehend herrscht also Bedarf. So soll untersucht werden, was sich wissenschaftshistorisch hinter dem Ruf Kassels als Reformhochschule mit Lucius Burckhardt und dem Image Weimars als einziger Ausbildungsstätte für Stadtplanerinnen und Stadtplaner in der DDR befindet, das über diese nach Mythos (Definition s. Glossar) klingenden Assoziationen und Voreingenommenheit, beispielsweise bezogen auf Hochschulen in der DDR, hinausgeht.

1.3   Aufbau und Gliederung der Arbeit

Auf Grundlage des Forschungsstandes wird das methodische Vorgehen abgeleitet und beschrieben. Es folgt die Datenerhebung anhand der Fallbeispiele der Gründungen der Ausbildungen für Stadtplanerinnen und Stadtplaner an der Gesamthochschule Kassel sowie an der Hochschule für Architektur und Bauwesen Weimar. Daraufhin wird ein Fazit hinsichtlich mehrerer Aspekte wie beispielsweise zur Methodik gezogen. Das letzte Kapitel umfasst, wie der Titel verdeutlicht, offene Fragen und einen Ausblick zum behandelten Themenfeld der vorliegenden Arbeit. Der Anhang sowie die Anlagenbände bieten schließlich die Möglichkeit, Informationen ausführlich darzustellen und Archivgut (Definition s. Glossar) zu präsentieren, ohne den Lesefluss zu hindern.

2 Forschungsstand

Zwischen der Einleitung und dem Kapitel zum methodischen Vorgehen dienen die Ausführungen zum Forschungsstand der Einordnung des Themas dieser Arbeit in begriffliche und geschichtliche Zusammenhänge sowie der Hinführung zur Herangehensweise.

2.1 Ein übergeordnetes Modell als Beschreibung der Veränderungen in der Wissensproduktion

Nowotny/Scott/Gibbons betonen in ihren Büchern „The New Production of Knowledge: The Dynamics of Science and Research in Contemporary Societies" (vgl. Gibbons 1994) und „Re-Thinking Science. Knowledge and the Public in an Age of Uncertainty" (vgl. Nowotny, Scott, und Gibbons 2001) (Deutsche Ausgabe: „Wissenschaft neu denken. Wissen und Öffentlichkeit in einem Zeitalter der Ungewißheit" (vgl. Nowotny, Scott, und Gibbons 2008), dass die Wissensproduktion nicht mehr einem einseitigen Kommunikationsfluss von Wissenschaft zu Gesellschaft entspricht, und beziehen sich auf Veränderungen in Technologie und Gesellschaft, wenn sie schreiben:

> „Die Argumente, die gegenwärtig aufgeboten werden, um die Gesellschaft davon zu überzeugen, daß sie die Wissenschaft fördern sollte, berücksichtigen nur unzureichend Entwicklungen, die sowohl in der Gesellschaft als auch in der Wissenschaft stattgefunden haben und in der wissenschaftlichen und politischen Literatur wie auch in der Tagespresse diskutiert werden" (ibid., 7).

Der entgegengesetzten Richtung – von Gesellschaft zur Wissenschaft – wird ihrer Meinung nach in der aktuellen Gesellschaft eine steigende Bedeutung zukommen.

Abbildung 3: Hauptsächlich diskutierter Kommunikationsfluss vor Nowotny/Scott/Gibbons (vgl. ibid., eigene Darstellung)

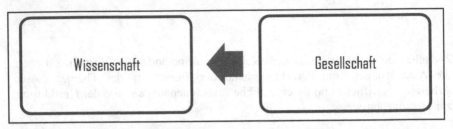

Abbildung 4:   Von Nowotny/Scott/Gibbons fokussierter Kommunikationsfluss (vgl. ibid., eigene Darstellung)

Nowotny/Scott/Gibbons begründen ihren Fokus wie folgt:

> „Die derzeit ins Feld geführten Argumente, die den Zusammenhang zwischen der heutigen gesellschaftlichen Realität einerseits und den aktuellen Forschungspraktiken andererseits erläutern, bedürfen unserer Ansicht nach nicht so sehr einer klareren Formulierung, so nützlich das auch sein mag, als vielmehr einer erneuten Betrachtung der Grundlagen, auf denen sie beruhen" (ibid.).

Dafür haben sie eine „offene und dynamische Struktur" (ibid.) erstellt, die sich aus „vier konzeptionellen Säulen" (ibid.) zusammensetzt:

> „dem Wesen der Modus 2-Gesellschaft, der Kontextualisierung von Wissen in einem neuen öffentlichen Raum, genannt ‚Agora', der Herausbildung von Voraussetzungen zur Produktion gesellschaftlich robusten Wissens und der Entstehung einer in der Gesellschaft weit verbreiteten Expertise" (ibid).

Die Konstruktion des Modus-Modells von Nowotny/Scott/Gibbons lässt sich als ein übergreifender Versuch werten, unter anderem die Veränderungen von Hochschulen im Kontext von Wissenschaft und Gesellschaft zu erklären, und bildet daher einen für die vorliegende Arbeit geeigneten Rahmen (Anm. IH: Obgleich im englischen Original die Rede von „Mode" ist, der auch in deutscher Sekundärliteratur gebräuchlich ist, wird hier der Begriff „Modus" wie in der deutschen Übersetzung verwendet).

Die drei Forschenden beschreiben Modus 1 als traditionelle Form der Wissensproduktion, wohingegen die neu entwickelte als Modus 2 bezeichnet wird. Während Modus 1 das von Newton geprägte naturwissenschaftliche Ideal fokussiert und auf akademische Institutionen angewiesen ist, ist für den Modus 2 ein Anwendungsbezug von Bedeutung. Modus 2 wird weiterhin als Wissensproduktion geschildert, die durch Transdisziplinarität und Heterogenität bestimmt ist. Lokalität und akademische Form sind für Modus 2 nicht entscheidend (vgl. Ryser 2019). Der Forschungsprozess des Modus besteht „temporär und dialogisch zwischen den Forschungsakteuren und -subjekten" (ibid.).

Die beschriebene Konstruktion ist von Wissenschaftlerinnen und Wissenschaftlern unterschiedlich aufgenommen worden. Einige Forschende, meist aus

„traditionellen und in der Gesellschaft fest verankerten Disziplinen" (ibid.), haben am Modus 2 kritisiert, dass dieser Pauschalisierungen und die Romantisierung einer höheren Wahrheit beinhaltet (vgl. ibid.). Weitere Kritikpunkte hat beispielsweise der Sozialwissenschaftler und Zeithistoriker Pasternack herausgestellt, die im weiteren Verlauf der Arbeit thematisiert werden.

Euphorie hingegen kam vonseiten verschiedener Wissenschaftlerinnen und Wissenschaftler „in berufsbezogenen Fächern, von neueren Universitäten und höheren Fachhochschulen, sowie solchen, die sich generell außerhalb des akademischen Systems befinden" (ibid.).

Auch die Weiterentwicklung des Modus-Modells durch Schneidewind und Singer-Brodowski lässt sich der zweiten Kategorie, derer, die sich für das Modus-Modell aussprechen, zuordnen.

Ryser merkt darüber hinaus an, dass Modus 2 derzeit des Öfteren gleich wie der Begriff Transdisziplinarität verwendet wird. Die Forschungen zu dieser Thematik haben aus ihrer Sicht seit dem Jahr 2000 häufig im Fokus der Natur- und Sozialwissenschaften gestanden (vgl. ibid.). Disziplinen der angewandten Ingenieurswissenschaft sowie Planungsdisziplinen werden in diesem Modell nicht angesprochen. Weitere Untersuchungen können neue Erkenntnisse dazu bringen.

Schneidewind und Singer-Brodowski haben an das Modus 1- und Modus 2-Modell von Nowotny, Scott und Gibbons angeknüpft, indem sie das Konzept der „Transformativen Wissenschaft" entwickelt haben. Die beiden Autoren gehen in dem im Jahr 2013 erschienenen Buch „Transformative Wissenschaft. Klimawandel im deutschen Wissenschafts- und Hochschulsystem" von der folgenden These aus:

„Es ist bisher nicht gelungen, die übergeordneten gesellschaftlichen Herausforderungen sowie diejenigen innerhalb des Wissenschaftssystems zusammenzubringen" (Schneidewind und Singer-Brodowski 2013, 25).

Weiter heißt es:

„Wissenschaft und Gesellschaft ‚reden' aneinander vorbei. Dabei drängt es sich geradezu auf, die ‚große gesellschaftliche Transformation' und die Entwicklungsaufgaben im Wissenschaftssystem gemeinsam zu denken" (ibid.).

Mehrere Themen und die mit diesen Bereichen zusammenhängenden Fragenkomplexe zeigen in Tabelle 1 auf, weshalb ein „Vertrag zwischen Wissenschaft und Gesellschaft" bisher nicht zustande gekommen ist und wie das gelingen könnte.

Tabelle 1:   Themen und Fragenkomplexe zu Wissenschaft und Gesellschaft

Thema	Fragen
Das Verhältnis von Wissenschaft und Fortschritt	Wie hängen Wissenschaft und Fortschritt zusammen?
	Was bedeutet es für das Wissenschaftssystem, wenn ein „neuer Fortschritt" gefordert wird?
	Sollte sich Wissenschaft überhaupt – und wenn ja, wie – in den Dienst der Beförderung von „Fortschritt" stellen?
Wissenschaft und wissenschaftspolitische Leitbilder	Welche Leitbilder prägen heute das Wissenschaftssystem und den wissenschaftlichen Erkenntnisprozess?
	Erweisen sich diese noch als angemessen für die Herausforderungen der heutigen Zeit?
gesellschaftliche Herausforderungen und disziplinäre Engführung	Wie geht man mit der Friktion um, dass gesellschaftliche Herausforderungen eine multi- und transdisziplinäre Perspektive benötigen, die die disziplinäre Logik des Wissenschaftsbetriebes häufig überfordert?
Wissenschaftsfreiheit, Hochschulautonomie und gesellschaftliche Orientierung	In welchem Verhältnis steht Wissenschaftsfreiheit und Hochschulautonomie? zu einer Ausrichtung der Wissenschaft an zentralen gesellschaftlichen Herausforderungen?
	Was ist ein aufgeklärtes Verständnis von Wissenschaftsfreiheit?
Wissenschaft und Politik-/ Gesellschaftsberatung	Wie sieht die idealtypische Schnittstelle zwischen Wissenschaft und Gesellschaft eigentlich aus?
Wissenschaft und Transformation	Was ist ein angemessenes Verständnis des Zusammenspiels von Wissenschaft und gesellschaftlichen Veränderungsprozessen?
	Was bedeutet es für Wissenschaft, wenn sie sich als „transformative Wissenschaft" versteht?
	Was sind geeignete Bezugsrahmen, um dieses Verhältnis zu beschreiben?

(ibid., S. 25 f., eigene Darstellung)

Bei der Suche nach der Antwort auf die Frage, welche Wissenschaft die reflexive Moderne braucht, dienen die Konzepte der Lernebenen von Argyris/Schön und Sterling sowie die „Modus-1/Modus-2-Differenzierung" bei Gibbons et al. und Nowotny et al. dem Autorenduo Schneidewind/Singer-Brodowski dazu, eine „Modus-3-Wissenschaft" zu konstruieren. Das verdeutlicht Tabelle 2.

Tabelle 2: Drei Lern- und Transformationsebenen und Differenzierung von Modus-1-
und Modus-2-Wissenschaft sowie Weiterentwicklung zur Modus-3-Wissen-
schaft

Wissen-schafts-system ＼ Lern- und Transfor-mations-ebenen	Modus-1-Wissen-schaft „Effizienz-lücke" / Lineare Exzellenzlogik	Modus-2-Wissen-schaft / Wissenschaft für Nachhaltigkeit	Transformative / Modus-3-Wissen-schaft
Ebene	First-Order-Learning/ Change	Second-Order-Learning/Change	Transformatives Learning/Change
Individuum	Strebsamkeit im ge-gebenen Rahmen, Lernen durch Anpas-sung	Neue Lebensentwürfe, Reflexion individuel-ler Werte und Orien-tierungen	Weisheit/Presencing, Bewusstsein über das eigene Eingebettet-Sein/In-Beziehung-Stehen
Organisation	Effizienz / operatives Controlling	Zieländerung / strate-gisches Controlling, Reflexion kooperati-ver/ organisationaler Handlungsstrategien	neue Sinn-Modelle / organisationale Wandlung in der Reflexion der gesell-schaftlichen Trans-formation
	nur schwach kontextu-alisiertes Wissen	stark kontextualisiertes Wissen	stark kontextualisier-tes System-, Ziel- und Transformations-wissen
	Wissenschaft weitge-hend ohne Einbezug gesellschaftlicher Perspektiven	Gesellschaft als zent-raler Bestandteil der Wissensproduktion	(Zivil-)Gesellschaft als Akteurin der Wissensproduktion und institutionellen Wissenschaftsorgani-sation
	disziplinär, teilweise interdisziplinär	transdisziplinär	transformativ
	homogene Wissens-basis (primär aus wissenschaftlichen Institutionen)	heterogene Wissens-basis aus unterschied-lichen Institutionen	heterodoxe Wissens-basis aus Reallaboren und konkreten Trans-formationsprozessen

Wissen-schafts-system Lern- und Transfor-mations-ebenen	Modus-1-Wissenschaft „Effizienzlücke" / Lineare Exzellenzlogik	Modus-2-Wissenschaft / Wissenschaft für Nachhaltigkeit	Transformative / Modus-3-Wissenschaft
	hierarchische Organisationsstrukturen in der Wissensproduktion	antihierarchische Organisationsstrukturen	kooperative Organisationsstrukturen in der Wissensproduktion
	disziplinäres System der Qualitätskontrolle	breit gefächerte Systeme der Qualitätskontrolle	sich im Science-Society-Zusammenspiel weiterentwickelnde Qualitätssysteme

(ibid., S. 80; ibid., S. 122, eigene Darstellung)

Auch Hechler, Pasternack und Zierold geben in Tabelle 3 eine Übersicht zu zwei Arten der Wissensproduktion.

Hier fällt jedoch auf, dass sie sich auf Modus 1 und Modus 2 beschränken; Modus 3 wird nicht beschrieben.

Für den Modus 2 tragen Hechler et al. Kritik zusammen. Zum einen betonen sie, dass an der „Signifikanz oder gar Verallgemeinerbarkeit der prognostizierten Veränderungen" (Hechler, Pasternack, und Zierold 2018, S. 62) gezweifelt wird. Sie begründen dies, indem sie schreiben, dass laut Modus 2 Universitäten maximal auf einer Stufe mit Forschung in der Industrie gewesen sind. Unklarheit bestehe daher darüber, wer die Akteure der Modus-2-Wissenschaft seien. Eine weitere Kritik bezieht sich auf die in Modus 2 beschriebene erweiterte partizipative Generierung von Wissen (vgl. ibid., S. 62 f.).

Schneidewind und Singer-Brodowski beschreiben den Zusammenhang zwischen der Modus-3-Wissenschaft und der Gesellschaft wie folgt: „Transformative Wissenschaft wirkt transformativ in die Gesellschaft hinein, befindet sich aber selber in einem kontinuierlichen Transformationsprozess" (Schneidewind und Singer-Brodowski 2013, S. 124).

Sie beziehen sich auf Maders Artikel „Transformative Performance towards Sustainable Development in Higher Education Institutions" (vgl. Mader 2012), wenn sie den Inhalt und die Institutionen der Transformativen Wissenschaft, wie in Abbildung 5 dargestellt, betrachten.

Tabelle 3: Modus 1 und 2 der Wissensproduktion

Mode 1: disziplinorientiert	Mode 2: problemorientiert
Wissensproduktion ohne explizites praktisches Ziel	Wissensproduktion soll hilfreich/sinnvoll sein, Imperativ der Nützlichkeit
Problemdefinition innerhalb der kognitiven und sozialen Normen der „scientific community"	Problemdefinition in einem Kontext der Anwendung (im weitesten Sinn) und des Problembezugs
disziplinäre Ausrichtung, Spezialisierung	transdisziplinäre/interprofessionelle Ausrichtung
Einzelarbeiterstruktur, individuelle Kreativität, institutionelle Verankerung an der Universität	Teamarbeit, vorübergehende Kooperations- und Organisationsformen, über institutionelle Grenzen hinweg
Trennung von Forschung und Anwendung, Grundlagenforschung und angewandter Forschung	Zusammenfallen von Forschung und Anwendung, permanentes Hin- und Herbewegen zwischen Theorie und Praxis, Entdeckung und Anwendung können nicht getrennt werden
stabile Umwelt	komplexe Umwelt
„feste" Ergebnisse, Suche nach fundamentalen Prinzipien	„flüchtige" Ergebnisse, können schlecht als disziplinäre Beiträge festgehalten werden, Interesse an konkreten Prozessen
enge Qualitätskriterien, Qualitätssicherung durch „peer review" und die intellektuellen Interessen des disziplinären „Gatekeepers"	Multidimensionale Qualitätskriterien, an den Kontext gebunden, Beitrag zur Problemlösung, Probleme können nicht wissenschaftlich-technisch allein gelöst werden, Werte/Präferenzen vieler Gruppen müssen einfließen, soziale Verantwortlichkeit hoch
Betonung von Methoden	Betonung von Kommunikation (zwischen Gesellschaft und Wissenschaft, zwischen wissenschaftlichen Praktikern, zwischen sozialen und physischen Einheiten) und Aushandlungsprozessen
Weitergabe durch Publikation, durch institutionalisierte Kanäle der Disziplin	Weitergabe durch „Praktiker" – jene, die teilgenommen haben und sich dann wieder neuen Problemen zuwenden
Wissenschaft = autonomes Subsystem mit stabilen Institutionen	Wissenschaft permanent im Fluss und in Turbulenz; Flexibilität und Reaktionszeit sind zentral

(Hechler, Pasternack, und Zierold 2018, S. 62 nach Pellert)

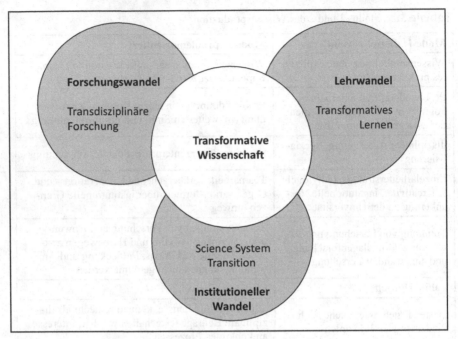

Abbildung 5:   Zusammenspiel von inhaltlichem (Forschung, Lehre) und institutionellem
Wandel einer transformativen Wissenschaft (ibid., S. 123)

Dieses Schema lässt sich nicht nur als Abbild, sondern auch als Frage verstehen, an welcher Position sich Hochschulen befinden, um an Hechler et al.
anzuknüpfen und die Kritik aufzugreifen, dass die Disziplin der Planung bisher
nicht in dieser Diskussion thematisiert worden ist.

Es wird ein Beitrag zu diesem Forschungsfeld geleistet werden, indem der
Übergang von Modus 2 (transdisziplinäre Wissenschaft) zu Modus 3 (transformative Wissenschaft) im Fokus der komparativen Untersuchung zur deutsch-
deutschen Hochschulgeschichte stehen wird. So wird exemplarisch in den zwei
Fällen der betrachteten Hochschulen und Studiengänge gezeigt werden, wie sich
Transformation und Fortschritt geäußert haben. Das Feld umfasst die vier Begriffe Hochschule, Wissenschaft, Stadtplanung und Gesellschaft, wie Abbildung 6
illustriert. Dabei ist es von Bedeutung, den Blick über die Institutionen hinaus zu
heben und die Thematik in einen internationalen Zusammenhang zu bringen.

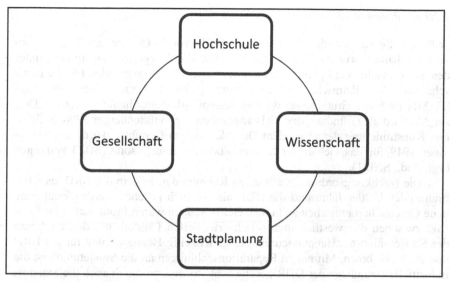

Abbildung 6:   Kontext von Hochschulen und Stadtplanung in Gesellschaft und Wissenschaft (eigene Darstellung)

2.2   Betrachtungen der BRD und der DDR

Für die weiteren Ausführungen ist es von Bedeutung, einige historische Fakten zu betrachten, um die im Fokus stehenden Prozesse einordnen zu können.

Wenngleich der Charakter der vorliegenden Arbeit über eine rein vergleichende Studie hinausgeht und darin rekonstruierend beschrieben wird, wie es in der BRD und der DDR zu den Studiengangsgründungen gekommen ist und man somit hinter die Kulissen der bekannten Strukturen und Abläufe sieht, bleibt es nicht aus, einzelne Rahmenbedingungen zu verdeutlichen. Auf diese Weise wird eine einheitliche Ausgangslage geschaffen, die eine gemeinsame Basis für tiefergehende Fallanalysen bildet, die Einblicke in die auf die BRD und die DDR bezogenen Ereignisse ermöglicht. Bewusst wird an dieser Stelle kein neuer Inhalt produziert, sondern die skizzierende, bewusst verkürzte Darstellung gewählt, da es sich nicht um den Fokus dieser Arbeit handelt. Dies muss nicht unbedingt vollständig sein und erscheint hier nur als skizzenhafter Hintergrund, da es zu diesem Thema, insbesondere zur DDR, zahlreiche zeitgeschichtliche Forschungen gibt.

2.2.1   Rahmenbedingungen

Während die Gebiete der BRD und der DDR vor 1945 eine gemeinsame Geschichte hatten, wurden infolge des Zweiten Weltkriegs, der Aufteilung unter den Siegermächten entsprechend, zwei deutsche Staaten gegründet. Für die Britische, die Amerikanische und die Französische Besatzungszone wurde am 23. Mai 1949 das Grundgesetz der Bundesrepublik Deutschland verkündet. Dieser Akt wird als Gründung der BRD angesehen (vgl. Hüttenberger 1996, S. 301). Die Konstituierung der Deutschen Demokratischen Republik wurde am 7. Oktober 1949 für das Gebiet der Sowjetischen Besatzungszone (SBZ) vollzogen (vgl. ibid., S. 321).

Die Nachkriegsordnung stellt einen Rahmen dar, in dem die BRD als Kontinuum der 1920er-Jahre und die DDR als Versuch gesehen werden kann, eine neue Gesellschaft entstehen zu lassen. Beide Staaten waren Frontstaaten im Konflikt zwischen den westlich und östlich orientierten Ländern mit den USA und der Sowjetunion als Hauptakteuren, die gleichzeitig Bezugspunkte für die BRD und die DDR boten. Mit hohen Reparationszahlungen an die Sowjetunion ist die industrielle Grundlage der DDR geschwächt worden, wodurch auch die Standorte der Ausbildungsstätten beeinflusst worden sind. Es gab also ungleiche Ausgangsbedingungen, die dazu geführt haben, dass die DDR die Modernisierung nachholen und Industrialisierung durchführen musste (vgl. Wolle 2013).

Dieses „doppelte Deutschland" (Wengst und Wentker 2008) war geprägt durch Austausch, aber auch durch Rivalität (vgl. ibid., S. 12). Möller und Mählert umschreiben diese gegensätzlichen Verhaltensweisen mit dem Begriffspaar „Abgrenzung und Verflechtung" (Möller und Mählert 2008), das von Kleßmann im Jahr 1993 als „Verflechtung in der Abgrenzung" (Kleßmann 1993) erläutert worden ist. In den grundlegenden Systemen der Politik, des Rechts und der Wirtschaft lassen sich ausschließlich Unterschiede zwischen den zwei deutschen Staaten ausmachen.

2.1.1.1   Wirtschaft

Während in der BRD die soziale Marktwirtschaft (vgl. Bundeszentrale für politische Bildung 2018) eingeführt worden ist, ist in der DDR die Planwirtschaft (vgl. Grau und Würz 2016) die vorherrschende Wirtschaftsordnung.

Für die soziale Marktwirtschaft muss „die Schaffung eines rechtlichen Rahmens, innerhalb dessen sich das wirtschaftliche Handeln abspielen kann" (Bundeszentrale für politische Bildung 2018b), stattgefunden haben.

Bei der Planwirtschaft handelt es sich dagegen um „eine zentral verwaltete Wirtschaft mit staatlich gelenkten Produktionsplänen, Preisen und Löhnen" (Grau und Würz 2016).

Mit der Industrie- und Bodenreform, die in den Jahren 1945 und 1946 durchgeführt worden ist, ist Privateigentum beispielsweise von zahlreichen Unternehmern sowie Großgrundbesitzern in Staatseigentum überführt und damit die Basis für die Planwirtschaft geschaffen worden (vgl. ibid.).

2.1.1.2 Politik

In der BRD ist mit dem Grundgesetz vom 8. Mai 1949 der Parlamentarismus festgelegt worden. Die Mitglieder des Parlaments, des Deutschen Bundestags, werden vom Volk in einer „allgemeinen, unmittelbaren, freien, gleichen und geheimen Wahl" (Krämer 2018a) gewählt. Diese kontrollieren die Regierung und regieren mit, sodass eine Aufgabenteilung von Regierung, Parlament und Staatsoberhaupt deutlich wird (vgl. ibid.).

Hingegen lässt sich das politische System der DDR als Diktatur der Sozialistischen Einheitspartei (SED) bezeichnen. Die Vormachtstellung der SED ist auf verschiedenen politischen Ebenen sichergestellt worden: in lokalen und regionalen Organen, auf dem Parteitag der SED, im Zentralkomitee der SED, im Sekretariat des Zentralkomitees, in den ZK-Abteilungen und im Politbüro (vgl. Bundesministerium für innerdeutsche Beziehungen 1988, in: Deichmann 2018, S. 14).

1968 ist der Führungsanspruch der SED verfassungsrechtlich verankert worden, sodass die SED „die uneingeschränkte und letztliche Kontrolle darüber behielt, wer als Kandidat der Nationalen Front für die Wahl zur Volkskammer aufgestellt wurde" (Krämer 2018b). Dabei sind auch Wahlen gefälscht worden, um die SED als Siegerin hervorgehen zu lassen (vgl. ibid.).

Daneben lassen sich für die DDR jedoch auch Spielräume ausmachen (vgl. Geipel und Petersen 2009), die auch in der weiteren Arbeit thematisiert werden. Internationale Bezüge wie die der BRD zu den USA und die der DDR zur Sowjetunion betonen die Beziehungen im West- und Ostkontext des „Kalten Krieges".

2.1.1.3 Justiz

Mit dem Rechtssystem der BRD sollten die Ziele der Regelung von privaten Rechtsbeziehungen, Gewährleistung der Freiheit und Sicherung des Friedens erreicht werden. Dazu wurden die Prinzipien „Richterliche Unabhängigkeit" (Art. 92 GG), „Recht auf gesetzlichen Richter" (Art. 101 GG) sowie Rechtsgarantien (Art. 103/104 GG) im Grundgesetz verankert (vgl. Pötzsch 2018).

Die Justiz in der DDR war nach dem Prinzip der Gewalteneinheit aufgebaut. Somit gab es keine Gewaltenteilung (vgl. Metzner 2018).

Im Verhältnis Bürger/Staat gab es keine Garantie dafür, dass die Freiheitsrechte eines Einzelnen gegenüber dem Staat durchgesetzt werden konnten. Metz-

ner kommt daher zu dem Schluss: „Die Grundrechte dienten also nicht der Verwirklichung des Individuums, sondern der Verwirklichung des Kommunismus"
(ibid.).

2.1.1.4   Systeme der räumlichen Planung

Die verschiedenen Umstände der Planung und des Bauens in der BRD und in der
DDR verdeutlichen, dass in den zwei Ländern unterschiedliche Rahmenbedingungen gegeben gewesen sind.

   In der BRD hat es verschiedene informelle und formelle Rechtsgrundlagen
gegeben, die sich auf die räumliche Planung bezogen haben. Zu nennen sind
hierfür das Raumordnungsprogramm (vgl. Herbert 2017b, S. 878), das Gesetz
zur Städtebauförderung (vgl. ibid.) sowie das Bundesbaugesetz (BBauG) (vgl.
Bundesbaugesetz 1960). Während das Raumordnungsprogramm einen Beitrag
dazu leisten soll, „einheitliche Lebensverhältnisse im Land zu schaffen" (vgl.
Herbert 2017b, 878), wird das Gesetz zur Städtebauförderung im Jahr 1971 verabschiedet, um beispielsweise das Programm „Städtebauliche Sanierungs- und
Entwicklungsmaßnahmen" durchzuführen (vgl. Bundesministerium des Innern,
für Bau und Heimat 2018).

   Da das Bundesbaugesetz Aussagen zu Strukturen des Systems der räumlichen Planung trifft, wird darauf näher eingegangen.

   Es besteht aus elf Teilen und Themen, wie sie in Tabelle 4 zugeordnet sind.

Tabelle 4:   Inhalt des Bundesbaugesetzes

Erster Teil	Bauleitplanung
Zweiter Teil	Sicherung der Bauleitplanung
Dritter Teil	Regelung der baulichen und sonstigen Nutzung
Vierter Teil	Bodenordnung
Fünfter Teil	Enteignung
Sechster Teil	Erschließung
Siebenter Teil	Ermittlung von Grundstückswerten
Achter Teil	Allgemeine Vorschriften; Verwaltungsverfahren
Neunter Teil	Verfahren vor den Kammern (Senaten) für Baulandsachen
Zehnter Teil	Änderung grundsteuerlicher Vorschriften
Elfter Teil	Übergangs- und Schlußvorschriften

(vgl. BBauG, eigene Darstellung)

Im achten Teil wird die abweichende Zuständigkeitsregelung erläutert:

> „Die zuständige Oberste Landesbehörde kann im Einvernehmen mit der Gemeinde
> bestimmen, daß die nach diesem Gesetz der Gemeinde obliegenden Aufgaben auf
> eine andere Gebietskörperschaft übertragen werden oder auf einen Verband, an des-
> sen Willensbildung die Gemeinde mitwirkt" (§ 147 (1) BBauG).

Weiter heißt es:

> „Landesregierungen können durch Rechtsverordnung die nach diesem Gesetz der
> höheren Verwaltungsbehörde zugewiesenen Aufgaben auf eine andere staatliche
> Behörde übertragen" (§ 147 (2) BBauG).

Als Ausnahme wird genannt, dass die „Aufgaben der höheren Verwaltungsbehörde nach dem Fünften Teil dieses Gesetzes … auf eine ihr nachgeordnete
staatliche Behörde nicht übertragen werden" (ibid.) dürfen.

Zur örtlichen und sachlichen Zuständigkeit wird beschrieben:

> „Örtlich zuständig ist die Behörde, in deren Bereich das betroffene Grundstück liegt.
> Werden Grundstücke betroffen, die örtlich oder wirtschaftlich zusammenhängen und
> demselben Eigentümer gehören, und liegen diese Grundstücke im Bereich mehrerer
> nach diesem Gesetz sachlich zuständiger Behörden, so wird die örtlich zuständige
> Behörde durch die nächsthöhere gemeinsame Behörde bestimmt" (§ 148 (1)
> BBauG).

An diesem Absatz lässt sich das Subsidiaritätsprinzip ablesen, das besagt, dass
die übergeordnete Verwaltungsebene erst dann zuständig ist, „wenn die unterge-
ordnete überfordert ist" (Wagner 2018).

Wenn eine höhere Verwaltungsbehörde nicht vorhanden ist, „so ist die
Oberste Landesbehörde zugleich höhere Verwaltungsbehörde" (*Bundesbaugesetz*
1960, §148 (2)).

Anhand des in Abbildung 7 dargestellten vereinfachten Schemas des Staats-
aufbaus der DDR ohne die Justiz-, Schutz- und Sicherheitsorgane lassen sich die
verschiedenen Ebenen des Bauwesens erkennen.

Die grafische Übersicht in Abbildung 8 verdeutlicht die Zusammenhänge
zwischen dem Bauwesen und der SED.

Welche Institutionen und Organisationen eine Rolle im Bauwesen der DDR
gespielt haben, wird in Abbildung 9 ersichtlich.

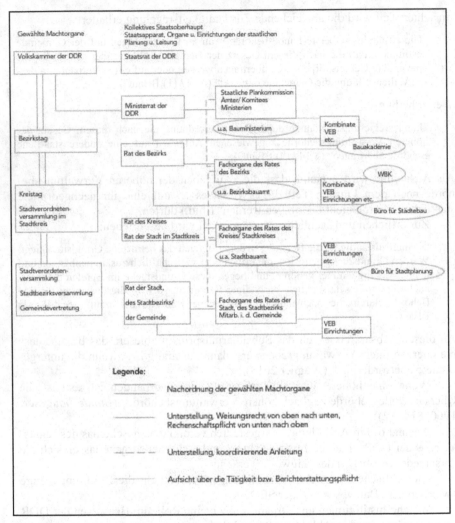

Abbildung 7: Staatsaufbau der DDR (vereinfachtes Schema ohne Justiz-, Schutz- und Sicherheitsorgane, Hervorhebung des Bauwesens) (Betker 1998, S. 284)

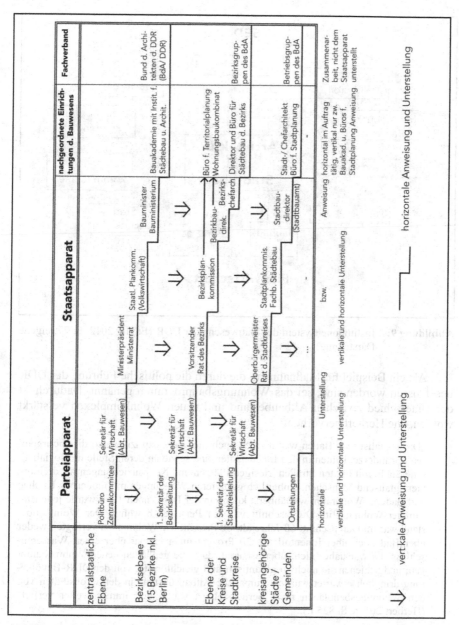

Abbildung 8: Unterstellung, Anleitung und Kontrolle des Bauwesens in der DDR durch die SED (ibid., S. 287)

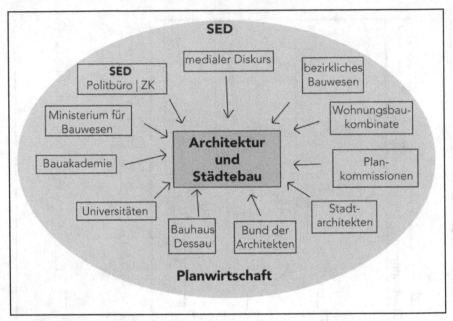

Abbildung 9:   Institutionensystem des Bauwesens der DDR (Engler 2012, S. 77, eigene
Darstellung)

Als ein Beispiel für Maßnahmen, die durch die politische Führung der DDR
beschlossen worden sind, sei das Wohnungsbauprogramm genannt. Dadurch ist
der Unterschied zwischen Altbaubestand und neuen Wohnkomplexen verstärkt
worden, wie Herbert hervorhebt:

> „Das sozialistische Bauen wandte sich auch hier ganz explizit gegen die ‚bourgeoi-
> sen' Gründerzeitbauten in den Innenstädten und setzte an deren Stelle die sozialisti-
> sche Stadt: mit breiten Straßen, riesigen Plätzen und Neubausiedlungen für dreißig-,
> vierzigtausend Menschen, einheitlich gestalteten Wohnungen mit modernen Küchen
> und Bädern. Wohnraum war äußerst knapp in der DDR, noch 1970 wurde jede Ein-
> Zimmer-Wohnung im Durchschnitt von 1,4 Personen bewohnt. Der Wohnbaube-
> stand war im Durchschnitt 60 Jahre alt, 60 Prozent der Wohnungen verfügten weder
> über Bad noch über Innentoilette, 20 Prozent nicht einmal über einen Wasseran-
> schluss. Es war daher nicht überraschend, dass die geplanten neuen Wohnsiedlun-
> gen, und schienen sie noch so gigantisch und gleichförmig, von der DDR-Bevölke-
> rung dringlich erwartet wurden, zumal die Altbausubstanz in den Großstädten von
> den Wohnungsbauplänen nicht berücksichtigt wurde und immer weiter verfiel"
> (Herbert 2017a, S. 825 f.).

Halle-Neustadt ist eine der Siedlungen, die im Zusammenhang mit dem
Wohnungsbauprogramm entstanden sind.

Während es schon zu Beginn des 20. Jahrhunderts erste Ideen zur Bebauung der Flächen gegeben hat, wird auf der Konferenz des Zentralkomitees der SED zum Chemieprogramm der DDR im Jahr 1958 beschlossen, Wohnraum für Arbeiter zu schaffen. Als Ergebnis der Standortsuche für diese Ansiedlung ist das Gebiet ausgewählt worden (vgl. Boldt 2019).

Die Grundsteinlegung der Großsiedlung ist dann am 15. Juli 1964 mit den Worten des damaligen Ersten Sekretärs der SED im Bezirk Halle und späteren Präsidenten der DDR-Volkskammer, Horst Sindermann, erfolgt:

> „In einem Zeitraum von knapp sieben Jahren soll eine moderne Stadt entstehen mit zahlreichen Wohnensembles, Schulen, Kinderkrippen, modernen Versorgungseinrichtungen, Sport- und Kulturbauten, breiten Straßen, einem repräsentativen, alles überragenden Hochhaus der Chemieindustrie – eben allem, was eine neue sozialistische Stadt ausmacht. In diesem Sinne übermittle ich allen Bauarbeitern von Halle-West die Grüße des Sekretariats der Bezirksleitung und bitte, den Akt der Grundsteinlegung zu vollziehen" (Sindermann zitiert in: Fannrich und Lautenschläger 2014).

Als Stadterweiterung für die Arbeiter-Chemiewerke in Schkopau und Leuna und deren Familien gebaut, sollen dort „70.000 Menschen in 22.000 neuen Wohnungen leben" (ibid.). Während es im Jahr 1970 bereits 40.000 Einwohner gibt, sind es maximal fast 100.000 Personen, die in Halle-Neustadt leben. Im Jahr 2014 liegt die Einwohnerzahl bei 44.500 Menschen.

Ein ehemaliger Bauhausschüler bei Walter Gropius, Richard Paulick, wird 1963 als Chefarchitekt eingesetzt. Zunächst dessen Stellvertreter und ab 1970 Nachfolger ist Karlheinz Schlesier. Insgesamt sind Hunderte Planer und Planerinnen sowie Tausende Bauarbeiter und Bauarbeiterinnen mit dem Aufbau der neuen Stadt beschäftigt gewesen (vgl. ibid.).

Anders als bei Großsiedlungen, die später erbaut worden sind, will man laut Schlesier mit Halle-Neustadt „die Stadt aus dem Baukasten" (ibid.). Über Plattenbauten hinaus werden Verfahren angewandt wie beispielsweise die Monolithbauweise und der Stahlskelettbau (vgl. ibid.).

2.2.2 Die 1960er- und frühen 1970er-Jahre in der BRD und der DDR

Die geschichtliche Einordnung geht immer einher mit gesellschaftlicher Entwicklung der betrachteten Zeit. Gerade für die 1960er- und die frühen 1970er-Jahre in der BRD wie auch in der DDR lassen sich zahlreiche Besonderheiten ausmachen, die für die weiteren Ausführungen von Bedeutung sind.

2.2.2.1   Gesellschaftliche Veränderungen als Grund für den Protest

Als Folge der Zerstörung, der Wirren und der Entbehrungen durch den Zweiten Weltkrieg stellt Herbert fest: „Alle westlichen Länder erlebten zwischen den frühen 1950er- und 1970er-Jahren einen gewaltigen wirtschaftlichen und sozialen Veränderungsschub" (Herbert 2017b, S. 842).

Diese Veränderungen wurden unter anderem deutlich in einem neuen Reichtum, in einem Umordnen der Sozialstruktur und dem Verhältnis zwischen Frauen und Männern, der einem konservativen Staatsverständnis gegenüberstand.

Auseinandersetzungen zwischen Vertretern der Nach- und denen der Vorkriegsgeneration verdeutlichte einen Wertewandel, der sich in Protestbewegungen formierte.

In den USA begonnen, breiteten sich diese Proteste in andere Länder aus. Diese nahmen jedoch unterschiedliche Ausprägungen an, die den jeweiligen Rahmenbedingungen entsprachen. Beispielsweise bezog sich die neue Opposition in Frankreich auf die bereits existierenden Bewegungen und Strukturen wie die der Gewerkschaften.

Für Westdeutschland stehen die Proteste gegen die atomare Aufrüstung im Jahr 1958 sowie gegen die Notstandsgesetze exemplarisch für den Aktionsradius der Bewegungen.

Darüber hinaus stellt der studentische Protest einen Ausdruck dieses Aufbegehrens dar. Auch dieser hat ihren Ursprung in den USA und entsteht, um unter anderem freie Meinungsäußerung an den Hochschulen zu erreichen (vgl. ibid., S. 842 ff.).

Für die DDR lässt sich infolge des „Neuen Ökonomischen Systems der Planung und Leitung" ebenfalls eine Steigerung der Arbeitsproduktivität, des Nationaleinkommens und des Lebensstandards ab dem Jahr 1964 nachweisen (vgl. Weber 2012, S. 64). Gleichzeitig gilt, dass das Verlassen der DDR nach dem Mauerbau nicht mehr gefahrlos möglich war und sich die Systemkritiker dementsprechend in einer „latenten Opposition" (ibid., S. 61) gesammelt haben. Proteste, die sich gegen das System wenden, werden durch die Instrumentarien des Überwachungsstaates weitestgehend unterbunden oder bestraft (vgl. Walther 1997, S. 235). Daher mussten andere Formen des Protests gefunden werden wie beispielsweise das Verfassen von Flugblättern und spontane Demonstrationen (vgl. Gehrke 2008).

Laut Gehrke

„kreuzten sich bei den Protesten zwei Entwicklungsstränge. Zum einen artikulieren die ‚Dubcek, Dubcek'-Forderungen mit ihrer unmittelbaren Stoßrichtung des demokratischen Sozialismus den seit den 1950er Jahren andauernden Konflikt um die Entstalinisierung und Demokratisierung im Ostblock. [...] Zum anderen schwingt wegen der Verankerung der Protestakteure in der Subkultur, aber auch wegen der

Rezeption der herrschaftskritischen Literatur aus Westdeutschland eine neue politisch-kulturelle Dimension der Auseinandersetzung mit. Sie ist eng mit der Umwertung der in der DDR gültigen, sozialistisch drapierten preußisch-soldatischen Tugenden und der protestantischen Arbeitsethik verbunden. Nahtlos schließt sie sich an die gleichzeitig artikulierenden Konflikte in Westeuropa an, später wird sie sich mehr und mehr entfalten" (ibid.).

Auch hier lässt sich also ein Wechselspiel zwischen den zwei Frontstaaten ablesen und eine Starrheit der staatlichen und wissenschaftlichen Strukturen, die nicht umgehend auf die Forderungen eingehen wollten und konnten.

2.2.2.2   Wie soll man für den Aufschwung planen und bauen?

Der Jurist Joseph H. Kaiser äußert sich im Jahr 1965 wie folgt: „Planung ist der große Zug unserer Zeit. Planung ist ein gegenwärtig ins allgemeine Bewusstsein aufsteigender Schlüsselbegriff unserer Zukunft" (Herbert 2017a, S. 805).

Der Ursprung des Planungsoptimismus liegt in der Modernisierungstheorie von Walt Rostow. Rostow beschreibt darin, dass sich Gesellschaften nach bestimmten vorhersehbaren Schemen entwickeln. Das bedeutet wiederum, dass man diese Schemen herausfinden kann, um dann Planungen vornehmen zu können.

Nachdem die Wohnungsnot nach dem Zweiten Weltkrieg durch den Wiederaufbau gelindert werden kann, stehen sich in den 1960er-Jahren zwei Vorstellungen gegenüber, wie man zukünftig planen und bauen sollte. Beide spiegeln den Planungsoptimismus wider.

Einerseits wird häufig der Wunsch nach besserem Wohnraum in Form eines Eigenheims laut und umgesetzt. Unter anderem an der dadurch entstandenen Trennung der Funktionen Wohnen und Arbeiten übt der Sozialpsychologe Alexander Mitscherlich in seiner im Jahr 1965 erschienenen Publikation „Unwirtlichkeit unserer Städte" Kritik.

Andererseits arbeitet man mancherorts an der Steinwerdung des städtebaulichen Ideals einer dichten Stadt (vgl. ibid., S. 791 ff.). So kommt es dazu, dass die diesem Ideal entsprechenden Großsiedlungen „zu einem Kennzeichen der Bautätigkeit in ganz Westeuropa und in ähnlicher, oft noch exzessiver Weise auch in den Ostblockstaaten, nicht zuletzt in der DDR" (ibid., S. 796) werden.

An dieser Stelle soll darauf hingewiesen werden, dass Planungen im Zusammenhang mit Gebäuden oder Siedlungen ein Phänomen sind, das bereits vor dem ausgesprochen auffälligen Planungsoptimismus der 1960er-Jahre entstanden ist. Ein Beispiel hierfür stellt das Modell der Gartenstadt dar.

Unter anderem der von Mitscherlich angeprangerte Verfall der Altstädte führt zum Entschluss des Europarates, das Jahr 1975 zum Europäischen Denkmalschutzjahr auszurufen. Im Januar 1974 gibt der Deutsche Städtetag dazu

Empfehlungen heraus, die an das neuaufgestellte Deutsche Nationalkomitee für Denkmalschutz gerichtet sind (vgl. Deutscher Städtetag 1974).

2.2.2.3   Die Ölkrisen – das (vorläufige) Ende des Aufschwungs und der Planungseuphorie in Westdeutschland?

In der Nachkriegszeit gibt es zwei Ölkrisen. Die erste Ölkrise wird auf die Jahre 1973 bis 1975 datiert, die zweite auf den Zeitraum von 1980 bis 1982.

Herbert konstatiert, dass es sich dabei nicht um Ereignisse, sondern vielmehr „um einen sich über etwa ein Jahrzehnt hinweg in mehreren Schüben vollziehenden krisenhaften Transformationsprozess mit vielfältigen Ursachen und Folgen" (Herbert 2017c, S. 887) handelt.

Neben der Ölpreiskrise kommt es zusätzlich zu Währungsproblemen und einer Inflation, weswegen es ab Ende 1973 die erste Wirtschaftskrise im Westdeutschland der Nachkriegszeit gibt. Indikatoren hierfür sind die Wachstumsrate, die ab 1975 mit minus 1,1 Prozent sogar negativ ist, die Verdoppelung der Arbeitslosenzahl auf 1,074 Millionen und der Anstieg der Schulden von Bund, Ländern und Gemeinden von 125,9 Milliarden D-Mark im Jahr 1970 auf 328,5 Milliarden DM im Jahr 1977. Auch die Inflationsraten bleiben mit sechs bis sieben Prozent hoch und man bezeichnet diese Situation aufgrund der zeitgleich auftretenden Inflation und Stagnation als eine Stagflation (vgl. ibid., S. 895).

Durch die Ölkrisen ist die Kritik am wirtschaftlichen Wachstum in der BRD gestiegen, internationale Bezüge liefert beispielsweise das vom Club of Rome unterstützte Buch „Grenzen des Wachstums", das im Jahr 1972 veröffentlicht worden ist (vgl. Kitzler 2018). Auch in der DDR haben die Ölkrisen Veränderungen erwirkt. So brachte die Steigerung der Energiepreise

> „den Staat dazu, Braunkohle als alleinige einheimische Energie- und Rohstoffquelle verstärkt zu verwenden. Infolge dessen wurden aus den 20er und 30er Jahren stammende Anlagen weiter genutzt, die eigentlich schon abgeschrieben und längst verschlissen waren. 1985 wurden 30 Prozent der Weltproduktion an Braunkohle in der DDR gefördert, mit steigendem Aufwand und wachsenden Umweltbelastungen" (Martens 2010).

Unter anderem in der Umweltbewegung und an den Hochschulen der DDR sind diese Missstände thematisiert worden, die sich auch im fehlenden Gestaltungsspielraum durch die meist im Fokus stehende Technologisierung und Rationalisierung geäußert haben (vgl. Richter 2017).

2.3　Der Kontext „Hochschule"

Setzt man sich mit Aspekten aus dem Kontext „Hochschule" in einer histori-schen Perspektive auseinander, wie es die vorliegende Arbeit zum Anliegen hat, dient die Geschichte der Hochschulforschung sowie die der Hochschulen und der Hochschulpolitik der Einordnung des dieser Schrift zugrunde liegenden Themas in diese Betrachtungen.

2.3.1　*Hochschulforschung im deutschsprachigen Raum seit Beginn des 20. Jahrhunderts*

Die bereits beschriebenen Veränderungsprozesse finden sich auch in der Hoch-schulforschung wieder. Um einen Einblick in die Forschung zu erhalten, die sich mit Hochschulen beschäftigt, und um die vorliegende Arbeit in diesen Zusam-menhang stellen zu können, wird im Folgenden die Entwicklung der Hochschul-forschung seit Anfang des 20. Jahrhunderts nachgezeichnet. Dabei spielen auch einige Institutionen eine wichtige Rolle.

Bis in die 1960er-Jahre war Hochschulforschung „in den meisten Ländern der Welt ein äußerst marginaler Forschungsbereich" (Teichler 2014, S. 118). Teichler begründet diese Aussage:

> „Während die Wissenschaftler(innen) aller Disziplinen behaupten, dass wissen-schaftliches Wissen eine unentbehrliche Grundlage für Fortschritt sei, blieb das Hochschulsystem ein Hort amateurhaften Denkens und Handelns: Das Hochschul-system galt als ‚im Kern gesund' und als sich weitgehend naturwüchsig, regulierend, wobei sich die Verantwortlichen bei ihren Entscheidungen von eigenen Erfahrungen und Wertungen leiten lassen konnten" (ibid.).

In den 1960ern gewinnt die Hochschulforschung durch die Studentenproteste jedoch an Bedeutung und für die 1990er-Jahre lässt sich eine Zunahme des Inte-resses an hochschulbezogenen Informationen mit Folgen wie einem Anstieg an Fachleuten verzeichnen. Laut Teichler ist die zweite Welle von Hochschulgrün-dungen ein Grund für diese Entwicklungen (vgl. ibid.).

Als einen weiteren Meilenstein der Hochschulforschung nennt er die „Ein-führung eines Systems der Akkreditierung von Studiengängen in Deutschland" (ibid., S. 128).

Mit dem Ziel, eine Übersicht der Institutionen zu erhalten, die sich mit Hochschulforschung beschäftigen, haben René Krempkow und Martin Winter im Auftrag der Gesellschaft für Hochschulforschung (GfHf) die „Kartierung der Hochschulforschung in Deutschland 2013 – Bestandsaufnahme der hochschul-forschenden Einrichtungen" (Krempkow und Winter 2013) erstellt.

Darin werden die folgenden Institutionen erwähnt:

- die Abteilung Hochschulforschung am Institut für Erziehungswissenschaften der Humboldt-Universität zu Berlin
- die AG Hochschulforschung der Universität Konstanz
- das Bayerische Staatsinstitut für Hochschulforschung und Hochschulplanung (IHF)
- das Deutsche Zentrum für Hochschul- und Wissenschaftsforschung (DZHW, ehemals HIS-HF)
- das Institut für Hochschulforschung (HoF) an der Universität Halle-Wittenberg
- das International Centre for Higher Education Research der Universität Kassel (INCHER)
- das Promotionskolleg „Verantwortliche Hochschule" an der Universität Flensburg
- die Studiengänge zur Hochschulforschung
  (ibid., S. 5)

Der Auftraggeber dieser Studie, die Gesellschaft für Hochschulforschung (GfHf), ist 2006 in Kassel gegründet worden (Gesellschaft für Hochschulforschung 2018a) und beschreibt seine Aufgaben folgendermaßen:

> „In der Gesellschaft für Hochschulforschung (GfHf) sind Wissenschaftlerinnen und Wissenschaftler aus wichtigen Bildungs-, Hochschul- und Wissenschaftsforschungseinrichtungen im deutschsprachigen Raum (A, CH, D) versammelt. Nachwuchswissenschaftlerinnen und -wissenschaftlern eröffnet die GfHf eine hervorragende Plattform für den Austausch mit anderen Nachwuchskräften und ‚etablierten' Wissenschaftlerinnen und Wissenschaftlern. Die GfHf als Gesellschaft im wissenschaftlichen und praxisnahen Forschungsfeld der Hochschulforschung hat ebenfalls Mitglieder aus der Praxis, beispielsweise dem Hochschulmanagement.
>
> Die GfHf bietet Hochschulforscherinnen und Hochschulforschern aus verschiedenen Fachdisziplinen die Möglichkeit, einen fächerübergreifenden Diskurs zum Forschungsgegenstand Hochschule zu führen. Des Weiteren versteht sich die GfHf als Drehscheibe für den Austausch zwischen Wissenschaft und Praxis. Sie versteht sich als Ansprechpartnerin für die Politik und offeriert wissenschaftliche Beratung durch ausgewiesene Expertinnen und Experten zu aktuellen und grundlegenden Entwicklungen im Hochschulwesen" (ibid.).

Zu den Zielen der GfHf gehören unter anderem die „Vernetzung und Außenwirkung der Hochschulforscherinnen und -forscher im deutschsprachigen Raum" (Gesellschaft für Hochschulforschung 2018b), die „Intensivierung des fachlichen Austauschs und der Professionalisierung aller HochschulforscherInnen" (ibid.) sowie die „Förderung von Kooperationen zwischen Forschungsinstituten und Hochschulen" (ibid.).

2.3.2   Hochschulpolitik in der BRD und der DDR

Bezogen auf die Entwicklungen in der BRD und in der DDR konstatiert Herbert:

> „Der Glaube an den Fortschritt auf Grundlage von Wissenschaft und Technik war ein festes Band zwischen Ost und West. Dass die Zukunft planbar sei, der Wohlstand unbegrenzt vermehrbar und die Aussichten leuchtend, war hier wie dort verbreitete Gewissheit, wenngleich unter der Voraussetzung, dass das jeweils eigene Ordnungsmodell die Oberhand gewönne" (Herbert 2017a, S. 825).

Pasternack betont: „Wissenschaft ist überall und systemunabhängig nur ausnahmsweise Spitzenwissenschaft" (Pasternack 2012, S. 36). Für die BRD und die DDR in den 1960er- und 1970er-Jahren macht er die Indienstnahme der Wissenschaft und die Wissenschaftsgläubigkeit als Gemeinsamkeiten aus (vgl. ibid., S. 35 ff.). Er betrachtet Wissenschaft in der BRD und in der DDR aus der historischen Perspektive und stellt dabei einige Unterschiede fest, wie in Tabelle 5 dargestellt wird.

Auch bei dieser Gegenüberstellung handelt es sich um Vereinfachung, die keine Abbildung der Entwicklung beinhaltet. So lässt sich beispielsweise anmerken, dass die Autonomie der Wissenschaft bei den Studentenprotesten infrage gestellt worden ist. Die vorliegende Arbeit leistet einen weiteren Beitrag zur Betrachtung der beiden im Fokus stehenden Entwicklungen in Ost und West.

Die Idee der Hochschule in der DDR beschreibt die Professorin für Hochschuldidaktik, Buck-Bechler, anhand vier verschiedener Aspekte und von fünf Funktionen:

> „(1) Grundprägung aus einem Verständnis von Interessenausgleich und Konsens auf der Grundlage der marxistischen Weltanschauung
> (2) Hochschule war der Tradition der deutschen Universität von Humboldt etc. – weltanschaulich zurechtgebogen – verpflichtet
> (3) Dominiert durch funktionale Bezüge im gesellschaftlichen Kontextsystem, deren Ausgangspunkt die Reproduktionsprobleme der Gesellschaft waren
> (4) Staatspolitische Programme -> Steuerung im Rahmen gesamtgesellschaftlicher Erfordernisse + ideologische Bevormundung und politische Überwachung
> Staatspolitische Funktion
> Wissenschaftsfunktion
> Sozialisationsfunktion
> Reproduktionsfunktion
> Autonomie/Selbsterhaltungsfunktion: Gering" (Buck-Bechler 2012, S. 32 ff.).

Die Hochschulentwicklung in der BRD und der DDR ist jedoch nicht statisch, sondern verändert sich in dynamischen Prozessen. In der BRD will man mit der Hochschulrahmengesetzgebung auf Bundesebene Einheitlichkeit schaffen. Hoymann nimmt in seiner Beschreibung der Ausgangslage für die Hochschul-

Tabelle 5:   Wissenschaft in BRD und DDR

BRD	DDR
Wissenschaft als autonome Sphäre	Wissenschaft instrumentell als Teil eines gesamtgesellschaftlichen Produktionsprozesses
Eigenlogik der Wissenschaft, auch hier politische Interventionen (begründet durch Großteil der Finanzierung) aber: zumindest öffentlich thematisierbar und diskussionsfähig	– keine freie Fachkommunikation und eingeschränkte wissenschaftliche Öffentlichkeit – Zensur – fehlender beziehungsweise behinderter Zugang zu internationaler Fachliteratur – versagte Reisegenehmigungen – ungern: briefliche Kommunikation mit westlichen Fachkollegen – geheimpolizeiliche Überwachung – sowjetische Wissenschaft und „Klassiker" als Wahrheitsmaßstab
Zentraler Unterschied: Wie wird Steuerung von Wissenschaft aufgefasst und umgesetzt?	
Fortwährend findet Auseinandersetzung zwischen Steuerungsoptimisten und Steuerungspessimisten statt.	Steuerungsoptimismus (außer in kurzer Phase in 1960ern, als der Eigenlogik der Subsysteme breiterer Raum verschafft werden soll)
Autonomie der Wissenschaft nie grundsätzlich infrage gestellt worden	Heteronomie (= Fremdbestimmtheit) dominiert Verhältnis von Wissenschaft und Politik.
Metaphorisch:	
BRD-Politik lässt Wissenschaft ihr eigenes Habitat organisieren (Grundannahme: je restriktionsfreier, desto effektiver die Erträge).	DDR-Politik domestiziert Wissenschaft.

(vgl. ibid., eigene Darstellung)

rahmengesetzgebung Bezug auf den von dem Pädagogen Georg Picht geprägten Begriff der *Bildungskatastrophe* und dessen gleichnamige Veröffentlichung aus dem Jahr 1964:

> „Picht machte auf nur ungenügende Unterrichtsbedingungen und eine im Vergleich zu anderen Ländern geringere Abiturientenquote aufmerksam. Zudem prangerte er die durch den Bildungsföderalismus verursachten Unterschiede im Bildungswesen

der einzelnen Bundesländer und eine extreme Ungleichverteilung der Bildungschan-
cen in der Bundesrepublik an. Er forderte ein stärkeres Engagement des Bundes im
Bildungsbereich. Bezüglich der Hochschulen warnte er vor stetig zunehmenden Stu-
dentenzahlen und forderte eine schnellstmögliche und deutliche Erweiterung der
Kapazitäten. Picht prognostizierte einen Lehrer- und Hochschullehrerbedarf, der
seiner Ansicht nach durch die Absolventen an deutschen Hochschulen kaum noch zu
decken war.

Insgesamt übte Picht mit seinem düsteren Szenario einer Zeit, in der Deutschland
seine hohen Bildungsstandards nicht mehr würde beibehalten können, massive Kritik am Bildungsföderalismus und regte mit dem Leitsatz ‚Jedes Volk hat das Bildungswesen, das es verdient' zu durchgreifenden Veränderungen an" (Hoymann
2010, S. 64).

Verschiedene Entwicklungen folgen der Initiative von Picht. So veröffentlicht
der Soziologe Ralf Dahrendorf 1965 das Buch „Bildung ist Bürgerrecht", das
große öffentliche Aufmerksamkeit erregt und Reaktionen hervorruft wie beispielsweise die Gründung des Deutschen Bildungsrates und den von der Bundes-
regierung verfassten „Bericht über den Stand der Maßnahmen auf dem Gebiet
der Bildungsplanung" (ibid., S. 65).

Als im Laufe des Jahres 1968 die studentischen Proteste immer stärker werden, fühlt sich der Staat „durch derartige Vorkommnisse in seinen Grundfesten
bedroht" (ibid., S. 70), da noch keine Hochschulgesetze vorhanden sind. Der
Druck auf die Länder wächst, da diese die Hochschulgesetzgebungskompetenz
innehaben (vgl. ibid., S. 70 f.).

Schweppenhäuser kommentiert die Vorgänge folgendermaßen:

„1968 wollte die Studentenbewegung die sozialen Bildungsprivilegien schleifen.
Unbeabsichtigt stimmten sie darin mit jenen überein, die unter ‚Reformen' Maßnahmen zur Steigerung der wirtschaftlichen Leistungsfähigkeit im Konkurrenzkampf
sahen" (Schweppenhäuser 2018).

Bundeskanzler Kiesinger will Einheitlichkeit in der Hochschulgesetzgebung erreichen, dazu kommt es jedoch nicht; ein geplanter „Staatsvertrag über Grundsätze für die Reform der wissenschaftlichen Hochschulen und über die Verein-
heitlichung des Ordnungsrechts an den Hochschulen" (ibid., S. 73) wird 1969
von zwei Landesregierungen nicht unterschrieben und von vier Landesparlamen-
ten nicht ratifiziert (vgl. ibid.).

Daher verabschieden die jeweiligen Landesregierungen eigene Hochschulgesetze, in denen sie „ihre eigenen hochschulpolitischen Vorstellungen" (ibid.,
S. 74) durchsetzen wollen.

Am 14. Mai 1969 wird jedoch das 22. Gesetz zur Änderung des Grund-
gesetzes verkündet, das eine Neuordnung der Finanzverfassung zum Ziel hat.
Durch die darin enthaltene Erweiterung des Artikels 75 erhält der Bund die

Rahmenkompetenz über die allgemeinen Grundsätze des Hochschulwesens (vgl. ibid., S. 77).

Bezogen auf verschiedene Hochschulformen im Jahr 1971 erläutert Hoymann:

> „Für die Bundesregierung stellte die integrierte Gesamthochschule das Ziel einer Neuordnung der Hochschullandschaft dar. Ihr erster Gesetzentwurf sah dementsprechend eine Zusammenfassung aller bestehenden Hochschularten vor, wodurch eine Bündelung von Aufgaben in Forschung, Lehre und Studium erreicht werden sollte" (ibid., S. 126 f.).

Durch eine Bildungsreform will man diese Absicht in die Realität umsetzen. Kritik hierzu kommt von der CDU/CSU, die sich gegen die Idee der integrierten Gesamthochschulen ausspricht, jedoch ein Nebeneinander von einer kooperativen und der integrierten Form der Gesamthochschulen präferiert (vgl. ibid., S. 127).

Insgesamt ist die in einem Aufsatz aus dem Jahr 1971 als „Luftschloß am Planungshorizont der deutschen Hochschulpolitik" (ibid., S. 128) bezeichnete Gesamthochschule laut Hoymann ein Hauptstreitpunkt in der Diskussion um das Hochschulrahmengesetz (vgl. ibid.).

Für Edel sind die Bemühungen um Reformen, die sich unter anderem auf die Gründung von Gesamthochschulen beziehen, nicht erfolgreich gewesen. Er zitiert Thieme, der Kritik am konsekutiven Modell der Gesamthochschule übt:

> „Das konsekutive Modell geht davon aus, daß alle Studenten zunächst einen gemeinsamen Ausbildungsgang von drei Jahren durchlaufen, der sie zur Graduierung führt. Ein Teil der Studenten wird dann in einem weiteren ein- bis zweijährigen Curriculum zur Diplomierung geführt. Die Struktur des konsekutiven Modells zeigt zunächst schon, daß die Gesamthochschule entgegen der vielfach vertretenen Meinung zunächst eine Hochschule der Ungleichen ist. Man könnte sie auch als Zweiklassenhochschule bezeichnen, in der die Masse eine ‚einfache' Ausbildung erhält, während eine kleinere Zahl der Studenten mit dem Folgecurriculum als Auserwählte zu den ‚höheren Weihen' geführt wird. Es ist nach bisherigen Erfahrungen vorauszusehen, daß fast alle Studenten anstreben, auch das zweite Curriculum zu durchlaufen. Daher stellt sich die Frage, ob es sinnvoll sein kann, von vornherein die Masse der Studenten zu einem Abschluß zu führen, der ganz andere Ziele hat als die Diplomierung. Denn der erste Abschluß, der dem heutigen Fachhochschulabschluß entspricht, wird wesentlich stärker praxisbezogen sein als der zweite Abschluß. Die Unterschiede der Zielsetzung ergeben sich dann schon in den ersten Kursen des Studiums. Es kann ja gar nicht anders sein: Wenn das Lehrziel des gesamten Curriculums unterschiedlich ist, so müssen auch die Lehrziele der einzelnen Veranstaltungen unterschiedlich sein. Praktisch bedeutet das bei der konsekutiven Gesamthochschule, daß alle, auch diejenigen, die die Diplomierung anstreben, zunächst einmal mehr praxisorientiert ausgebildet werden, einen praxisbezogenen Abschluß erhalten und ein großer Teil von ihnen später weitergeführt werden soll in einer Phase des Studiums, die zweckmäßig der Spezialisierung vorbehalten wird, um hier die fehlenden Grund-

lagenkenntnisse nachzuholen. Es stellt sich damit heraus, daß das System der konsekutiven Gesamthochschule nicht nur die geschilderten Mängel hat, sondern auch
unökonomisch ist" (Edel 2013, S. 5).

Der Wandel im Hochschulsystem der DDR hingegen wird beispielsweise anhand
der Hochschulreformen deutlich. Im Duden wird der Begriff „Reform" wie folgt
definiert:

> „planmäßige Neuordnung, Umgestaltung, Verbesserung des Bestehenden (ohne
> Bruch mit den wesentlichen geistigen und kulturellen Grundlagen)" (Bibliographi-
> sches Institut GmbH 2018b).

In der DDR hat es drei Hochschulreformen gegeben, die einen Wandel im System der Hochschulen mit sich gebracht haben.

Während die anderen Hochschulreformen tatsächliche Reformen gewesen
sind, lässt sich dies im Fall der 1. Hochschulreform nicht eindeutig feststellen.
Walther vermutet jedoch, dass sich hinter der 1. Hochschulreform die Wiederer-
öffnungen der Universitäten und Hochschulen im Jahr 1946 verbergen (vgl.
Walther 1997, 232).

Im Jahr 1951 gibt es durch die 2. Hochschulreform drei Änderungen des
Hochschulsystems der DDR. Es wird das marxistisch-leninistische Grundlagen-
studium Pflicht, das Semester wird durch ein zehnmonatiges Studienjahr ersetzt
und Studierendenvertretungen werden der FDJ angeschlossen (vgl. ibid.).

Kaiser stellt fest, dass insbesondere drei Aspekte zur 3. Hochschulreform
geführt haben (vgl. Kaiser 2006, S. 10). Zum einen nennt er Walter Ulbrichts
Rede auf dem vom 15. bis zum 21.01.1963 stattgefunden VI. Parteitag der
SED, der darin von „Grundsätzen des einheitlichen Bildungssystems" (ibid.,
S. 7) spricht und damit Diskussionen entfacht (vgl. ibid., S. 10).

Außerdem erläutert Kaiser, dass es sich beim Zeitraum des „Neuen Ökonomischen Systems der Planung und Leitung der Volkswirtschaft" (NÖS) der
Jahre 1963 bis 1965 um einen Abschnitt handelt, der die DDR-Hochschulpolitik
hin zur Ausrichtung, wie von DDR-Forschern aus Westdeutschland konstatiert
wird, auf „‚Ökonomisierung' und ‚Versachlichung'" (ibid., S. 10) wandelt.

Im Dezember 1965 wird auf dem sogenannten „Kahlschlag-Plenum" des
Zentralkomitees dem NÖS jedoch ein Riegel vorgeschoben, indem festgelegt
wird, „diversen staatlichen Behörden die Zentralplanung im Bildungswesen zu
übertragen" (ibid.).

Die 3. und letzte Hochschulreform in der DDR aus den Jahren 1967/68 (vgl.
ibid., S. 7 f.) beinhaltet die Bildung von Sektionen und die Aufteilung der Sektionen in Wissenschaftsbereiche. Wenngleich die Strukturen der Hochschulen, die
der Selbstverwaltung dienen, nicht aufgelöst werden, bedeutet dies jedoch, dass
ausschließlich akademische Parteivertreter über die Sektion bestimmt haben (vgl.
Walther 1997, S. 234 f.). Inwieweit dies auch anhand des Fallbeispiels dargelegt
wird, werden die Ausführungen zeigen.

2.4   Stadtplanung als Disziplin und Ausbildung

Um eine Einordnung zu ermöglichen, stehen in den folgenden Ausführungen die Disziplin Stadtplanung sowie die Ausbildung von Stadtplanerinnen und Stadtplanern im Fokus.

2.4.1   Herausbildung der Disziplin der Stadtplanung

Laut Duden wird „Disziplin" in dem hier gemeinten Sinn als „Wissenschaftszweig; Teilbereich, Unterabteilung einer Wissenschaft" (Bibliographisches Institut GmbH 2018a) definiert.

Im Handwörterbuch der Raumordnung, das durch die Akademie für Raumforschung und Landesplanung (ARL) herausgegeben worden ist, wird der Begriff der Stadtplanung in einem Eintrag behandelt.

So wird seit etwa 1910 Stadtplanung „für die vorausschauende Lenkung der räumlichen Entwicklung einer Stadt" (Albers 2005) in Deutschland verwendet. Die Veröffentlichung „Groß-Berlin, ein Programm für die Planung der neuzeitlichen Großstadt" (ibid.), die von Möhring, Eberstadt und Petersen als Beitrag zum städtebaulichen Wettbewerb für Berlin eingereicht worden ist, trägt maßgeblich dazu bei.

Im Jahr 1909 gibt es in England bereits ein Gesetz mit dem Titel „Town Planning Act" sowie die Zeitschrift „Town Planning Review" (vgl. ibid.).

In den 1960er-Jahren wird der Begriff der „Stadtentwicklungsplanung" eingeführt, der einen „umfassenderen methodischen und inhaltlichen Anspruch" (ibid.) beinhaltet und die bis dahin häufig gleich verwendeten Begriffe „Stadtplanung und Städtebau" stärker voneinander abgrenzt.

Inzwischen versteht man unter dem Planungsbegriff „die Planung eines künftigen Zustandes" (ibid.), „die Planung des zeitlichen Ablaufs eines Projektes" (ibid.) oder aber „die Planung der sinnvollen Verwendung knapper Ressourcen" (ibid.).

Die Stadtplanung gilt dabei als Schnittstelle dieser Verständnisse:

> „So geht es für die Planung der Stadt insgesamt darum, mit den räumlichen Ressourcen hauszuhalten und die notwendigen Festlegungen so zu begrenzen, dass der Handlungsspielraum für die Zukunft offen bleibt – während die auf Herstellung, Neubau, Umbau gerichtete Planung zwangsläufig Ressourcen festlegt" (ibid.).

Im Fokus von Stadtplanung heute steht die Erarbeitung von Konzepten, die als Instrumente für ein „management of change" (ibid.) betrachtet werden. Albers schreibt dazu:

> „Ein solches Konzept muss auf Veränderungen im Entwicklungsablauf reagieren können, deshalb flexibel bleiben, aber vor allem ständig an den gesellschaftlichen

Zielen und Gegebenheiten gemessen und entsprechend fortgeschrieben werden" (ibid.).

Die Begriffsentstehung in Deutschland wird mit dem Jahr 1910 beziffert, da in diesem Jahr in der Veröffentlichung „Groß-Berlin, ein Programm für die Planung der neuzeitlichen Großstadt" (Albers 2005, S. 1085) Stadtplanung erwähnt worden ist.

Bis in die 1960er-Jahre werden die Begriffe Stadtplanung und Städtebau meist synonym verwendet. Dann wird die Stadtentwicklungsplanung fokussiert, die einen „umfassenderen methodischen und inhaltlichen Anspruch" (ibid.) in die Disziplin bringt.

Ebenfalls ab den 1960er-Jahren wird die im Städtebau übliche Folge „Bestandsaufnahme – Planung – Verwirklichung" nach und nach durch die Idee der Planung als andauerndem Prozess theoretisch unterlegt und ersetzt (vgl. ibid., S. 1086).

Hans H. Blotevogel und Bruno Schelhaas liefern mit ihren Beiträgen zum Kapitel „Geschichte der Raumordnung" in der ARL-Veröffentlichung „Grundriss der Raumordnung und Raumentwicklung" für den Zeitraum 1945 bis 1990 Übersichten für die Entwicklung der Raumordnung in der BRD und in der DDR. Das von Blotevogel verfasste Kapitel „Raumordnung im westlichen Deutschland 1945 bis 1990" besteht aus vier Abschnitten:

„Raumordnung in der frühen Nachkriegszeit: Kontinuität und Neubeginn

Die Diskussion über die Institutionalisierung der Raumordnung in den 1950er Jahren

Raumordnung in den 1960er und frühen 1970er Jahren: die Blütezeit der räumlichen Gesamtplanung

Raumordnung in den späten 1970er und in den 1980er Jahren: Bedeutungsverlust und neue Akzente" (Blotevogel 2011)

Schelhaas unterteilt sein Kapitel „Räumliche Planung in der SBZ und DDR 1945 bis 1990" ebenfalls in vier chronologische Phasen:

„Landesplanung 1945 bis 1952

Von der Landesplanung zur Gebietsplanung 1952 bis 1965

Von der technisch-gestalterischen Gebietsplanung zur komplex-territorialen Bezirksplanung 1965 bis 1990

Abwicklung der DDR-Territorialplanung" (Schelhaas 2011)

Hingegen führt Joachim Bach in seinem im Jahr 1974 in der Wissenschaftlichen Zeitschrift der Hochschule für Architektur und Bauwesen Weimar erschienenen Artikel „Zu einigen Aspekten der städtebaulichen Arbeit der Weimarer Hochschule in den letzten 25 Jahren" (Bach 1974) in vier Etappen die städtebauliche Entwicklung der DDR aus,

> „die sich einerseits durch ein hohes Maß an Kontinuität in der Auffassung des all-
> gemeinen Zieles, menschenwürdige, das heißt von den Merkmalen der Klassentren-
> nung befreite, funktionierende und schöne Städte zu schaffen, auszeichnen, anderer-
> seits durch unterschiedliche Aspekte hinsichtlich der Realisierung dieser Ziele
> charakterisiert sind" (ibid., S. 227).

Die vier Zeitspannen umfassen aus seiner Perspektive:

> „–   Die erste Etappe von der Verkündung des Gesetzes über den Aufbau der Städte
> (1950) bis zur 1. Baukonferenz (1955).

> –   Die zweite Etappe von den Anfängen des industrialisierten Massenbaues bis
> zum V. Parteitag der SED (1958).

> –   Die dritte Etappe vom Beginn des ersten Siebenjahrplanes und den dadurch
> ausgelösten Arbeiten der generellen Stadtplanung bis zum Jahre 1970.

> –   Die vierte, gegenwärtige Etappe, die mit der Formulierung der gesellschaft-
> lichen Hauptaufgabe auf dem VIII. Parteitag und das dadurch ausgelöste Woh-
> nungsbauprogramm eingeleitet wurde" (ibid.).

Harald Kegler beschreibt in seiner Dissertationsschrift aus dem Jahr 1987, die den Titel „Die Herausbildung der wissenschaftlichen Disziplin Stadtplanung: ein Beitrag zur Wissenschaftsgeschichte" (Kegler 1987) trägt, unter anderem „Das Modell für die Entwicklung der Disziplin Stadtplanung" (ibid., S. 185 f.). Mit diesem Modell nimmt er eine Einteilung vor, die im Unterkapitel „Die Perio-disierung des Herausbildungsprozesses" (ibid.) von ihm erläutert wird. Darin wird die Entstehung der Disziplin der Stadtplanung in drei Phasen aufgeschlüs-selt. Es handelt sich um die „Initialphase (1870–1890)" (ibid., S. 186), die „Kon-stituierungsphase (1890–1910) – Ausbau des disziplinären Kerns" (ibid., S. 187) sowie die „Etablierungsphase (1910–1922) – Vollendung des disziplinären Re-produktionssystems" (ibid.).

Die einzelnen Phasen werden nach den folgenden Aspekten charakterisiert:

> „a) Wissensbestand […]
> b) Institutionen […]
> c) gesellschaftliche Bedürfnisse – das Verhältnis von Wissenschaft und Praxis […]
> d) internationale Kontakte […]
> e) Personenkreis (Initiatoren disziplinärer Entwicklung) […]
> f) Gegenstandsorientierung" (ibid., S. 186 ff.)

Laut Kegler wird in der Initialphase die Disziplingenese eingeleitet, die darauf-hin in der Konstituierungsphase im Wesentlichen erfolgt und in der Etablie-rungsphase abgeschlossen wird. Mit dem Abschluss der Disziplingenese wird ihre Weiterentwicklung begonnen (vgl. ibid.).

Des Weiteren beschreibt Kegler, dass sich die Institutionalisierung der Disziplin Stadtplanung zwischen 1874 und 1922 vollzogen hat (vgl. Kegler 1987, S. 5). Er nennt dabei unter anderem

> „– dirigierende Institutionen (ministerielle Einbindung, juristischer Apparat, wissenschaftliche Akademie);
>
> – kommunikative/kollektionierende Institutionen (Vereine, Publikationen, Kongresse, Ausstellungen) und
>
> – publizierende und reproduzierende Institutionen (Forschungsinstitut, Lehreinrichtungen)" (ibid.).

2.4.2 Geschichte der Ausbildung von Stadtplanerinnen und Stadtplanern

Auch zur Ausbildung von Stadtplanerinnen und Stadtplanern gibt es einen Eintrag im Handwörterbuch der Raumordnung. Dieser ist mit „Planerausbildung und Berufsbild" (Domhardt und Kistenmacher 2005) betitelt. Darin beschreiben Domhardt und Kistenmacher unter anderem die Anforderungen an die Ausbildung von Planerinnen und Planern, beginnend im Jahr 1956, mit einer Denkschrift zur Planungsausbildung von Göderitz, die den Namen „Ausbildung und Eignung von Stadt- und Landschaftsplanern" (ibid.) trägt.

Die von Göderitz erläuterten Themen lauten:

> „– die Ausrichtung auf die Bedürfnisse der Gesellschaft in ihrem wissenschaftlichen und politischen Bezug,
>
> – Planung als Koordinierung und Abwägung,
>
> – Erweiterung disziplinierter Denkweisen und Wertungen" (ibid.).

Domhardt und Kistenmacher ergänzen, dass es bei der Ausbildung von Planerinnen und Planern darum geht, Inhalte und Methoden zu vermitteln. Die Felder reichen dabei von Entwurf, Planungsrecht, Ökonomie, Analyse und Evaluation von Abläufen, Konzepterstellung, Bewertung, Beratung in Politik und Privatwirtschaft, Kenntnisse in Management bis hin zu Moderation und Mediation (vgl. ibid.).

Im Anhang B der Gründungscharta der ETCP-CEU (European Council of Spatial Planners / Conseil Européen des Urbanistes), der im November 1995 von der Generalversammlung der ECTP angenommen worden ist, findet man ebenfalls grundlegende Informationen zur Planerinnen- und Planerausbildung (vgl. European Council of Spatial Planners / Conseil Européen des Urbanistes 2018).

Die Einleitung lautet wie folgt:

> „Ergänzung zum Anhang B der Europäischen Stadtplaner-Charta
> Der gemeinsame Hauptteil für die Planungsausbildung und das Training

Die ECTP definiert den kleinsten gemeinsamen Hauptteil für die Ausbildung und den Planungsberuf.

Dieser gemeinsame Hauptteil ist ein integraler Bestandteil des Anhangs B der Europäischen Stadtplaner-Charta und ein fundamentaler Bestandteil des Planungsberufs in Europa.

Die Sprache und die Reihenfolge sind so gestaltet, dass jede europäische Planungshochschule den gemeinsamen Hauptteil entsprechend ihrer eigenen Anforderungen an die Ausbildung interpretieren kann" (European Council of Spatial Planners / Conseil Européen des Urbanistes 2018) (Übersetzung Englisch–Deutsch durch die Verfasserin).

Schließlich werden fünf Themenfelder dargestellt:

„1. Zusammenhang zum Umfeld

2. Theorie und Methode des Planens

3. Institutionelle Rahmenbedingungen

4. Professionelle Praxis und Techniken

5. Professionelle Angelegenheiten" (ibid.) (Übersetzung Englisch–Deutsch durch die Verfasserin).

Domhardt und Kistenmacher beschreiben, dass erst seit einigen Jahrzehnten Möglichkeiten zur Ausbildung für Raumplanung und damit auch für Stadtplanung bestehen. Bis dahin sind Planerinnen und Planer in „traditionellen Disziplinen wie Architektur, Bauingenieur- und Vermessungswesen, Landespflege, Geographie oder Wirtschafts- und Sozialwissenschaften" (Domhardt und Kistenmacher 2005, S. 753 f.) ausgebildet worden. Weitere Details der für den Beruf notwendigen Kenntnisse hat man meist anschließend in der Praxis gelernt.

Im englischsprachigen Raum richtet man in den 1930er-Jahren eine Stadtplanungsausbildung an Hochschulen ein. Circa 20 Jahre später werden Studiengänge zum Thema gegründet.

In Deutschland gipfelt das gestiegene Erfordernis, Stadt- und Raumplanerinnen sowie Stadt- und Raumplaner auszubilden, in der Mitte der 1960er-Jahre im Aufbau selbstständiger Studiengänge. Im Jahr 1985 folgt der Zusammenschluss in der „Association of European Schools of Planning" (AESOP).

Neben eigenständigen Studiengängen werden auch Vertiefungsrichtungen in anderen verwandten Studienrichtungen verankert und darüber hinaus Bezüge zu Themen der Stadtplanung in weiteren Studiengängen hergestellt (vgl. ibid.).

2.4.3   Übersicht der Neugründungen von Stadtplanungsstudiengängen in BRD und DDR zwischen 1969 und 1975

In den 1960er- und 1970er-Jahren werden einige neue Universitäten in der BRD gegründet. Stadtplanungsstudiengänge werden dabei teilweise als Element der neuen Institutionen mitgegründet oder in bestehende Einrichtungen integriert. In der Veröffentlichung „Ordnung und Gestalt" (vgl. Düwel und Gutschow 2019), wie der erste Band zur Geschichte der Deutschen Akademie für Städtebau und Landesplanung betitelt ist und der den Zeitraum 1922 bis 1975 umfasst, bietet das Kapitel „Aus- und Weiterbildung von Stadt- und Landesplanern sowie Debatten zum Selbstverständnis" (vgl. ibid., S. 394 ff.) Hinweise auf diese Entwicklung.

Für die DDR stellt der Studiengang Gebietsplanung und Städtebau eine Besonderheit dar, da er im Jahr 1969 als einziger in der DDR an der Hochschule für Architektur und Bauwesen Weimar gegründet und dort Regionalplanung verknüpft mit Städtebau gelehrt worden ist. Zwar hat die Hochschule bereits bestanden, jedoch wird der Studiengang gleichzeitig mit der neuen gleichnamigen Sektion eingeführt. Diese Prozesse müssen daher im Zusammenhang gesehen werden.

Studiengänge, die über die Kombination Planung und Städtebau hinausgehen, werden bewusst außen vor gelassen, um eine klare Abgrenzung zu Studiengängen der Architektur beziehungsweise architekturähnlichen Studiengängen sowie zu Studiengängen der Geografie zu schaffen. Deswegen werden beispielsweise Stuttgart, München und Hannover für die BRD und Berlin-Weißensee, Halle (Saale) und Leipzig für die DDR nicht aufgeführt. So setzt sich Tabelle 6 als Übersicht der Gründungen von Stadtplanungsstudiengängen im deutschsprachigen Raum zusammen.

Tabelle 6:   Gründungen von Stadtplanungsstudiengängen im deutschsprachigen Raum

DDR	BRD	Schweiz, Österreich
(1955: Hochschule für Bauwesen Cottbus Fachrichtung Verkehr und technische Versorgung in Gebiet, Stadt und Dorf (vgl. W4:4))	**1965: Rheinisch-Westfälische Technische Hochschule Aachen** Stadtplanung (vgl. Jorgas 2012) (Vertiefungsmöglichkeit an Fakultät Architektur)	**1965: Eidgenössische Technische Hochschule Zürich (Schweiz)** Gründung Studiengang „Raumplanung" (vgl. Signer 2014)

DDR	BRD	Schweiz, Österreich
1969: Hochschule für Architektur und Bauwesen Weimar Fachrichtungen „Technische Gebietsplanung" und „Städtebau" (vgl. Welch Guerra 2011, S. 281) (Integration in bestehende Einrichtung, jedoch zeitgleich Neugründung der Sektion Gebietsplanung und Städtebau)	**1969: Technische Universität Dortmund** Raumplanung (vgl. Gruehn, Reicher, und Wiechmann 2019) (erste Neugründung der Studienrichtung in BRD)	**1972: Hochschule Rapperswil (Schweiz)** Gründung Studiengang „Siedlungsplanung" (1997 Umbenennung in Studiengang „Raumplanung", 2018 Umbenennung in Studiengang „Stadt-, Verkehrs- und Raumplanung") (vgl. Honegger 2019)
(1970: Technische Universität Dresden Landschaftsarchitektur (vgl. Hamacher 2018))	**1971: Gesamthochschule Kassel** (vgl. Armbruster 2004,97) WS 1975/76: interdisziplinär: Architektur, Stadtplanung, Landschaftsplanung (vgl. Neusel u. a. 1975) (Neugründung der Gesamthochschule, vier Jahre später: Gründung des Studiengangs)	**1975: Technische Universität Wien (Österreich)** Studienrichtung Raumplanung (vgl. Bökemann, Klotz, und Semsroth 1993)
	1972: Doppeluniversität Trier-Kaiserslautern Raum- und Umweltplanung (vgl. Technische Universität Kaiserslautern 2019) (Integration in bestehende Einrichtung)	
	1972: Technische Universität Berlin (vgl. Frick 1997, S. 6) Stadt- und Landschaftsplanung voneinander getrennt, Name des Studiengangs: Stadt- und Regionalplanung (Integration in bestehende Einrichtung)	

DDR	BRD	Schweiz, Österreich
	1983: Technische Universität Hamburg-Harburg Studiengang Städtebau-Stadtplanung (vgl. Schubert 2013, S. 13) (Integration in bestehende Einrichtung)	
(eigene Darstellung)		

2.5   Zwischenfazit und Auswahl der Fallbeispiele

Als Fazit aus diesen Darlegungen sollte man die Zweistaatlichkeit, die durch den Bau der Mauer manifestiert worden ist, hervorheben. Gleichzeitig muss die Verwobenheit von BRD und DDR bedacht werden, wenn die Umbrüche betrachtet werden, die Ende der 1960er-Jahre stattgefunden haben.

Insgesamt wird anhand des dargestellten Forschungsstandes deutlich, dass eine umfassende Auseinandersetzung mit vorhandenem Archivmaterial, ein Abbilden der innerlichen Entwicklungsprozesse und eine über Randbemerkungen hinausgehende intensive Aufarbeitung im Ost-West-Vergleich fehlen.

Dabei sollen folgende Aspekte in die Beschäftigung einfließen:

- Die Begriffsdarstellungen sind nicht statisch, sondern als Anregung zu einer thematischen Diskussion zu verstehen.
- Stadtplanung ist eine relativ junge Disziplin.
- Im Wörterbuch der Raumordnung wird nicht auf die Planerinnen- und Planerausbildung in der DDR eingegangen, geschweige denn auf einen deutsch-deutschen Vergleich der Planerinnen- und Planerausbildung.
- Zwischen der BRD und der DDR bestehen bedeutende Unterschiede in Politik, Wirtschaft und Justiz.
- Ein vielschichtiger Vergleich von Systemen der räumlichen Planung in verschiedenen Ländern ist möglich.
- In den 1960ern finden zahlreiche Gründungen von Hochschulen in der BRD statt.
- Im Zeitraum von 1965 bis 1975 finden sechs Studiengangsgründungen der Stadtplanung in der BRD sowie eine in der DDR statt. Dabei handelt es sich um Integrationen in bestehende Strukturen oder komplette Neuerungen.

Die Auswahl der Fallbeispiele bezieht sich auf die folgenden Kriterien:

- Beginn der eigenständigen Lehre zur Stadtplanung
- Interdisziplinarität der Lehre
- Komplexität der Planungsverständnisse
- Einordnung in übergreifende gesellschaftliche Kontexte

Die Bearbeitung der Fallbeispiele wird zudem geleitet von folgenden Prinzipien:

- ein Fallbeispiel aus der DDR, eines aus der BRD
- Feldzugang: bereits vorhandene Kontakte zu Archiven und beteiligten ehemaligen Lehrpersonen
- noch lebende Zeitzeugen, die zum Teil über Privatarchive verfügen

Die Analyse der gesellschaftlichen Ereignisse hat einen Modernisierungsstau sowohl für die BRD als auch für die DDR Ende der 1960er-Jahre dargelegt. Daraus ergibt sich die Hypothese, dass es sich bei den Gründungen der Gesamthochschule Kassel und der Sektion Gebietsplanung und Städtebau an der Hochschule für Architektur und Bauwesen Weimar um Antworten auf die Krisen als Top-Down-Reaktionen handelt und indirekt gleichzeitig Bottom-Up-Kräfte wirken. Darüber hinaus sind die Fallbeispiele gewählt worden, da sie am treffendsten die institutionelle Einbindung, die eigenständige Ausbildung von Stadtplanerinnen und Stadtplanern, die räumlich-gestalterische Perspektive sowie den Modus 2 abbilden.

Beim Konzept der „Transformativen Wissenschaft" nach Schneidewind und Singer-Brodowski handelt es sich um ein übergreifendes Modell, das eine Vergleichbarkeit jenseits der gesellschaftlichen Unterschiede ermöglicht, ohne diese damit auszublenden. „Transformative Wissenschaft" ist zugleich ein aktuelles Thema, das über die Modus-Theorie historisch verankert werden kann. Eine Periodisierung der Hochschulentwicklung insgesamt kann noch nicht das Ziel sein, vielmehr steht ein – erstmaliger – Vergleich von zwei parallel gegründeten Lehreinrichtungen zu einem komplexen Gegenstand (Raumplanung, Stadt- und Landschaftsplanung) im Fokus. Den Mittelpunkt der Untersuchung bilden Zeitzeugen. Zusammen mit schriftlichen Quellen, soweit die vorliegenden Quellen zugänglich und auswertbar gewesen sind, sind die Zeitzeugengespräche zum Quellenvergleich und der Quellenkritik verwendet worden. Der Dokumentenanhang soll neben der Erfüllung der Belegfunktion auch Anlass geben zu weiterführenden Studien.

3 Methodisches Vorgehen

Die Auswahl des Vorgehens dieser Arbeit ist dadurch geprägt, dass es für das Erkenntnisinteresse, die Disziplin Stadtplanung historisch in Bezug auf die Studiengänge zu betrachten, bisher kein Vorbild gibt. Somit handelt es sich um eine Grundlagenarbeit, für die eine dafür passende Herangehensweise hat gefunden werden müssen, die die Disziplin, den Ost-West-Vergleich und die Studiengänge in den Fokus rückt.

Basierend auf der Tatsache, dass es wenig Literatur zu den Studiengangsgründungen in Weimar und Kassel gibt, kommt den Zeitzeugen eine besondere Bedeutung zu. Ausführliche Darstellungen direkter Zitate sind für die Arbeit entscheidend. Ziel ist es, die Quellen selbst sprechen zu lassen. Dennoch stellen die Gespräche kein reines Ergebnis dar. Die Auswertungen der Gespräche sind untereinander und mit Archivgut (Definition s. Glossar) verglichen worden; damit dienen die Gespräche als eine von mehreren Grundlagen, um das Risiko einer einseitigen Darstellung zu minimieren.

Als Stadtplanerin ist die Verfasserin herangegangen und hat damit ihre Hausdisziplin stückchenweise verlassen. Sie diskutiert historiografische Methoden und operationalisiert diese für das Forschungsprojekt.

3.1 Forschungsfrage und Leitfragen

Ausgehend vom Forschungsstand sind die Forschungsfrage und Leitfragen entwickelt worden.

Die Forschungsfrage lautet: „Welche Einflüsse haben im Kontext der gesellschaftlichen Modernisierung in der BRD und der DDR um 1970 zur Gründung eigenständiger Stadtplanungsstudiengänge geführt, insbesondere an der Gh Kassel und der HAB Weimar?"

Aus der Beschäftigung mit dem Forschungsstand sowie der Operationalisierung der Forschungsfrage sind die in Tabelle 7 aufgeführten Themen und Leitfragen entwickelt worden.

Auf Grundlage der Forschungsfrage und der Leitfragen ist der Gesprächsleitfaden erstellt worden, der sich in Anhang 1[2] befindet.

---

2   Der Anhang sowie die Anlagenbände sind per Mail bei Ilona Hadasch anzufragen (ilona.hadasch@gmail.com).

© Der/die Herausgeber bzw. der/die Autor(en), exklusiv lizenziert durch
Springer Fachmedien Wiesbaden GmbH, ein Teil von Springer Nature 2020
I. Hadasch, *Wege zur Stadtplanungslehre in der DDR und der BRD um 1970*,
https://doi.org/10.1007/978-3-658-30887-2_3

Tabelle 7:   Thematische Ableitung der Leitfragen

Thema	Leitfrage
Zeitraum der Gründungen	Auf welche Zeiträume können die Gründungen bezogen werden?
Planungssystem und Lehre	Welche Planungssysteme haben in der BRD und der DDR zur Zeit der Studiengangsgründungen vorgelegen? Wie lassen sich diese in der Lehre erkennen?
Gesellschaftliche Umbrüche	Wie ist die Lehre der zwei Studiengänge an große gesellschaftliche Umbrüche beziehungsweise Modernisierungen angepasst worden?
Inhalt und Methodik der neugegründeten Institutionen	Wie hat die spezifische inhaltliche und methodische Struktur der neugegründeten Institutionen in Bezug auf die Anforderungen der jeweiligen Planungspraxis ausgesehen? Verbergen sich dahinter Modernisierungsprozesse der Industriegesellschaft?
Für Gründungen wichtige Personen, internationale Kontakte	Welche Schlüsselpersonen beziehungsweise welche Personenkreise oder personellen Verflechtungen haben in den Prozessen eine besondere Rolle gespielt? Haben internationale Kontakte von den an der Gründung in Kassel und Weimar beteiligten Personen bestanden?
Gemeinsamkeiten und Brüche	Welche Zusammenhänge, welche Brüche lassen sich zwischen den Prozessen in Weimar und Kassel feststellen?

(eigene Darstellung)

Die Untersuchung, inwieweit es sich bei den Prozessen in Weimar und Kassel um Entwicklungen hin zu einer der **Modus 3 entsprechenden „Transformativen Wissenschaft"** handelt, bezieht sich insbesondere auf die Leitfragen

- zu den gesellschaftlichen Umbrüchen
  (Wie ist die Lehre der zwei Studiengänge an große gesellschaftliche Umbrüche beziehungsweise Modernisierungen angepasst worden?) und
- zum Inhalt und Methodik der neugegründeten Institutionen
  (Wie hat die spezifische inhaltliche und methodische Struktur der neugegründeten Institutionen in Bezug auf die Anforderungen der jeweiligen Planungspraxis ausgesehen? Verbergen sich dahinter Modernisierungsprozesse der Industriegesellschaft?).

3.2   Chronologisch angewandte Methoden

Das im Prozess des Dissertationsvorhabens angewandte methodische Vorgehen wird nach der chronologischen Anwendung im Verlauf des Forschungsprozesses anhand Abbildung 10 beschrieben, wodurch die damit verbundenen, aufeinander aufbauenden Arbeitsschritte verdeutlicht werden.

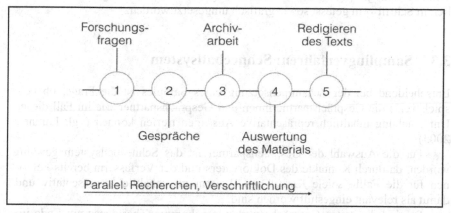

Abbildung 10: Arbeitsprozess und Anwendung der Methoden (eigene Darstellung)

Insgesamt handelt es sich bei der gewählten Vorgehensweise um „Triangulation", da weder die Gespräche noch Akten und Dokumente allein aussagekräftig genug sind, um die Gründungsprozesse rekonstruieren zu können. Unter „Triangulation" versteht man eine

> „Methode, die zur Steigerung der Validität von Untersuchungen in der qualitativen Forschung eingesetzt wird. Ein Untersuchungsgegenstand wird mit unterschiedlichen Methoden, an unterschiedlichem Datenmaterial, von unterschiedlichen Forschern und/oder vor dem Hintergrund unterschiedlicher Theorien untersucht" (Spektrum Akademischer Verlag online 2000b).

Im Fall der vorliegenden Arbeit werden verschiedene Methoden und unterschiedliches Datenmaterial verwendet.

Der Fokus ist auf noch lebende Zeitzeuginnen und Zeitzeugen gelegt worden, womit ein Unterschied zu einer reinen Archivaliengeschichte verdeutlicht wird. Damit wirkt diese Arbeit dem zeitgeschichtlichen Problem entgegen, dass es immer weniger Zeitzeuginnen und Zeitzeugen gibt und Archive nicht vorhanden oder noch nicht ausreichend thematisch aufgearbeitet worden sind.

Ausgehend von den Forschungsfragen sind Leitfragen für Gespräche erstellt worden. Das Sampling (vgl. Lamnek 2005) der Gesprächspartner ist mithilfe des

Schneeballprinzips geschehen. Die Gespräche sind anhand der Leitfragen geführt worden, bis eine theoretische Sättigung erreicht gewesen ist. Um eine Auswahl der Gespräche zu ermöglichen, ist es notwendig gewesen, Schlüsselgespräche zu identifizieren und – daran anschließend – selektiv zu transkribieren. Zu dem Material aus den Gesprächen sind Dokumente aus Archiven gesammelt worden. Die Daten der Gespräche sind mit der „qualitativen Inhaltsanalyse" analysiert, passendes Archivgut (Definition s. Glossar) zugeordnet und die Ergebnisse schließlich in Schriftform gefasst sowie grafisch umgesetzt worden.

3.3   Samplingverfahren: Schneeballsystem

Entscheidend bei der Zusammensetzung eines Samples ist die Frage, ob beispielsweise die Gesprächspartnerinnen und Gesprächspartner wie im Fall dieser Untersuchung inhaltlich repräsentative Aussagen treffen können (vgl. Lamnek 2005).

Für die Auswahl der Gesprächspartner ist das Schneeballsystem gewählt worden, da durch Kontakte des Doktorvaters und der Verfasserin bereits Personen für die Fallbeispiele Kassel und Weimar als inhaltlich repräsentativ und damit als relevant eingestuft worden sind.

So sind die ersten Gespräche zustande gekommen, bei denen am Ende im Sinne des Schneeballsystems nach Personen gefragt worden ist, die thematisch ebenfalls aussagefähig sein könnten.

Laut Przyborski und Wohlrab-Sahr besteht beim Schneeballsystem die Gefahr, dass man sich nur innerhalb bestimmter Netzwerkstrukturen bewegt (vgl. Przyborski und Wohlrab-Sahr 2010).

Um das zu vermeiden und unterschiedliche Spektren des Lebens, Positionen und Perspektiven zu erhalten, ist das Samplingverfahren des gezielten Schneeballsystems mit folgenden Personengruppen ausgewählt worden:

- (ehemalige) Mitarbeitende relevanter Ministerien
- (ehemalige) Professorinnen und Professoren / Kanzlerinnen und Kanzler
- (ehemalige) Forschungsstudierende / Aspirantinnen und Aspiranten / wissenschaftliche Mitarbeitende
- (ehemalige) Angestellte der Hochschulen
- (ehemalige) Gastdozentinnen und Gastdozenten
- (ehemalige) Studierende

3.4 Pretest

Der Pretest für die Gespräche ist in zweifacher Weise durchgeführt worden. Zunächst handelt es sich um ein Verfahren ohne Befragungsperson (vgl. Möhring und Schlütz 2003). Dafür ist eine Expertenbewertung gewählt worden, wobei dem Doktorvater dieser Arbeit der Gesprächsleitfaden vorgelegt worden ist und er im Gespräch mit der Verfasserin darüber geurteilt hat.

Daraufhin hat ein Pretest im Feld, der Standard-Pretest (vgl. ibid.), am Freitag, dem 23.09.2016, um 14 Uhr im Archiv der Moderne in Weimar stattgefunden.

Anhand dieses Pretests ist festgestellt worden, dass die/der Interviewte keine großen Probleme hat, auf die Fragen zu antworten, und auch die Interviewerin hat ihre Aufgaben ohne Schwierigkeiten erledigen können.

Technische Probleme mit dem Leitfaden und dem Aufnahmegerät sind nicht aufgetreten.

Das Interesse und die Aufmerksamkeit sind während des gesamten Gesprächs gleichbleibend gewesen und das Wohlbefinden ist nicht merklich beeinträchtigt worden.

Grundsätzlich sind die Verständlichkeit sowie die technische Richtigkeit der Fragen gegeben gewesen. Die Zeitdauer des Interviews ist mit circa 1 h 15 min etwas länger als die ursprünglich angedachte Zeit von 1 h gewesen.

Für die Hauptuntersuchung sind aus dem Pretest folgende Erkenntnisse übernommen worden:

Die Interviewten werden zu Beginn des Treffens gefragt, ob sie damit einverstanden sind, dass das Gespräch aufgezeichnet wird. Dies dient sowohl der Dokumentation als auch der Veranschaulichung des Forschungsprozesses.

Des Weiteren wird den Interviewpartnern ein Kärtchen überreicht, auf dem Informationen zur Interviewerin (Name, Themenfeld der Dissertation, Kontaktdaten) niedergeschrieben sind. So soll eine Kontaktaufnahme nach dem Gespräch vonseiten der Interviewten ermöglicht werden, falls diese Informationen nachreichen möchten oder Fragen bezüglich des Forschungsprozesses haben. Eine Datenschutzerklärung ist in Form der Einwilligungserklärung zur Erhebung und Verarbeitung personenbezogener Daten für Forschungszwecke abgegeben worden. Darauf wird im Teilkapitel „Forschungsethik" detaillierter eingegangen.

3.5 Gespräche der Hauptuntersuchung

Je nach vorhandener oder recherchierter Kontaktdaten sind die potenziellen Gesprächspartnerinnen und Gesprächspartner telefonisch, per E-Mail oder per Post kontaktiert worden.

Einige Personen haben ein Gespräch beispielsweise aufgrund von Zeit-
knappheit, aus gesundheitlichen Gründen oder wegen selbsteingeschätzter feh-
lender Aussagefähigkeit abgelehnt.

Mit dem/der jeweiligen Interessierten ist ein Zeitpunkt und ein Ort für das
bevorstehende Gespräch vereinbart worden. So ist es dazu gekommen, dass die
Gespräche in öffentlichen Gebäuden wie beispielsweise der Universität Kassel,
in den Privatwohnungen/-häusern, in den Büros der Interviewten oder in Cafés
stattgefunden haben. In einem Fall handelt es sich um ein Telefonat, da ansonsten kein Gespräch zustande gekommen wäre.

Zwischen September 2016 und September 2017 sind 63 Gespräche geführt
worden, die in Anhang 2 und 3 nach Fallbeispiel und alphabetisch nach Nachnamen der Gesprächspartnerinnen und Gesprächspartner aufgelistet sind.

Die Gespräche sind mit Tonaufnahmen, stichpunktartiger Mitschrift und mit
Fotos dokumentiert, die Fotos als Gedankenstütze für die Verfasserin verwendet
worden.

Manche der Gesprächspartnerinnen und Gesprächspartner haben bei bestimmten Aussagen oder insgesamt nicht aufgenommen oder fotografiert werden
wollen. Selbstverständlich ist diesen Wünschen nachgekommen worden.

Fuß und Karbach haben dafür eine Checkliste erstellt (vgl. Fuß und Karbach
2014, S. 124), die sich in Anhang 4 befindet. Diese Checkliste ist als Hilfestel-
lung genutzt worden, um einen möglichst guten Mitschnitt zu erhalten.

3.5.1   Oral History

Ein Bestandteil der methodischen Vorgehensweise sind Gespräche mit Zeitzeugen, die in der Geschichtswissenschaft als Oral History bezeichnet werden.
Wörtlich übersetzt bedeutet Oral History mündliche Geschichte. Der Begriff
wird jedoch unter anderem auch in Deutschland auf Englisch verwendet. Dies
kann damit begründet werden, dass der Ursprung von Oral History im angelsächsischen Raum liegt (vgl. Schneider und Kießler 2003).

In den späten 1970er-Jahren ist diese Methode auch in Deutschland vermehrt angewandt worden (vgl. ibid.).

Laut Jens Murken ist Oral History eine „hermeneutische Methode zur Produktion und Bearbeitung mündlicher Quellen" (Murken 2016). Sie umfasst Erin-
nerungsinterviews oder andere autobiografische Zeugnisse wie zum Beispiel
Tagebücher, bei denen „die subjektive Erfahrung einzelner Menschen" (ibid.) im
Mittelpunkt stehen.

Auch Schneider/Kießler vom Historischen Seminar der Universität Hannover betonen die persönliche Erfahrung als Fokus der Oral History, sind jedoch
der Meinung, dass diese „in erster Linie mithilfe von Interviews erforscht werden" (Schneider und Kießler 2003, 3).

Murken führt weiterhin aus: Oral History „kann Teil einer methodisch umfassenderen historischen Forschung sein, wird aber ebenso als eigene Forschungsrichtung mit spezifischen Inhalten verstanden" (Murken 2016).

Es besteht ein Variantenreichtum, wie Oral History angewandt wird. Deswegen wird sie laut Murken auch als Erfahrungsgeschichte oder Erfahrungswissenschaft beschrieben (vgl. ibid.).

Hingegen ist für Schneider/Kießler die Bezeichnung von Oral History als „Geschichte von unten" (Schneider und Kießler 2003, S. 3) von Bedeutung, da ihre Absicht darin besteht, „u. a. Angehörigen sozialer Schichten eine Stimme zu verleihen, die in der Geschichtsschreibung bis dahin vernachlässigt wurden" (ibid.).

Genereller betrachtet, werden im Rahmen der Oral History „die persönlichen Erinnerungen von Zeitzeugen für die Erforschung zeitgeschichtlicher Themen genutzt" (ibid.).

Die erzählte Geschichte der Zeitzeugen ist dabei „nicht historische Wahrheit, sondern eine Konstruktion, an der Wahrnehmung, Erinnerungsvermögen, historisches Wissen, ethische Überzeugungen und sprachliche Ausdrucksfähigkeit beteiligt sind" (Bundeszentrale für politische Bildung 2016a). Laut Wierling stellt die Erzählung „nur einen winzigen Ausschnitt aus dem Strom der abrufbaren Erinnerungen dar, und häufig dient sie gerade dazu, über die zentralen, bedeutsamen Erinnerungen hinweg zu sprechen" (Wierling 2009, 32).

Das bedeutet, dass man nur einen Teil des von den Zeitzeuginnen und Zeitzeugen Erlebten erzählt bekommt (ibid.).

Schneider und Kießler fügen dem noch die Schwierigkeit der Auswahl der Interviewpartner hinzu, wobei auch bei qualitativen Interviews Wert auf Repräsentativität gelegt werden soll. Wenn es dazu keine Möglichkeit gibt, benötigt man weitere Quellenarten und die Einbettung in den Gesamtkontext (Schneider und Kießler 2003, S. 3).

Als eigentliches Problem beschreiben sie, „die subjektiven Wahrnehmungen der Befragten in einen Kontext zu stellen" (ibid.). Denn „das Erzählte muss nicht immer das Erlebte widerspiegeln" (ibid.). Das begründen Schneider und Kießler damit, dass sich mit der Zeit die Bewertung des Erlebten und bestimmte Deutungsmuster verändern. „Was vor 50 Jahren noch akzeptiert war, kann inzwischen außerhalb der gesellschaftlichen Norm liegen" (ibid.). Daher wird über „Vergangenes unter dem Eindruck der nachfolgenden Entwicklung" (ibid.) berichtet, was auf der Ebene der Personen selbst, aber auch auf der gesellschaftlichen Ebene gilt.

Neben Herausforderungen bieten sich auch Chancen, wenn man sich dafür entscheidet, Oral History anzuwenden.

Zum einen ist es möglich, damit neue Perspektiven einzunehmen und Fragestellungen zu untersuchen (vgl. ibid., 3). Zum anderen zeigt Oral History, dass

„neue Erkenntnisse gewonnen und somit Lücken im bisherigen Geschichtsbild geschlossen werden können" (ibid.).

Man kann „an den Ergebnissen ablesen, wie das Erfahrene verarbeitet und einer gesellschaftlichen Umdeutung unterworfen wurden" (ibid., 4).

Schneider und Kießler fassen ihre Erkenntnisse zur Vorbereitung, Durchführung und Auswertung von Gesprächen mit Zeitzeuginnen und Zeitzeugen zusammen.

Sie beschreiben die Vorbereitung von Oral History mithilfe der folgenden Aspekte: Bei der Durchführung eines Gesprächs mit Zeitzeuginnen und Zeitzeugen sollte man auf die Dauer eines Gesprächs, die Art der Fragestellung, die Gesprächsführung sowie die Umgebung achten (vgl. ibid., 7).

Durch die Ausführungen wird offensichtlich, dass die kritische Reflexion der Gespräche mit Zeitzeuginnen und Zeitzeugen wichtig ist, die im methodischen Fazit dieser Arbeit durchgeführt wird.

Die Aussagen sind unter anderem im Kontext der Ereignisse seit den Geschehnissen, die im Mittelpunkt stehen, zu deuten. So ist beim Fallbeispiel Weimar die Abwicklungserfahrung nach der politischen Wende als einschneidend zu betrachten.

Des Weiteren kommt an dieser Stelle die Frage auf, ob die Erfahrungen in Ost und West unterschiedlich verarbeitet worden sind.

3.5.2   Dokumentation der Gespräche

Die Aufnahme der Gespräche ist, falls die Gesprächspartnerinnen und Gesprächspartner zugestimmt haben, mit der Smartphone-App „Smart Voice Recorder" erfolgt.

Zusätzlich sind stichwortartige Notizen angefertigt worden, um zu verhindern, dass bei einem technischen Fehler oder Defekt der gesamte Inhalt des Gesprächs verloren geht.

Falls die Gesprächspartner nicht gewollt haben, dass das Gespräch als Audiodatei aufgezeichnet wird, ist darauf verzichtet und stattdessen nur mithilfe von stichwortartigen Notizen dokumentiert worden. Die Speicherung der Daten ist in Dateien mit Passwörtern erfolgt, sodass das Risiko einer unsachgemäßen Verwendung hat minimiert werden können.

Die Transkripte der verwendeten Gespräche beziehungsweise die Antworten befinden sich in Anhang 5 bis 17.

Alle Gespräche sind vor dem Inkrafttreten der DSGVO geführt worden, weswegen die dort aufgeführten Regelungen hier nicht zutreffen.

3.5.3 Schlüsselgespräche

Insgesamt sind im Rahmen dieser Arbeit 63 Interviews mit Zeitzeuginnen und Zeitzeugen beider Fallbeispiele geführt und mit diesen die theoretische Sättigung (vgl. Strauss 1998) erreicht worden. Aufgrund der großen Anzahl an Gesprächen hat sich die Frage gestellt, in welchem Umfang die Gespräche transkribiert werden sollten. Denn nicht alle geführten Gespräche enthalten gleich tiefgehende Informationen. So gibt es Gespräche, die eine große Fülle an Informationen enthalten und als Schlüsselgespräche bezeichnet werden können, andere wiederum enthalten nur zu Teilaspekten neue Informationen und andere sind für das Forschungsprojekt nicht von Relevanz, da sie zwar empfohlen worden sind, jedoch zum eigentlichen Thema nichts oder nicht viel haben sagen können. Zudem entsteht die Dissertation nicht in einem größeren Forschungsprojekt, in dem Mittel für Transkriptionen zur Verfügung stehen, weshalb es aus zeitökonomischen Gründen relevant ist, die Schlüsselgespräche für die Transkription zu ermitteln und herauszufinden, welche Teile der anderen Interviews zusätzlich transkribiert werden müssen im Sinne einer selektiven Transkription.

Um eine fundierte Auswahl zu treffen, ist Literatur (u. a. Höld 2007 und Stangl 2017) konsultiert und eine Online-Recherche durchgeführt worden, allerdings ohne großen Erfolg. Es gibt keine detaillierten Angaben zu Schlüsselgesprächen, geschweige denn zu ihrer Auswahl.

Um diese Lücke zu schließen, ist nach einigen Überlegungen schließlich ein digitales Tabellendokument erstellt worden, das als Werkzeug zur Identifizierung von Schlüsselgesprächen genutzt worden ist. Der Aufbau des Dokuments lässt sich anhand von Tabelle 8 nachvollziehen.

Dieses Tabellendokument ist nach und nach, Gespräch für Gespräch, befüllt worden, indem die Gespräche angehört und die Zeiten aufgeschrieben werden, die dann transkribiert worden sind.

Tabelle 8: Kopfzeile des Dokuments zur Identifikation von Schlüsselgesprächen

Name der Gesprächspartnerin/ des Gesprächspartners	An welcher Hochschule war / ist die Gesprächspartnerin/der Gesprächspartner von wann bis wann tätig?	Forschungsfragen	Extra-Informationen	Notizen für Besuch in Archiven etc.	Neue Erkenntnis aus dem Gespräch	Bewertung: Schlüsselgespräch ja oder nein? Weshalb?

(eigene Darstellung)

Ein Vorteil des Tabellendokuments besteht darin, dass einzelne Zeilen oder Spalten ausgeblendet werden können. Beispielsweise kann man dadurch alle Aussagen aus den Schlüsselgesprächen auf einen Blick erhalten und sich damit einen schnellen Überblick verschaffen, da es eine Art Zusammenfassung der enthaltenen Informationen darstellt.

Zur Auswahl der Schlüsselgespräche sind folgende Kriterien aufgestellt worden:

- war zum Gründungsprozess an Hochschule
- war indirekt oder direkt an Gründungsprozessen beteiligt
- ist aufgrund der Fülle an Informationen wichtiger Vertreter für Gruppe (Studierende / Professorin, Professor / Mitarbeitende in Ministerium / wissenschaftliche Mitarbeitende beziehungsweise Aspirantin, Aspirant beziehungsweise Forschungsstudentin, Forschungsstudent / Gastdozentin, Gastdozent)
- spielte (inhaltlich) hinsichtlich der Profilierung der eigenständigen Lehre eine Rolle

Die Kriterien sind zunächst für die Gespräche zum Fallbeispiel Weimar aufgestellt, dann für die Gespräche zum Fallbeispiel Kassel angewendet worden. Eine Veränderung oder Ergänzung ist nicht notwendig gewesen.

Nachdem die Schlüsselgespräche festgestanden haben, sind das vollständige Transkribieren der acht Schlüsselgespräche und das selektive Transkribieren von drei Nicht-Schlüsselgesprächen erfolgt.

(Anm. IH: Dieses Teilkapitel ist in ähnlicher Form als Beitrag mit dem Titel „Identifikation von Schlüsselgesprächen" im Blog „sozmethode" am 13.03.2018 veröffentlicht worden, vgl. Hadasch 2018)

3.5.4 Transkribieren der Schlüsselgespräche, selektives Transkribieren von Nicht-Schlüsselgesprächen

Stangl unterscheidet zwischen dem kompletten und selektiven Transkribieren:

> „Bei einer vollständigen Transkription wird die gesamte Aufnahme verschriftlicht, also z. B. das gesamte Interview, während bei einer selektiven Transkription nur Ausschnitte des erhobenen Materials in schriftliche Form gebracht wird. Eine selektive Transkription beinhaltet Relevanzentscheidungen und stellt damit eine Form der Interpretation des Materials dar. Solche Entscheidungen stellen schon eine Form der Auswertung dar, die mittels Verfahren wie der Inhaltsanalyse stärker systematisiert werden kann" (Stangl 2017).

Um ein Gespräch auszuwerten, gibt es laut Kuckartz vier Möglichkeiten, die in Tabelle 9 dargestellt werden.

Tabelle 9: Auswertungsmöglichkeiten von Gesprächen nach Kuckartz

1. gedächtnisbasierte Auswertung	Analyse geschieht auf Basis des eigenen Gedächtnisses und der während des Interviews erstellten stichwortartigen Notizen.
2. protokollbasierte Analyse	Schriftliches summierendes Protokoll wird unmittelbar nach dem Interview erstellt.
3. bandbasierte Analyse	Es wird ein abgekürztes Transkript angefertigt, das nur einen Teil des Originaltextes enthält und ansonsten den Inhalt des Bandes paraphrasiert.
4. transkriptbasierte Analyse	Es wird eine vollständige Transkription erstellt, wobei der Genauigkeitsgrad der Transkription variieren kann.

(Kuckartz 1999, S. 42, eigene Darstellung)

Für Gespräche, bei denen die Gesprächspartner nicht gewollt haben, dass das Gespräch als Audiodatei aufgezeichnet wird, ist die gedächtnisbasierte Auswertung gewählt worden; den Gesprächen, die als Audiodatei aufgezeichnet worden sind, liegt die transkriptbasierte Analyse zugrunde.

Allgemeingültige Transkriptionsstandards existieren nicht; es bestehen vielmehr verschiedene Transkriptionsregeln mit unterschiedlicher Genauigkeit nebeneinander:

„Transkriptionssysteme sind Regelwerke, die genau festlegen, wie gesprochene Sprache in eine fixierte Form übertragen wird. Je nach Ziel und Zweck der Analyse sind solche Verluste hinnehmbar oder aber nicht akzeptabel. Transkriptionssysteme unterscheiden sich vor allem dadurch, ob und wie verschiedene Textmerkmale in der Transkription berücksichtigt werden" (Kuckartz 1999: S. 44).

Mayring unterscheidet als Vertreter der qualitativen Sozialforschung zwischen drei Techniken der wörtlichen Transkription:

- „Der Verwendung des internationalen phonetischen Alphabets,
- der literarischen Umschrift, bei der auch Dialektfärbungen im gebräuchlichen Alphabet wiedergegeben werden und
- der Übertragung in normales Schriftdeutsch" (Mayring 2002, S. 91)

Das in dieser Arbeit angewandte Transkriptionssystem umfasst folgende Aspekte:

- Übertragung in normales Schriftdeutsch
- Pausen, nicht-sprachliche Handlungen werden nicht wiedergegeben.
- Betonungen werden nicht wiedergegeben.
- Mit „[...]" werden unverständliche Stellen markiert.
- Formatierung

Dieses Transkriptionssystem ist ausgewählt worden, da mit den Transkripten keine Konversationsanalyse, sondern eine Inhaltsanalyse durchgeführt werden soll.

Die Gespräche sind mit dem PC-Programm MaxQDA transkribiert worden, die Transkripte befinden sich in Anhang 11–17.

3.5.5   Forschungsethik

In den Sozialwissenschaften beinhaltet Forschungsethik allgemein „all jene ethischen Prinzipien und Regeln […], in denen mehr oder minder verbindlich und mehr oder minder konsensuell bestimmt wird, in welcher Weise die Beziehungen zwischen den Forschenden auf der einen Seite und den in sozialwissenschaftliche Untersuchungen einbezogenen Personen auf der anderen Seite zu gestalten sind" (Hopf und Kuckartz 2016, S. 195).

In der Forschungsethik wird zwischen normativen und rechtlichen Aspekten unterschieden.

So bestehen Datenschutzgesetze auf den politischen Ebenen der Länder und des Bundes (vgl. ibid., S. 195 f.). Diese Gesetze spielen, bezogen auf die Forschungsethik, eine Rolle, um die Persönlichkeitsrechte zu wahren.

Wie diese Wahrung realisiert werden kann, wird anhand des „Prinzips der informierten Einwilligung" erläutert (vgl. Ethik-Kodex 1993, I B2 in Hopf und Kuckartz 2016, S. 197) (s. Anhang 18).

Darüber hinaus gilt das „Prinzip der Nicht-Schädigung", das ebenfalls im Ethik-Kodex beschrieben wird (s. Anhang 19).

Für die in der vorliegenden Arbeit verwendeten Aussagen sind Einwilligungserklärungen der jeweiligen Gesprächspartnerinnen und Gesprächspartner eingeholt worden, womit mögliche Missverständnisse vermieden werden sollen. Auch die Gesprächspartnerinnen und Gesprächspartner, deren Aussagen nicht ausgewertet worden sind, haben eine Einwilligungserklärung ausfüllen sollen, um damit kundzutun, ob sie einverstanden sind, dass ihr Name in der Dissertationsschrift genannt wird. Auch diese Einwilligungserklärung befindet sich in der Blanko-Form in Anhang 24 und 25.

Darüber hinaus ist es der Verfasserin wichtig gewesen, in diesem Zusammenhang das Interesse der Gesprächspartnerinnen und Gesprächspartner an der fertigen Dissertationsschrift, an Informationen zur Disputation oder einer anderen Form der Ergebnispräsentation und -diskussion abzufragen. Zu diesem Zweck ist eine Interessensbekundung zum Ankreuzen mit der Möglichkeit, eine darüber hinausgehende Nachricht zu notieren, den Unterlagen beigefügt (Interessensbekundung s. Anhang 26).

Die Einwilligungserklärung, die Zitate, die von der Verfasserin zur Verwendung ausgewählt worden sind, sowie die Interessensbekundung sind nach telefonischer Ankündigung (Checkliste s. Anhang 22) postalisch an die Gesprächspartnerinnen und Gesprächspartner versendet worden. Das Blanko-Anschreiben ist in Anhang 23 einzusehen.

Dabei ist festzuhalten, dass vier der Gesprächspartnerinnen und Gesprächspartner zwischen dem Gespräch mit Ilona Hadasch und der geplanten telefonischen Ankündigung verstorben sind. Dabei handelt es sich um Prof. Dr. Oskar Büttner, Prof. Dr. Helmut Winkler und Prof. Hubert Matthes. Ihre Traueranzeigen beziehungsweise Nachrufe befinden sich in Anhang 33 bis 35. Prof. Dr. Dr. Hermann Wirth ist nach dem Unterschreiben seiner Erklärung und dem Ausfüllen der Interessensbekundung verstorben (Nachruf s. Anhang 36).

Die in Anhang 11–17 befindlichen Transkripte sind entsprechend der Anmerkungen der Gesprächspartnerinnen und Gesprächspartner angepasst worden – mit der Ausnahme, dass für zwei Schlüsselgespräche die Personen aus Krankheitsgründen nicht haben gefragt werden können.

3.5.6 Anonymisierung

Hopf beschreibt eine Herausforderung, die bei der Anonymisierung auftaucht:

> „Interviewtranskripte […], die vielfältige, mehr oder minder offenkundige Hinweise zur Identität der Untersuchten und zum Untersuchungskontext enthalten, müssen so anonymisiert werden, dass keine Rückschlüsse auf die befragten Personen, die Organisationen und Regionen, in deren Kontext die Erhebungen durchgeführt wurden, möglich sind und dass gleichzeitig der Informationsgehalt nicht so zusammenschmilzt, dass eine Auswertung sinnlos wird" (Hopf und Kuckartz 2016, S. 201).

Eine komplette Anonymisierung der Gespräche ist von den Interviewten sowie von der Verfasserin als nicht notwendig erachtet worden, da der Fokus der Arbeit auf der Darstellung der relevanten Begebenheiten liegt und dabei weniger wichtig ist, wer die Informationen gegeben hat. Dementsprechend ist die Anonymisierung zum Teil durchgeführt worden:

Damit die Vielfalt der Interviewten deutlich und der Forschungsprozess plastisch sowie transparent wird, sind die Gesprächspartnerinnen und Gesprächspartner in Anhang 2 und 3 nach Fallbeispielen und alphabetisch nach Nachnamen sortiert aufgelistet. Im Text „IV. Datenerhebung anhand der Fallbeispiele" sind einzelne Aussagen anonymisiert und wenn nötig verfremdet, um dem Wunsch einzelner Interviewter nachzukommen sowie mögliche Konflikte zwischen Gesprächspartnerinnen und Gesprächspartnern und anderen Beteiligten zu vermeiden (vgl. Ginski u. a. 2017, S. 6). So werden die Quellenangaben der von den Gesprächspartnerinnen und Gesprächspartnern getroffenen Aussagen mit W1, W2, W3 und W4 für die Schlüsselgespräche Weimar sowie K1, K2, K3 und K4 für die Schlüsselgespräche Kassel abgekürzt, die selektiv transkribierten Gespräche mit K5, K6 und K7.

3.6   Archivarbeit

Neben der Oral History ist die Archivarbeit Teil der Triangulation (Definition s. Glossar), die im Rahmen dieser Forschung zur Anwendung kommt. Die dafür durchgeführten Archivbesuche sind hier chronologisch aufgelistet:

- 14.09.2017, 09.04.2018: Wissenschaftliche Sammlungen zur Bau- und Planungsgeschichte der DDR, IRS Erkner
- 16.04.2018: Sammlung für Architektur, Ingenieurbau, Kunst und Design, Weimar
- 17.04.2018: doku:lab Kassel
- 24.04.2018: Universitätsbibliothek Kassel
- 07.05.2018: Bundesarchiv (Teil 1)
- 14.05.2018: Bundesarchiv (Teil 2)
- 04.06.2018: Hessisches Hauptstaatsarchiv Wiesbaden
- 05.06.2018: Online-Recherche Landtagsinformationssystem des Hessischen Landtags

Insgesamt ist also auf sieben verschiedene Archive zugegriffen worden. Das dabei dokumentierte Archivgut umfasst 2.583 Dokumentseiten. Dazu kommen einige Publikationen und Dokumente aus Privatarchiven wie beispielsweise das von Prof. Dr. Helmut Winkler.

Details zu Signaturen sowie die verwendeten Archivalien sind in den Anlagenbänden zusammengestellt. Es ist bewusst weder im Text- noch in den Anlagenbänden mit Fußnoten gearbeitet worden, da die Dokumente nicht ausschließlich aus klassischen Archiven stammen und das Archivgut beispielsweise zum Teil aus Privatarchiven von Einzelpersonen hat zusammengetragen werden müssen.

Neben dem Grundlagenwerk zur Archivarbeit wie „Einführung in die Archivkunde" (Franz und Lux 2017) bietet ein Kapitel im Buch „Promovieren zur deutsch-deutschen Zeitgeschichte" (Hechler u. a. 2009) eine umfassende Übersicht.

Menne-Haritz erklärt darin, dass es sich bei Archivgut um Verwaltungsaufzeichnungen handelt, bei denen zwischen externer und interner Kommunikation unterschieden werden kann (vgl. Menne-Haritz 2009, S. 143).

Was bei diesen Aufzeichnungen fehlt, ist die mündliche Kommunikation. Durch die Aufbereitung in Archiven werden geschlossene Unterlagen in offenes Archivgut umgewidmet. Laut Menne-Haritz liefert Archivgut zwei Arten von Antworten: Beobachtungen und Wahrnehmungen der Organisationsumwelt sowie: Wie ist mit den Beobachtungen umgegangen worden und wie haben sie gewirkt? Daraus folgt eine Authentizität des Archivguts. So bekommt der Nutzer des Archivs / der Archive Einsicht sowohl in die interne Kooperationsstruktur als

auch in faktische Informationen. Diese Unterscheidung ist von großer Bedeutung
für das Verstehen von Archivgut (vgl. ibid., S. 143 ff.).
Archive sind nach Zuständigkeitsbereichen aufgeteilt, es gilt das Pro-
venienzprinzip (vgl. ibid.). Als Beispiel hierfür ließe sich das Bundesarchiv hin-
zuziehen. Für den beziehungsweise am Standort Lichterfelde kann man unter
anderem die Akten des Ministeriums für Bauwesen der DDR zur Einsicht bestel-
len.
Die Sperrfrist erklärt Menne-Haritz folgendermaßen:

„Da Archivgut nicht für die Veröffentlichung entstanden ist, ist im Bereich der öffentlichen Verwaltung seine Nutzung für andere als die ursprünglich vorgesehenen
Zwecke gesetzlich geregelt. Generell ist in fast allen Ländern eine Speerfrist von 30
Jahren festgelegt. Sie garantiert, dass die Arbeit der Verwaltung bis zum vollständi-
gen Abschluss der Sachen in einem vor direkter Einflussnahme partikularer Interessen geschützten Raum stattfinden kann. Davon unberührt sind Einsichtnahmen
durch die gesetzlichen Kontrollgremien wie parlamentarische Untersuchungsaus-
schüsse und Rechnungshöfe. Die Archive garantieren mit ihren fachlichen Methoden die Einsehbarkeit durch jede Person nach dieser Frist und damit eine allgemeine
Verwaltungskontrolle durch die Bürger" (ibid., S. 158).

Neben der Sperrfrist können Einschränkungen bei der Nutzung von Archivgut
auf diese Weise begründet werden:

„Der Schutz von Persönlichkeitsrechten und schutzwürdiger Belange einzelner Personen, die Informationen über sich selbst für bestimmte Verwaltungszwecke, etwa
eine Antragsbearbeitung, geliefert haben, gehen für längere Zeiträume einer allgemeinen Nutzung vor" (ibid).

Auch Akten, in die zum Beispiel im Bundesarchiv für die vorliegende Forschung
Einsicht genommen worden ist, unterliegen teilweise der Schutzfrist von 30 Jahren. Bezüglich des Schutzes von Persönlichkeitsrechen und schutzwürdiger Belange einzelner Personen hat es laut Volker Eichler (Abteilungsleiter im Hessischen Hauptstaatsarchiv) in den letzten Jahren Änderungen des Archivgesetzes
gegeben, die zur Folge haben, dass nun für manche Akten eine Sperrfristverkür-
zung beantragt werden muss, für die das vor den Änderungen nicht nötig gewesen ist. Das zeigt, dass die Rahmenbedingungen der Archivarbeit mit gesetzlichen Neuerungen einem Wandel unterliegen können und damit Forschenden zu
verschiedenen Zeitpunkten Archivgut auf unterschiedliche Arten beziehungsweise nach unterschiedlichen Verfahren oder Verfahrensschritten zur Verfügung
gestellt werden kann.

3.7   Auswertung der Gespräche und des Archivguts

Die Auswertung der Gespräche und des Archivguts hat zu verschiedenen Zeitpunkten im Forschungsprozess stattgefunden.

So beginnt laut Kuckartz die Auswertung bereits vor dem Transkribieren
(vgl. Kuckartz 1999, S. 48 f.).

Im Folgenden wird beschrieben, welche Art der qualitativen Inhaltsanalyse
gewählt worden ist, um die Forschungsfrage und die Leitfragen zu beantworten.
Vorangestellt sei jedoch die Feststellung, dass es bei der vorgenommenen zeitgeschichtlichen Betrachtung einige Auswertungsprobleme aufgrund der zum Teil
fehlenden Infrastruktur und Lücken gegeben hat.

3.7.1   Qualitative Inhaltsanalyse

Es gibt verschiedene Arten der qualitativen Inhaltsanalyse (vgl. Schreier 2014).
Auch Udo Kuckartz geht auf drei Varianten qualitativer Inhaltsanalyse genauer
ein: auf die typenbildende, die evaluative und die inhaltlich strukturierende qualitative Inhaltsanalyse (vgl. Kuckartz 2016). Für die vorliegende Forschung ist
die inhaltlich strukturierende qualitative Inhaltsanalyse nach Kuckartz gewählt
worden (ibid., S. 97 ff.), da die Beschäftigung mit der Fragestellung zum ersten
Mal geschieht, es sich also um eine explorative Untersuchung handelt, und diese
Variante sich am besten zur Beantwortung der Forschungsfrage/n zu eignen
scheint.

Der Ablauf der inhaltlich strukturierenden qualitativen Inhaltsanalyse wird
von Kuckartz in sieben Phasen unterteilt:

„1) Initiierende Textarbeit: Markieren wichtiger Textstellen, Schreiben von Memos
2) Entwickeln von thematischen Hauptkategorien
3) Codieren des gesamten Materials mit den Hauptkategorien
4) Zusammenstellen aller mit der gleichen Hauptkategorie codierten Textstellen
5) Induktives Bestimmen von Subkategorien am Material
6) Codieren des kompletten Materials mit dem ausdifferenzierten Kategoriensystem
7) Einfache und komplexe Analysen, Visualisierungen" (ibid., S. 100)

Wie auch schon für die Transkriptionen ist das PC-Programm MAXQDA ebenfalls für die inhaltlich strukturierende qualitative Inhaltsanalyse verwendet worden.

Nach Abschluss des Kodierens sind die Zitate anhand der Liste der Codes
(s. Anhang 20) unter Angabe der Gesprächspartnerin beziehungsweise des Gesprächspartners und der Absatznummer des Transkripts in das Arbeitsdokument
übertragen worden.

3.7.2 Auswertung des Archivguts

Zunächst ist das Material aus den Archiven zum Fallbeispiel Weimar, dann das Material aus den Archiven zum Fallbeispiel Kassel bearbeitet worden, um einen besseren Überblick über das gesamte Archivgut zu den einzelnen Fallbeispielen zu erhalten.

Konkret sind die Fotos der Dokumente der Thematik den durch die inhaltlich strukturierende qualitative Inhaltsanalyse herausgefilterten Zitaten zugeordnet und mit der jeweiligen Quellenangabe versehen worden. Die Quellenangabe umfasst die Abkürzung des Archivs sowie die Signatur der Archivakte, unter der das Dokument zu finden ist.

Auf eine über diesen Umfang hinausgehende Quellenarbeit ist aus forschungsökonomischen Gründen bewusst verzichtet worden, da mehr thematisch passende Dokumente in Archiven gefunden worden sind als vor den Besuchen in den Archiven angenommen. Eine detaillierte Quellenarbeit der abfotografierten 2.583 Dokumentseiten hätte einige Monate in Anspruch genommen. Mit dem oben beschriebenen Verfahren hat die Arbeit mit dem Archivgut den Forschungsfragen gerecht werden können, da sie durch den Forschungsstand und den Aussagen der Gesprächspartnerinnen und Gesprächspartner kontextualisiert werden und es beispielsweise durch die Daten ermöglichen, Prozesse nachzuvollziehen. Als Beleg sind die Dokumente in den Anlagenbänden einsehbar.

4 Datenerhebung anhand der Fallbeispiele „Hochschule für Architektur und Bauwesen Weimar" und „Gesamthochschule Kassel"

Für das Fallbeispiel der Gründung des Stadtplanungsstudiengangs an der Hochschule für Architektur und Bauwesen Weimar sind wie an der Gesamthochschule Kassel vier Schlüsselgespräche identifiziert worden. Bei den Schlüsselgesprächen zu Kassel sind alle Antworten in mündlicher Form gegeben, bei einem zu Weimar ist schriftlich geantwortet worden. Darauf bezieht sich diese Anmerkung: „Den Notizen liegen keine Archivstudien zugrunde. Sie beruhen auf eigenen Mitschriften der zahlreichen Beratungen in der Führungsgruppe, im Fakultätsrat, in den Dienstbesprechungen des Rektors usw. sowie auf der angegebenen Literatur und eigenen Erinnerungen" (W4:5).

Ein weiterer Unterschied liegt darin, dass in den Schlüsselgesprächen zum Fallbeispiel Kassel nicht auf alle Themen reagiert worden ist. Dies ist damit begründbar, dass es sich bei den Schlüsselgesprächspartnerinnen und Schlüsselgesprächspartnern zum Fallbeispiel Kassel nicht um Stadtplanerinnen und Stadtplaner gehandelt hat. So hat bei zwei Themen selektiv aus drei Nicht-Schlüsselgesprächen transkribiert werden müssen, um diese Lücken zu füllen und einen Vergleich mit Weimar auch hinsichtlich dieser Aspekte zu ermöglichen.

Die zwei Themen, die durch selektives Transkribieren aufgefüllt worden sind, sind die folgenden:

- System der räumlichen Planung in der BRD
- Vermittlung des Systems der räumlichen Planung im neugegründeten Stadtplanungsstudiengang

Dafür ist das bereits beschriebene Tabellendokument zu Hilfe gezogen und drei Gespräche identifiziert worden, die zur selektiven Transkription genutzt worden sind.

Aufgrund der Tatsache, dass in den vier Schlüsselgesprächen zum Fallbeispiel der Gründung des Stadtplanungsstudiengangs an der HAB Weimar zu allen Themen etwas gesagt beziehungsweise in der schriftlichen Antwort angemerkt worden ist, verlangt dieses Fallbeispiel keine selektive Transkription.

Zusatzmaterial online
Zusätzliche Informationen sind in der Online-Version dieses Kapitel (https://doi.org/10.1007/978-3-658-30887-2_4) enthalten.

© Der/die Herausgeber bzw. der/die Autor(en), exklusiv lizenziert durch Springer Fachmedien Wiesbaden GmbH, ein Teil von Springer Nature 2020
I. Hadasch, *Wege zur Stadtplanungslehre in der DDR und der BRD um 1970*,
https://doi.org/10.1007/978-3-658-30887-2_4

4.1   Hochschulgeschichte der Fallbeispiele

Betrachtet man die geschichtlichen Abläufe der Hochschulen, die in dieser Arbeit als Fallbeispiele dienen, wird deutlich, dass diese sich in einen Ablauf von Hochschulinstitutionen an den beiden Orten Weimar und Kassel einreihen. So lässt sich feststellen, dass beide jeweils Vorgänger- und Nachfolgerinstitutionen an den Hochschulstandorten haben. So ist in Weimar im Jahr 1919 das Bauhaus gegründet worden und es hat am selben Ort 1945 eine Neugründung gegeben. In Kassel ist die Gründung der Gesamthochschule eine Herausbildung aus mehreren bereits existierenden Institutionen gewesen.

4.1.1   Hochschulgeschichte Weimar

Eine Verortung der HAB Weimar im Verlauf der Hochschulinstitutionen in Weimar vom 18. Jahrhundert bis heute nimmt Schädlich vor:

> „Freie Zeichenschule seit 1776, Freie Gewerkschule seit 1826, Baugewerkschule seit 1859, Großherzoglich sächsische Kunstschule seit 1860, Kunstgewerbliches Seminar seit 1902, Großherzoglich sächsische Hochschule für Bildende Kunst seit 1910, Staatliches Bauhaus seit 1919, Staatliche Hochschule für Bildende Kunst seit 1921, Staatliche Hochschule für Handwerk und Baukunst seit 1926, Staatliche Hochschulen für Baukunst, Bildende Künste und Handwerk seit 1930, Staatliche Hochschule für Baukunst und Bildende Künste seit 1945, Hochschule für Architektur seit 1950, Hochschule für Architektur und Bauwesen seit 1954, darin:
>
> Fakultäten Architektur (seit 1953 und seit 1968 Sektion), Bauingenieurwesen, Baustoffverfahrenstechnik, Rechentechnik und Datenverarbeitung (jeweils seit 1954 und seit 1968 Sektionen) und Sektion Gebietsplanung und Städtebau (seit 1969).
>
> Bauhaus-Universität Weimar seit 1993, darin:
> Fakultät Architektur, Fakultät Bauingenieurwesen und Fakultät Gestaltung,
> Fakultät Medien seit 1996" (vgl. Schädlich 2001)

Abbildung 11 veranschaulicht diese Zeiträume.

Im Oktober 2013 ist die Fakultät Architektur in Fakultät Architektur und Urbanistik umbenannt worden (vgl. Oroz 2013). Informationen zur Entwicklung der Studierendenzahlen liegen für die Hochschule für Architektur und Bauwesen Weimar nicht vor. Dies haben Anfragen an Martin Bülling (Universitätsarchiv Weimar), Gudrun Kopf (Dezernentin für Studium und Lehre, Bauhaus-Universität Weimar), Anja Gehrcken (Universitätsentwicklung Bauhaus-Universität Weimar), Dagmar Küthe (Geschäftsführerin der Fakultät Architektur und Urbanistik, Bauhaus-Universität Weimar) und Sylvia Schlappe (Thüringer Landesamt für Statistik) ergeben. Somit ist eine Lücke gefunden worden, die im Rahmen dieser Arbeit nicht geschlossen werden kann.

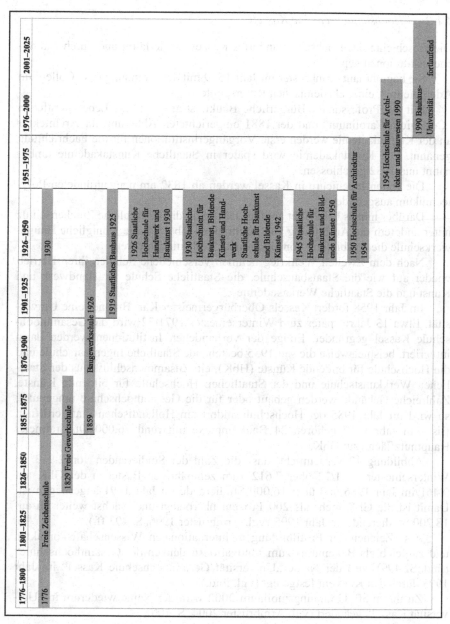

Abbildung 11: Auswahl von Hochschulinstitutionen in Weimar im zeitlichen Verlauf (Weiterentwicklung von ibid.)

4.1.2   Hochschulgeschichte Kassel

Die Geschichte des Hochschulstandortes Kassel ist vielfältig und durch zahlreiche Institutionen geprägt.

Sie beginnt laut Armbruster im Jahr 1599 mit der Gründung des „Collegium Adelphicum", einer akademischen Ritterschule.

Mit der Professur für Bürgerliche Baukunst am 1709 ins Leben gerufenen „Collegium Carolinum" und der 1881 eingerichteten Abteilung für Architektur an der Kunstakademie werden erste Vorgängerinstitutionen für die Fachrichtung genannt. Die Kunstakademie wird später in Staatliche Kunstakademie umbenannt und 1932 geschlossen.

Die ersten Ingenieure in Kassel werden ab 1832 am neugegründeten Polytechnikum ausgebildet.

Darüber hinaus beinhaltet ab dem Jahr 1866 die gewerbliche Zeichenschule unter anderem die Ausbildung von Architekten, ab 1896 die Königliche Baugewerkschule die Ausbildung von Hoch- und Tiefbauingenieuren.

Nach dem Zweiten Weltkrieg nehmen verschiedene Schulen ihren Betrieb wieder auf wie die Staatsbauschule, die Staatliche Schule für Handwerk und Kunst und die Staatliche Werkakademie.

Im Jahr 1958 fordert Kassels Oberbürgermeister Karl Branner eine Universität. Etwa 13 Jahre später zum Wintersemester 1971/72 wird die Gesamthochschule Kassel gegründet. Einige der vorhandenen Institutionen werden darin integriert, beispielsweise die seit 1955 bestehende Staatliche Ingenieurschule und die Hochschule für bildende Künste (HbK), ein Zusammenschluss aus der Staatlichen Werkkunstschule und der Staatlichen Hochschule für bildende Künste. Zahlreiche Gebäude werden gebaut oder für die Gesamthochschule umgenutzt; so wird im Jahr 1985 der Hochschulstandort am Holländischen Platz eröffnet. Bis zum Jahr 1997 gehören 24 Baukomplexe mit rund 76.000 Quadratmeter Hauptnutzfläche zur GhK.

Abbildung 12 verdeutlicht, dass die Zahl der Studierenden von 2.913 im Wintersemester 1971/72 über 7.612 zum zehnjährigen Bestehen der GhK auf 9.461 im Jahr 1986 und über 16.000 Studierende im Jahr 1991 angestiegen ist. Damit ist die GhK mehr als 200 Prozent überbelegt und wächst weiter an auf 18.200 Studierende im Jahr 1995 (vgl. Armbruster 1996, S. 493 ff.).

Als „Zeichen der Profilbildung in internationalen Wissenschaftskontakten und zugleich als Bekenntnis zum Innovationsgedanken der Gesamthochschule" (ibid.:S. 499) wird der Name „Universität Gesamthochschule Kassel" im Jahr 1993 durch den Konvent festgelegt (vgl. ibid.).

Zu ihrem 30. Gründungsjubiläum 2002 wird der Name wiederum in „Universität Kassel" geändert (vgl. Armbruster 2004, S. 100).

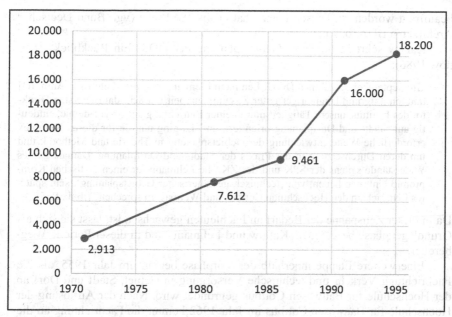

Abbildung 12: Entwicklung der Studierendenzahlen an der Gesamthochschule Kassel (vgl. Armbruster 1996: S. 495 ff., eigene Darstellung)

4.2 Gründungszeiträume und Prozesse der Gründungen in Weimar und Kassel

Bezogen auf die Leitfrage „Auf welche Zeiträume können die Gründungen bezogen werden?" stehen neben den Zeiträumen auch die Prozesse der Gründungen anhand der Fallbeispiele im Fokus. Damit ist es möglich, die sich hinter den reinen Daten verbergenden Dynamiken nachzuvollziehen und so ein umfassendes Verständnis für die Rekonstruktion der Ereignisse zu erhalten.

4.2.1 *Gründungszeitraum und Prozesse der Gründung in Weimar*

Für die Gründungsprozesse des Fallbeispiels Weimar ist eine Periodisierung möglich: Grundlagenphase, Vorphase Cottbus, Vorphase Weimar, Gründung, Einführungsphase.

Die erste Phase nimmt in der Nachkriegszeit im Jahr 1948 ihren Anfang, da Ernst Kanow laut seines Karteibogens vom Bund Deutscher Architekten in diesem Jahr mit dem Aufbau und der Leitung der Landesplanung für Brandenburg beauftragt worden ist. Diesen Posten hat er bis 1952 inne (vgl. Bund Deutscher Architekten BDA, o. J.).

Kanow schreibt im Text „Gebietsplanung der DDR. Ein Rückblick" (Kanow 1986):

> „Im September 52 nahmen Dr. H. Lehmann [gemeint ist Hanns Lehmann, Anm. IH] und ich aufgrund langjähriger guter Zusammenarbeit mit dem damals ersten Direktor des Instituts, unsere Tätigkeit nun in einer Einrichtung der Bauakademie, eindeutig auf Stadt- und Dorfplanung orientiert, auf. Es ging um die für diesen Komplex erforderliche Weiterentwicklung der Gebietsplanung in Theorie und Methodik und um deren Durchsetzung in der Praxis der Stadt- und Dorfplanung. Damals gab es Widerstände seitens der SPK und des ZK, die Lehmann für einen taktischen Kompromiß eintreten ließen, von ‚technisch-gestalterischer Gebietsplanung', sein späteres Lehrfach an den Hochschulen Cottbus und Weimar, zu sprechen" (ibid., S. 5).

Da in dieser Zeitspanne der Bedarf an Fachleuten gewachsen ist, lässt sie sich als Grundlagenphase bezeichnen. Kanow und Lehmann sind in dieser Periode Wegbereiter.

Eine weitere Etappe innerhalb der Vorphase beginnt im Jahr 1955, als die Fachrichtung Verkehr und technische Versorgung in Gebiet, Stadt und Dorf an der Hochschule für Bauwesen Cottbus gegründet wird. Nach der Auflösung der Hochschule für Bauwesen Cottbus im Jahr 1962 kommt die Fachrichtung an die Fakultät Bauingenieurwesen der HAB Weimar. Dort wird der Name 1963 in Fachrichtung Stadtplanung und Stadttechnik und 1965 in Fachrichtung Technische Gebiets-, Stadt- und Dorfplanung geändert (vgl. W4:4).

Mit einer Dienstbesprechung beim Rektor zur Hochschulreform am 19.6.1968 beginnt die Vorphase der Gründung in Weimar. Darin werden die Gründungen der Sektionen besprochen und die Gründung der Sektionen Architektur und Bauingenieurwesen für Herbst 1968 sowie die Gründung der Sektion Gebiets-, Stadt- und Dorfplanung, wie sie zu diesem Zeitpunkt noch bezeichnet wird, für Herbst 1969 festgelegt (vgl. ibid.:6). Eine Aktennotiz vom 21. Oktober 1968 gibt Auskunft über ein „Gespräch zwischen dem 1. Prorektor, Prof. Dipl.-Ing. Fuchs, Dr. Bach und Dipl.-Lehrer Schröder über einen möglichen Einsatz von Dr. Bach als Direktor der Sektion Gebiets-, Stadt- und Dorfplanung" (AdM I/06/453).

Am 10.2.1969 folgt eine erste Beratung über die Gründung der Sektion Gebiets-, Stadt- und Dorfplanung. Die Leitung dieser Beratung liegt bei Schädlich, es nehmen Räder, Lehmann und Bach teil (vgl. W4:6). „Für die weitere Arbeit am Profil und der Unterlagen zum baldigen Antrag beim Ministerium werden zwei Arbeitsgruppen gebildet:

- Arbeitsgruppe Räder mit Sieber, Heidenreich, Bayer, Grenzer und Schwanitz
- Arbeitsgruppe Lehmann mit Lorenz, Zauche, Püschel, Olbricht" (ibid.)

(*Anmerkung der Verfasserin*: Sieber und Heidenreich waren laut ihren Aussagen nicht in derselben Arbeitsgruppe; Sieber war in der Arbeitsgruppe, die von Räder, Heidenreich in der Arbeitsgruppe, die von Lehmann geleitet wurde.)

Diese Arbeitsgruppen trafen sich am 17.2.1969 zu einer Beratung über deren Ergebnisse. Anwesend waren Schädlich, Räder, Lehmann und die Mitglieder der Arbeitsgemeinschaften (vgl. W4:6).

Am 5.3.1969 folgte eine „Versammlung der gut 20 Wissenschaftler aus den Sektionen Architektur und Bauingenieurwesen, deren Tätigkeit in der zu gründenden Sektion zusammengeführt" (ibid.) wurde.

Darin gab Schädlich einen Überblick über die bisherige Arbeit, Bach, Räder und Lehmann berichteten zu inhaltlichen Problemen. „Aus der Diskussion" (W4:6), so W4, ergaben „sich viele weitere Anregungen" (ibid.).

Etwas über einen Monat später, am 15. April 1969, verfasst die Arbeitsgruppe zur Vorbereitung der Sektion Gebietsplanung und Städtebau einen Brief an den Rektor der HAB, Prof. Dr. Petzold. Darin steht: „Wir bitten Sie, auf Grundlage dieses Materials beim Ministerium für Hoch- und Fachschulwesen die Gründung der Sektion Gebietsplanung und Städtebau zum 1. September 1969 zu beantragen" (AdM I/06/453).

Am 13.5.1969 wird in einem Brief, verfasst von Dozent Dr.-Ing. Schmidt an Prof. Dr. Lehmann, der Stellenplan der künftigen Sektion Gebietsplanung und Städtebau thematisiert (vgl. AdM I/08/773).

Einen Tag später, am 14. Mai 1969, wendet sich der Rektor der HAB, Prof. Dr. Petzold, mit einem Brief an Prof. Dr. habil. Gießmann, den Minister für Hoch- und Fachschulwesen. Dieser Brief trägt den Betreff „Antrag auf Gründung der Sektion Gebietsplanung und Städtebau an der Hochschule für Architektur und Bauwesen Weimar" (AdM I/06/453).

Die Berufung Prof. Dr. Joachim Bachs geschieht am 1. Juni 1969. Dieser übernimmt als designierter Direktor die Leitung der Vorbereitungsarbeiten (vgl. W4:6). Am 11. Juni 1969 wird Bach als künftiger Direktor der Sektion durch den Rektor der HAB, Prof. Dr. Petzold, beauftragt (vgl. AdM I/06/453).

Die Gründung der Sektion Gebietsplanung und Städtebau erfolgt zum Semesterbeginn am 1. September 1969 (vgl. W1:61; ibid.:63) und am selben Tag wird Bach zum Direktor der Sektion Gebietsplanung und Städtebau ernannt (vgl. AdM I/06/453).

Die Urkunde der Sektionsgründung belegt das (vgl. Ministerrat der Deutschen Demokratischen Republik, Ministerium für Hoch- und Fachschulwesen, der Minister 1969).

Am 5.9.1969 verfasst der Staatssekretär für Hoch- und Fachschulwesen, Herr Böhme, in Vertretung seines Ministers, Prof. Dr. habil. Gießmann, einen Brief mit der Gründungsurkunde der Sektion (vgl. AdM I/06/453).

Die Gründungsveranstaltung der Sektion Gebietsplanung und Städtebau findet am 16.10.1969 statt (vgl. bitte Blumen (AdM I/06/453): Sozialistischer Städtebau als Bildungsaufgabe – Einführungsvortrag anlässlich der Gründung der Sektion am 16. Oktober 1969 (WZ 1970, Heft 3) (AdM N/54/83.17 (II)).

In der Nachphase der Gründung treten in den darauffolgenden Jahren einige Ordnungen in Kraft. Im Jahr 1971 sind es die Zulassungsordnung und die Absolventenordnung, 1975 die Prüfungsordnung und die Praktikumsordnung sowie im Jahr 1976 die Diplomordnung (vgl. W4:4).

Damit kann die Gründungsphase als formal abgeschlossen betrachtet werden.

Allgemeine Vorphase

Die Prozesse der Gründung in Weimar beginnen mit einer Vorphase, die einen ihrer Ursprünge in der Beschäftigung mit den „Prinzipien zur weiteren Entwicklung der Lehre und Forschung an den Hochschulen der Deutschen Demokratischen Republik" hat.

Auf diese Prinzipien ist niemand der Gesprächspartnerinnen und Gesprächspartner zu sprechen gekommen, jedoch ist die gute Quellenlage der Grund für die Nennung dieser Thematik in dieser Arbeit. Im Bundesarchiv liegen dazu Dokumente vor, die in Anhang 27[3] aufgelistet sind.

Diese Dokumente zeigen die Zeitspanne von Dezember 1965 bis zum 6.5.1966 auf.

Einen weiteren Ursprung der Gründung des Stadtplanungsstudiengangs in Weimar lässt sich in der Hochschulpolitik zur Stadtplanungsausbildung in den 1950er- und 1960er-Jahren erkennen. Dazu gibt es sowohl Aussagen von Gesprächspartnerinnen und Gesprächspartnern sowie Archivgut. Neben einer Lücke, die als Anlass gesehen werden kann für die Installierung der Fachrichtung Technische Gebiets- und Stadtplanung Ende der 1950er-Jahre, gibt es eine gut dokumentierte Diskussion zur Ausbildung von Architektinnen und Architekten in den 1950er-Jahren, die in mehreren Veranstaltungen Ausdruck gefunden hat. Der 1924 in Nordhausen geborene Lehrer und Architekt Herbert Ricken, der im Verlauf seines beruflichen Werdegangs im Staatssekretariat für Hoch- und Fachschulwesen und als Abteilungsleiter am Institut für Städtebau und Architektur der Deutschen Bauakademie tätig gewesen ist (vgl. Leibniz-Institut für Raumbezogene Sozialforschung 2019), beschreibt den Zusammenhang zwischen Notwendigkeit und Realität der Ausbildung von Stadtplanerinnen und Stadtplanern

---

3 Der Anhang sowie die Anlagenbände sind per Mail bei Ilona Hadasch anzufragen (ilona.hadasch@gmail.com).

in der DDR in dem Heft mit dem Titel „Entwicklungsprobleme des Architektenberufs in der DDR" wie folgt:

> „Nur dadurch, daß es bisher in der DDR keine entsprechende Ausbildung gab, spezialisierten sich Absolventen der Fachrichtung Architektur in diesem Aufgabengebiet und arbeiten sich in Aufgaben ein, die eigentlich eine spezielle Ausbildung erforderlich machten, die das Architekturstudium zweifellos über Gebühr ausgeweitet hätte" (Ricken 1974, S. 32).

Hinsichtlich einer Diskussion um die komplexe Ausbildung von Stadtplanerinnen und Stadtplanern ist es von Bedeutung, mehrere Stränge aufzuzeigen. Ein Strang umfasst die Beschäftigung mit der Ausbildung, die unter anderem durch die „Methodische Konferenz", die im Jahr 1954 in Weimar stattgefunden hat und zu der beispielsweise das Manuskript zu einem Vortrag von Christian Schädlich archiviert ist, auf dessen Rolle in der Gründung später eingegangen werden wird (BArch DH/2/20445).

Einen anderen Strang bildet die „Konferenz über Architekturfragen der Baustudenten" im Jahr 1956, die beispielsweise eine Aussprache und einen offenen Brief nach sich zieht, wie sich anhand des dazugehörigen Archivguts darstellen lässt. Dabei korrespondieren die DBA und die HAB in regelmäßigem Schriftwechsel (BArch DH/2/20337). Auch ein Artikel der holländischen Zeitschrift „BOUW" (Deutsch: Bau, Übersetzung IH) vom 24. Mai 1958 mit dem Titel „Ostdeutsche Hochschulgefahren" wird zu dieser Diskussion verfasst. Eine Übersetzung des Artikels ist angefertigt worden und liegt im Bundesarchiv (BArch DH/2/20337).

Weitere Aspekte, die im Hinblick auf die Gründung des Stadtplanungsstudiengangs aus Sicht der Schlüsselgesprächspartnerinnen und Schlüsselgesprächspartner eine Rolle spielen, sind die Diskrepanz zwischen der Anzahl der in der DDR ausgebildeten Architektinnen und Architekten sowie Ingenieurinnen und Ingenieure, der Wille, Zusammenhänge und Disziplinen in der Ausbildung der Plannerinnen und Planer zu vereinen, der Architekt der Alten Schule und die Erkenntnis, dass es schwer ist, Kompromisse zu finden. Darüber hinaus will man einen Wandel weg von der klassischen Architektur und praktischer Erkenntnisse aus der Projektierung des neugeplanten und -gebauten Halle-Neustadt in die Lehre übertragen (vgl. W1:1-5, 13; W3:10).

Bau- und stadtbezogene Akteure werden sowohl von Gesprächspartnerinnen und Gesprächspartnern beschrieben als auch in einem Fall durch ein Archivdokument. Nicht alle davon spielen beim Prozess der Gründung in Weimar eine Rolle, jedoch sollen diese O-Töne dazu dienen, einen Überblick über das Themengebiet und der Institutionen und Organisationen, die damals im engeren oder weiteren Dunstkreis tätig gewesen sind, zu erhalten. Damit wird die Übersicht zum Institutionensystem des Bauwesens der DDR von Engler veranschaulicht und um weitere Institutionen in Abildung 13 ergänzt.

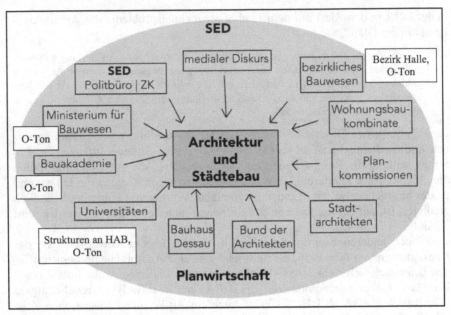

Abbildung 13: Institutionensystem des Bauwesens der DDR (mit Ergänzungen zum im Kapitel II.2.1 verwendeten Schema, s. Schrift auf weißem Untergrund) (Weiterentwicklung von Engler 2012, S. 77, eigene Darstellung)

Im Zusammenhang mit der Gründung der Sektion Gebietsplanung und Städtebau sowie der Fachrichtung Technische Gebiets- und Stadtplanung werden außerdem das Ministerium für Hoch- und Fachschulwesen, der Wissenschaftliche Beirat Bauingenieurwesen/Architektur und die Kammer der Technik erwähnt. Die folgenden O-Töne belegen dies:

Bauakademie

„Die räumliche Planung wurde ja damals durch die Gebiets-, Stadt- und Dorfplanungsbüros durchgeführt und die waren in der Verantwortung des Ministeriums für Bauwesen und der Bauakademie" (W3:6).

„Und da war eine Trennung Städtebau, MfB, BA Bauakademie und Territorialplanung in der Verantwortung der SBK oder der Bezirksplankommission" (ibid.).

„Und diese Gründung entstand als zweite Hälfte der 1950er-Jahre und als Gründungsprofessor wurde Professor Reuter aus Halle berufen. Der war dort in der Gebiets-, Stadt- und Dorfplanung wahrscheinlich tätig. Und der baute dann diese Fachrichtung auf und starb sehr früh. Ende der 1950er-, Anfang der 1960er-Jahre. Und da erfolgte die Berufung von Dr. Lehmann von der Bauakademie als Professor für Gebietsplanung nach Cottbus" (W3:8).

Ministerium für Hoch- und Fachschulwesen

„Also die Gründung verlief in eigentlich voller Regularität, wie das in der DDR war: Ideen sammeln, bündeln, Schlussfolgerung auf die Ausbildung, Hausherr ist das Ministerium für Hoch- und Fachschulwesen gewesen" (W1:113).

„Insgesamt erstrebte das MHF ein möglichst hohes Maß an Stabilität der äußeren Abläufe des Studiums. Eine Reihe gesetzlicher Regelungen unterstützte dies" (W4:7).

Ministerium für Hoch- und Fachschulwesen, Wissenschaftler der TU Dresden, TH Leipzig, HAB Weimar, Kunsthochschule Berlin, Ingenieurhochschulen Wismar und Cottbus und der Bauakademie der DDR

„Im Mai 1972 wurde beim MHF der Wissenschaftliche Beirat Bauingenieurwesen/Architektur gegründet (Wissenschaftler der TU Dresden, TH Leipzig, HAB Weimar, Kunsthochschule Berlin, Ingenieurhochschulen Wismar und Cottbus sowie der Bauakademie der DDR)" (W4:7).

Ministerium für Bauwesen

„Es gab kein übergeordnetes Ministerium, das Bauministerium hatte zu tun mit der Einführung der Plattenwerke, da war der Wohnungsbau quantitativ zu erfüllen und qualitativ mit den Plattenwerken aus der SU" (W1:5).

„Die räumliche Planung wurde ja damals durch die Gebiets-, Stadt- und Dorfplanungsbüros durchgeführt und die waren in der Verantwortung des Ministeriums für Bauwesen und der Bauakademie" (W3:6).

„Und da war eine Trennung Städtebau, MFB, BA Bauakademie und Territorialplanung in der Verantwortung der SBK oder der Bezirksplankommission" (ibid.).

Bezirk Halle

„Und deswegen schon die Berufung am 1. Juni mit Einverständnis des Bezirks Halle, denn dann war ja mein Mann nicht mehr verfügbar für die weitere Planung von Halle-Neustadt" (W1:63).

Architektenverband / Bund der Architekten der DDR

„Das ist heute nichts Besonderes mehr, dass man sich zusammenrauft und mit Respekt begegnet, gegenseitig, und da hat sich der Bund der Architekten in der DDR wirklich verdient gemacht" (W1:5).

„Die Konzeption war aber nicht im Hochschulwesen entstanden, sondern im Architektenverband" (W1:59).

„Ja, also das waren Arbeitsgruppen, die natürlich irgendwie aus dem Präsidium heraus zusammengestellt wurden. Also, der Architektenbund hatte einen Vorstand, natürlich, der relativ eng war, also ein Büro, praktisch, mit einigen, mit dem Präsidenten und dem Vizepräsidenten und dem Büro im eigentlichen Sinne in Berlin. Dann gab es das Präsidium, jetzt muss ich aber hart überlegen, war nun das Präsidium das breitere oder kam dann auch der Vorstand und danach noch … Der Vorstand war die breiteste Funktion innerhalb des Bundes und der Vorstand hat dann auch die Arbeitsgruppen aufgefüllt. Das müssen nicht unbedingt alles Präsidiumsmitglieder gewesen sein. Die Präsidiumsmitglieder waren mehr so territorial gestreut in den Bezirken, in den 15 Bezirken oder elf, wie viel gab es" (W1:83)?

„Ich glaube, Berlin war extra, 15 Bezirke, ja, es war ziemlich kleinteilig. Aber da waren also schon Bezirksvorstände des BdA. Da gab es auch Gruppen, Bezirksgruppen. Die haben für sich dann bis zur lokalen Baupolitik gewirkt" (W1:85).

Kammer der Technik

„Also in der Kammer der Technik hat sich da offenbar auch niemand um die Komponente, die der Architekt spielt, gekümmert, denen waren natürlich die technische Erschließung, der Verkehr und der Tiefbau wichtiger als die Architektur, aber beim Architekten lief es spitz zusammen, ist halt so" (W1:2).

Dokumente, die im Rahmen der Fakultäts- und Studienplanprofilierung verfasst worden sind, zeigen beispielhaft die Ende der 1960er-Jahre bestehenden Strukturen an den Fakultäten Architektur und Bauingenieurwesen der HAB Weimar auf.

So sind neben dem Dokument des Fachgebiets Dorfplanung und dem des Fachbereichs Gebiets- und Städteplanung mehrere Dokumente des Instituts für Städtebau im Universitätsarchiv Weimar archiviert (AdM I/05/395).

Kommission Ausbildung beim Bund der Architekten der DDR

Zwei der Schlüsselgesprächspartnerinnen und Schlüsselgesprächspartner sind auf die Kommission Ausbildung beim Bund der Architekten der DDR zu sprechen gekommen und das Archivmaterial belegt die Existenz dieser Gruppe sowie deren Arbeit (vgl. W1; W2).

Zum einen beinhaltet der Nachlass von Joachim Bach ein Vortragsmanuskript mit dem Titel „Zur Begründung des Entwurfs der Bildungskonzeption" (AdM N/54/83.17 (1)). Zum anderen liegt, ebenfalls im Archiv der Moderne, die Schrift „Die Bildung der Architekten in der Deutschen Demokratischen Republik. Bildungskonzeption des Bundes Deutscher Architekten (1968)" (AdM N/54/83.17 (I)) vor. Die Arbeit dieser Gruppe kann als Beitrag zur Modernisierung der DDR gewertet werden, da sie sich eigenständig Gedanken zur Zukunft ihres Berufsstandes gemacht und diese erfolgreich kommuniziert hat. Dazu muss angemerkt werden, dass sich die Kommission Ausbildung beim Bund der Architekten der DDR nicht von Städtebau oder Stadtplanung, sondern allgemein von Architektur gesprochen hat. Dennoch wird diese Beschäftigung mit der Ausbildung von Fachleuten in der benachbarten Disziplin Architektur als Grundlage für die weiteren Diskussionen, auch in Bezug auf die Ausbildung von Stadtplanerinnen und Stadtplanern, anerkannt.

Vorphase Cottbus

Dass die Vorphase der Gründung nicht nur vor Ort in Weimar stattgefunden hat, belegt folgendes Zitat aus einem der Schlüsselgespräche:

> „Und dass das an sich die Ursache oder der Ursprung für die spätere Sektion Gebietsplanung und Städtebau wurde, denn irgendwann in den 1960er-Jahren, Anfang der 1960er-Jahre wurde die Hochschule für Bauwesen aufgelöst in Cottbus, zu einer Fachhochschule gemacht. Und die Hauptfachgebiete wurden umgelegt in andere traditionelle Hochschulen. Und da kam die Planerausbildung von Cottbus nach Weimar" (W3:4).

In Cottbus wird laut W4 im Jahr 1955 die Fachrichtung Verkehr und technische Versorgung in Gebiet, Stadt und Dorf von Franz Reuter gegründet (W4:4). Diese wird später in Stadtplanung und Stadttechnik umbenannt. 1958 stirbt Reuter, woraufhin Hubert Grenzer neuer Leiter der Fachrichtung wird (ibid.).

Auch W3 beschreibt diese Vorgänge:

> „Und diese Gründung entstand in der zweiten Hälfte der 1950er-Jahre und als Gründungsprofessor wurde Professor Reuter aus Halle berufen. Der war dort in der Gebiets-, Stadt- und Dorfplanung wahrscheinlich tätig. Und der baute dann diese Fachrichtung auf und starb sehr früh. Ende der 1950er-, Anfang der 1960er-Jahre. Und da erfolgte die Berufung von Dr. Lehmann von der Bauakademie als Professor für Gebietsplanung nach Cottbus. Der hat dann die Reuter-Situation übernommen. Er wurde Nachfolger und Leiter der Fachrichtung und später sogar aus den Entwicklungsprozessen der Hochschule zum Rektor gewählt. Also er hatte einen ziemlichen Einfluss und das war sozusagen die Grundlage in Cottbus. In Cottbus wurde dann unter Lehmann der Aufbau der Ausbildung von Ingenieuren für die räumliche Planung forciert, er hatte den Lehrstuhl Gebietsplanung. Dann wurde ein Fachgebiet Stadtplanung eingeführt mit Herrn Grenzer. Der war aber nicht Professor geworden, sondern nur beauftragt mit der Wahrnehmung der Professur. Also Gebietsplanung und Städtebau, sozusagen die planerischen Grundlagen, dann kam Verkehrsplanung dazu, Stadttechnik, Wasserwirtschaft und die territoriale Energetik wurde im Lehrauftrag gelesen. Das war so die Vorstellung, dass das so ungefähr eine notwendige Komplexität war. Zwei planerische Lehrstühle, Städtebau, Gebietsplanung und die technischen Komponenten dazu. Es gab starke Kooperationen mit der Bezirksplanung in Cottbus, mit dem Bezirksplanungsorgan" (W3:8).

Die Umwandlung und Spezialisierung der Hochschule für Bauwesen in Cottbus wird laut W3 Anfang der 1960er-Jahre vollzogen. Sie wird

> „zu einer Fachhochschule gemacht. Und die Hauptfachgebiete wurden umgelegt in andere traditionelle Hochschulen. Und da kam die Planerausbildung von Cottbus nach Weimar. Das hing etwas damit zusammen, dass auch der reine Bauingenieurlehrstuhl mit Professor Hampe hier nach Weimar kam und hier die Fakultät Bauingenieure übernahm, als Dekan. Das war einer der profiliertesten Leute damals" (ibid.:4).

Als Grund für die Auflösung der Hochschule für Bauwesen Cottbus nennt W3, dass die Bezirksorgane die Hochschule umstrukturiert haben in eine Fachhochschule für Ingenieurinnen und Ingenieure, die auf Braunkohle spezialisiert sind (vgl. ibid.:4).

Außerdem erläutert W3 den Grund der Auflösung sowie den Zufall, dass die Ausbildung der Planerinnen und Planer nach Weimar gekommen ist:

> „Genau wie in Cottbus das war, also die Auflösung der Hochschule, die wurde mitbewirkt, dass die Professoren, die alten bürgerlichen Fachprofessoren, sich nicht von den politischen Organen einengen ließen in ihrer fachlich-wissenschaftlichen Arbeit. Sondern sagten, nein, wir müssen frei forschen und das gefiel ihnen nicht. Sie brauchten wirklich Baustelleningenieure. Das ist so ein Grund. Und der Zufall, dass sie hierhin umgelegt worden sind, ist der Zufall, dass es dann zu dieser Konstellation kommt. Sonst wäre das nie in der Hochschule dazu gekommen. Es wäre dort beim Alten geblieben" (ibid.:22).

Wie es in Cottbus weitergegangen ist, beschreibt W3 wie folgt:

> „Dann wurde es eine Fachhochschule, die eben Bauleiter für die Braunkohle ausbildete – so, sagen wir mal, das Milieu. Die dokumentarischen Begründungen, na ja gut, die waren natürlich anders, das ist klar. Es ging darum, die Fachrichtung dieser Hochschule umzuleiten oder aufzulösen. Die Wasserwirtschaftler gingen nach Dresden, die Bauingenieure gingen nach Leipzig und die Planer mit Hampe als Bauingenieur gingen nach Weimar" (ibid.:10).

Es ist ein „erster Crash" (ibid.:34), der sich um die Frage dreht, wohin die Fachrichtung Anfang der 1960er-Jahre soll (vgl. ibid.).

Umzug von Cottbus nach Weimar

Die Auflösung der Hochschule in Cottbus führt zum Umzug der Fachrichtung nach Weimar:

> „Dann kam die Fachrichtung hierher, 1963, und wurde aus dem Grunde, unter anderem, dass wir schon bei Bauingenieur waren, ein Bauingenieur-Grundstudium hatten dort, hier in Weimar an die Fakultät Bauingenieure angegliedert. Nicht an die Architekten, weil die das auch nicht wollten. Wir waren für sie ein ziemlicher Störfaktor" (W3:4).

Anekdotisch beschreibt W3 den tatsächlichen Umzug:

> „Ich bin mit Lehmann mit zwei großen Möbelwagen voll in der Coudraystraße an-
> gekommen. Wir hatten zwei Seminarräume, die waren da voll gebaut mit Möbeln
> und ich saß da in einer kleinen Ecke, in einer Nische, und Lehmann kam ein drei-
> viertel Jahr später" (W3:16).

Die Ortswahl, die auf die Coudraystraße und nicht auf das Hauptgebäude fiel,
lässt sich als pragmatisch deuten, da verfügbare Räumlichkeiten vermutlich als
Hauptgrund galten.

Interessant ist dabei die Unterscheidung zwischen Hauptcampus der Hochschule für Architektur und Bauwesen Weimar und der Verteilung von einzelnen
Instituten auf das Stadtgebiet.

Zwischen Umzug von Cottbus nach Weimar und Hochschulreform

W4 fasst die Ereignisse wie folgt zusammen:

> „Nach Auflösung der Hochschule für Bauwesen Cottbus 1962 findet diese Fachrich-
> tung eine neue Heimstatt an der Weimarer Hochschule und wird, da sie auf dem
> Grundstudium des Bauingenieurwesens beruht, in diese Fakultät eingeordnet. Ab
> 1.2.1963 heißt sie Fachrichtung Stadtplanung und Stadttechnik, ab 1965 Fachrich-
> tung Technische Gebiets-, Stadt- und Dorfplanung. Leiter wird der auf den Lehr-
> stuhl Gebiets-, Stadt- und Dorfplanung am 1. (?) März 1963 neu berufene Hanns
> Lehmann" (W4:4).

Auch W3 berichtet von diesen Ereignissen, nennt jedoch 1963 als Jahr des Umzugs der Fachrichtung von Cottbus nach Weimar: „Und das soweit, dass wir
1963 dann hier waren als Fachrichtung. Technische Gebiets- und Stadtplanung
oder so ähnlich hieß das. Bis zur Hochschulreform 1968" (W3:4).

Weiter erläutert W3 Herausforderungen, die die Zuordnung der Fachrichtung betreffen:

> „Zwischenzeitlich gab es ziemliche Querelen zwischen den Bauingenieuren und den
> Architekten um die Führungsrolle der Planung" (ibid.).

Details beschreibt er auf die folgende Weise:

> „Also die Frage in Weimar fing an: Wohin soll die Fachrichtung? Die sollte nicht
> aufgelöst werden, das war das Problem. Professor Lehmann war der Leiter, Räder
> und Küttner bei den Architekten die Antipoden. Und damit kam dann die Frage auch
> auf den Beziehungen schon von Cottbus, na ja, wenn Hampe hierherkommt und wie
> in Cottbus schon gut zusammengearbeitet haben, gehen wir doch mit den Ingenieu-
> ren, waren ja auch das Grundstudium, zu den Bauingenieuren. Und damit war von
> 1963 bis 1969/1970 die Fachrichtung fixiert bei den Bauingenieuren. Nicht geliebtes
> Kind, Konkurrenz mit den Architekten, das ist schon völlig klar. Aber Küttner war
> schon im Emeritierungsalter, Räder relativ auch, in dem Jahrzehnt. Also es gab eine

gewisse Stagnationssituation. Aber die Fachrichtung wurde natürlich hier von Lehmann und mit starker Unterstützung von Hampe als Dekan der Bauingenieure weiter gefestigt. Ich dachte, bei den Architekten war Räder Städtebau, Küttner Gebietsplanung und Püschel Dorfplaner. Das waren die drei. Und dann kam noch Herr Sachs dazu, Landschafts- oder Grünplanung. Bei den Bauingenieuren waren die technischen Disziplinen Baudisziplinen Verkehrsbau, Wasserbau und Wasserwirtschaft. Bauökonomie. Das waren also auch richtige Bauingenieur-Disziplinen. Aber wir kamen ja mit Planungskomponenten hier rüber und da gab es wieder die Differenz zwischen Verkehrsbau und Verkehrsplanung. Wir hatten eine Dozentur mitgebracht: Verkehrsplanung. Wir hatten, nein, Wasserwirtschaft nicht. Das haben wir von hier genommen. Und Bauökonomie wurde sowieso gelehrt hier bei den Bauingenieuren. Damit war also festgelegt, dass wir diese zehn Jahre dort so gearbeitet haben mit Dozenturen überwiegend. Der technischen Disziplinen, die sich ein bisschen kooperierten mit den Baulehrstühlen der Fakultät Bauingenieurwesen. Und die Beziehung zu den Architekten war schwach" (ibid.:10).

W3 betont, dass diese Strukturen bis zur dritten Hochschulreform beibehalten worden sind (vgl. ibid.).

W4 stellt die Elemente der HAB ebenfalls dar:

> „Fachbezogene Struktureinheiten der HAB vor der Reform 1968:
> Fakultät Architektur
> Fakultät Bauingenieurwesen mit Fachrichtung Gebiets-, Stadt- und Dorfplanung
> Fakultät Baustoffingenieurwesen" (W4:65–68)

Dazu beschreibt W3:

> „Und da muss ich sagen, die Baustoffverfahrenstechnik war nicht unbedeutend, auch wenn sie jetzt nicht mehr existiert. Aber die hatte eine große Wirkung auf die Bauwirtschaft, mit ihren material-technischen Studien. Und die Neugründungen waren Spezialauswürfe dieser großen Fakultäten. Das ist einmal die Sektion Rechentechnik und Datenverarbeitung, besonders für die Bauingenieure, aber auch für die Baustoffleute, aber besonders für die Bauingenieure, weil die mit ihren rechentechnischen Verfahren in ihren Lehrstühlen nicht klarkamen. Das war zu spezifisch" (W3:26).

Die Beschäftigung mit inhaltlichen Fragen der Lehre an der HAB Weimar wird deutlich durch die im Unterkapitel „Strukturen an der HAB" genannten Profilierungen der Fachbereiche und durch Dokumente, die im Rahmen der Parteiaktivtagung der Hochschule am 13.3.1968 entstanden sind.

Als Thema wird auf der Einladung das folgende genannt: „Welche Aufgaben ergeben sich in Auswertung des VII. Parteitages für die weitere Arbeit an unserer Hochschule, damit der Entwurf der Verfassung des sozialistischen Staates deutscher Nation Verfassungswirklichkeit werden kann" (AdM I/05/395)? Neben diesen politischen Allgemeinplätzen ging es auch um Inhalte:

Ein Dokument trägt den Titel „Zusammengehörigkeit und Komplexität von Gebietsplanung und Städtebau im Verband der Fakultät Architektur (Gedanken zur Diskussion in der Parteiaktivtagung der Hochschule am 13.3.1968)" (AdM I/05/395).

Auch das Dokument „Profil des Fach- und Spezialkomplexes Gebiets-, Stadt- und Dorfplanung" ist aus dieser Zeit, wie die Bezeichnung verdeutlicht (AdM I/05/395).

Aus der Fakultät Architektur sind Dokumente zur Aufteilung in Lehrkomplexe (AdM I/05/394, AdM I/05/395), der Erziehungsplan von 1967 (AdM I/05/394), der Studienplan (ibid.), die Einladung Vollversammlung zum Thema Profilierung der Fakultät (ibid.) sowie der „Gemeinsame Maßnahmeplan der Fakultätsparteileitung zur Durchführung der Diskussion für die Neuprofilierung der Fakultät Architektur an der HAB Weimar" (ibid.) archiviert.

III. Hochschulkonferenz und dritte Hochschulreform

Die dritte Hochschulkonferenz ist in den Gesprächen nicht erwähnt worden, anhand von Archivgut ist sie jedoch anhand des zwölfseitigen Dokuments mit dem Titel „Entschließung der III. Hochschulkonferenz der Sozialistischen Einheitspartei Deutschlands über die Aufgaben der Universitäten und Hochschulen beim Aufbau des Sozialismus in der Deutschen Demokratischen Republik" (o. D.) (BArch DH/2/20337) belegt.

Im Gegensatz zur dritten Hochschulkonferenz wird die dritte Hochschulreform an einigen Stellen der Schlüsselgespräche genannt und beschrieben.

Als Grund für die dritte Hochschulreform, die laut Kaiser die Einführung des einheitlichen sozialistischen Bildungssystems zum Ziel gehabt hat (vgl. Kaiser 2006, 7), erläutert W2: „Man hatte ein bisschen Spund, dass ähnliche soziale Unruhen wie in Westdeutschland auch in der DDR passieren könnten" (W2:19).

W4 begründet die Durchführung der 3. Hochschulreform mit einem Bedeutungszuwachs der Wissenschaft: „In der DDR wird der Wissenschaft, der Wissenschaftsorganisation, also der Forschung, eine wachsende Rolle zugedacht – deshalb auch die 3. Hochschulreform" (W4:1). Er beschreibt den Vorgang an der HAB wie folgt:

> „Mit Beginn des Jahres 1968 tritt die seit vier Jahren geführte Diskussion um die Reform der Hochschulbildung im Sinne qualitativer Verbesserung auch an der HAB in eine entscheidende Etappe. Um den vielfältigen Bemühungen und konzeptionellen Vorstellungen in den Struktureinheiten Richtung und Ziel zu geben, publiziert der Rektor am 14. Mai 1968 Leitgedanken für die weitere Diskussion zur Durchführung der Hochschulreform. Die 15-seitige Druckschrift entwickelt aus den in zahlreichen Arbeitsgruppen bis dahin gewonnenen Erkenntnissen eigene zusammenfassende Vorstellungen und bittet, dazu Meinungen zu äußern und auf Basis der Leitgedanken die Diskussion fortzuführen. Zur gleichen Zeit wird eine zentrale Führungsgruppe Profilierung gebildet, die in regelmäßigen Beratungen den Stand der Arbeit in den Struktureinheiten einschätzt und die Ausarbeitung eines schlüssigen Reformkonzepts wesentlich befördert. Nach sieben Wochen werden die Leitgedan-

ken von der Hochschulleitung in einem neuen Dokument fortgeschrieben. Der Senat beschließt am 3. Juli 1968 die Konzeption zur Verwirklichung der Hochschulreform bis zum 20. Jahrestag der Gründung der Deutschen Demokratischen Republik. In dieser Druckschrift steht auf Seite 16, dass an der HAB 1968 folgende Sektionen gebildet werden: Architektur; Ingenieurbau; Baustoffverfahrenstechnik; Gebiets-, Stadt- und Dorfplanung; Mathematik und EDV im Bauwesen" (W4:4).

Weiter erwähnt er einen Termin an diesem Datum:

> „19.6.1968: Dienstbesprechung beim Rektor, Hochschulreform. Gründung der Sektionen Architektur und Bauingenieurwesen, Herbst 1968. Gründung der Sektion Gebiets-, Stadt- und Dorfplanung, Herbst 1969" (W4:6).

W3 bezeichnet die Hochschulreform 1968 als Beginn einer „Diskussion um die Neustrukturierung der Hochschule und die Bildung einer Sektion Gebietsplanung und Städtebau" (W3:4).

Im Rahmen der Hochschulreform „wurde ja auf einmal die ganze Hochschulstruktur durcheinandergewirbelt, Lehrstühle aufgelöst, die Wissenschaftsbereiche, Fakultäten aufgelöst, Sektionen gebildet, auch nicht unbedingt Lehrstühle mit Professuren besetzt, sondern auch mit Dozenturen besetzt: Wissenschaftsbereiche und so weiter" (W3:10).

Als Grundprinzip der dritten Hochschulreform nennt W3 die „Auflösung der Fakultäten und Lehrstühle. Man wollte also die bürgerlichen Strukturen auch in den Hochschulen etwas zerschlagen, sozusagen. Und die neuen Formen, das kennen Sie ja, Sektionen und Wissenschaftsbereiche. Und das ergab für die Hochschule hier die Möglichkeit der Neuordnung und Konzentration der Planungsdisziplin. Das ist einfach so gesagt. [...] Architektur, Bauingenieurwesen, Baustoffverfahrenstechnik. Die blieben die Grundfakultäten oder Wissenschaftsbereiche" (W3:26).

Er bezeichnet die Hochschulreform als „hochschulpolitische Zäsur" (W3:97), mit der man „die alten Strukturen aufbrechen" (ibid.) will. Laut W3 hat die Hochschulreform dazu geführt, „dass man sich Gedanken gemacht hat, hier eine Planerausbildung komplexer zu machen. Und da waren natürlich die beiden Komponenten Ingenieure und Architekten die entscheidenden. Und die musste man zusammenbringen. Das war die nächste Klippe sozusagen, mit der Sektionsbildung. Die erste Klippe hier überhaupt zu integrieren, aber ich meinte, es sind meine Erfahrungswerte" (W3:14).

Seiner Meinung nach ist die Aufbruchsstimmung der Nachkriegszeit „mit der Hochschulreform 1968 nicht mehr so prägnant" (W3:97). Die Durchführung der Hochschulreform geschieht auf verschiedenen politischen und organisatorischen Ebenen sowie an verschiedenen Orten.

Im Folgenden liegt der Fokus auf den Ereignissen an der HAB, der Gründung der Sektion Gebietsplanung und Städtebau und damit der Gründung des Studiengangs Gebietsplanung und Städtebau.

W3 beschreibt, dass die Sektion Gebietsplanung und Städtebau „dann alle planerischen Komponenten, die die Hochschule hat, und Potenziale zusammenführen" (W3:26) sollte. Als Hauptproblem stellt er die bis dahin ungeklärte personelle Frage dar (vgl. ibid.).

Er bezeichnet dieses Problem als Crash und fragt: „Wer sollte das übernehmen: die Organisation der Sektion" (W3:34)? Laut seinen Aussagen haben sich Lehmann und Räder „die Bälle zugeschoben" (ibid.), da Küttner bereits kurz vor seinem Ruhestand gestanden hat (vgl. ibid.).

Laut W4 hat es mehrere Probleme gegeben, „die zur Gründung der Sektion gelöst werden mussten und um die es viele Diskussionen gab: insgesamt das Profil der Sektion – personelle Voraussetzungen – strukturelle Gliederung nach Lehrkomplexen – Lehrinhalte und Stundenplan – Abgrenzung der Lehrinhalte und Kooperation mit den beiden anderen Sektionen – das wissenschaftlich-produktive Studium = Teilnahme der Studierenden an der Forschung – Übergangslösungen für die laufenden Studienjahre der Bauingenieure und Architekten, zum Beispiel in welcher Sektion das Diplom abgelegt wird – das Forschungsprofil, mit welchen Inhalten und Praxispartnern – die Herauslösung der Lehrstühle Städtebau (Räder), Gebiets- und Städteplanung (Küttner) und der Abteilung Dorfplanung (Püschel) aus der Sektion Architektur – die räumliche Zusammenführung der Arbeitskollektive in der zu bildenden neuen Sektion" (W4:6).

Für die HAB wird das Dokument „Leitgedanken für die weitere Diskussion zur Durchführung der Hochschulreform an der Hochschule für Architektur und Bauwesen Weimar" erstellt (AdM I/05/395).

Es wird die Arbeitsgruppe 5 gebildet, die teilweise als Arbeitsgruppe GSD bezeichnet wird. Diese Abkürzung steht für Gebiets-, Stadt- und Dorfplanung (vgl. ibid.).

Die „Diskussionsgedanken zur 28. Fakultätsratssitzung am 26. Juni 1968" liegen in zwei verschiedenen Versionen im Universitätsarchiv (vgl. ibid.). Sie sind auf den 25.6.1968 datiert und als Autor wird der Leiter der Arbeitsgruppe, Dozent Konrad Püschel, aufgeführt. In diesen Dokumenten wird die Arbeitsgruppe als Arbeitsgruppe „Planung und Gestaltung von Gebieten, Städten und Dörfern" bezeichnet.

Die „Konzeption der Verwirklichung der Hochschulreform bis zum 20. Jahrestag der Gründung der Deutschen Demokratischen Republik" wird von der Hochschule für Architektur und Bauwesen Weimar herausgegeben (vgl. ibid.). Zu Beginn der 24-seitigen Broschüre wird Walter Ulbricht auf der Internationalen Session anlässlich des 150. Geburtstages von Karl Marx zitiert: „Der Sozialismus, die wissenschaftlich begründete planmäßige Leitung der gesellschaftlichen Produktion und der gesamten gesellschaftlichen Entwicklung und die wissenschaftlich-technische Revolution bilden in ihrer Einheit das Wesen des sozialen Fortschritts unserer Zeit" (ibid.).

Weiter heißt es:

„Für die Universitäten und Hochschulen als Teilsystem des entwickelten gesell-schaftlichen Gesamtsystems des Sozialismus ergeben sich aus dieser Erkenntnis qualitativ neue Anforderungen in Lehre und Forschung. Die Entwicklung der Wis-senschaft zur Hauptproduktivkraft erfordert die schöpferischen Potenzen aller Hoch-schulangehörigen, die nur auf Grundlage der sozialistischen Ideologie freigesetzt und genutzt werden können" (ibid.).

Die Konzeption beinhaltet folgende Punkte:

I   Allgemeine Aufgabenstellung

II   Ausbildung und Erziehung, Weiterbildung

III   Forschung

IV   Die Sektion

V   Die Leitung der Hochschule für Architektur und Bauwesen Weimar

VI   Zeitplan für die Verwirklichung der Hochschulreform bis zum 20. Jahrestag der Gründung der DDR

Der Zeitplan sieht diese Termine vor:

„Juli–Sept. 1968 Diskussion der Konzeption im Hochschulbereich und mit Ko-operationspartnern

18.9.1968 Konzil der Hochschule
Verteidigung der Konzeption und Beratung der Aufgabe der Hochschule bis zum 20. Jahrestag der Gründung der DDR

16.10.1968 Feierliche Investitur des Rektors
Konstituierung des Gesellschaftlichen Rates und des Wissenschaftlichen Rates
Gründung der Sektion Architektur

Dezember 1968 Gründung der Sektionen Baustoffverfahrenstechnik
Mathematik und EDV
Ingenieurbau
Gebiets-, Stadt- und Dorfplanung

1. September 1969 Einführung des neuen Gesamtstudiensystems" (ibid.)

Zahlreiche Dokumente belegen eine weitere vielfältige Beschäftigung mit der Umsetzung der dritten Hochschulreform an der HAB Weimar. Diese werden in Anhang 28 aufgelistet. Durch die im Folgenden aufgelisteten Dokumente kann man zeitliche Abläufe sehen und Einblick erhalten in Treffen, die zur Umstruk-turierung stattgefunden haben sowie unter anderem den Wechsel der Bezeichnung der neuen Sektion ablesen: von Sektion GSD (Gebiets-, Stadt- und Dorf-planung) zur Sektion Gebietsplanung und Städtebau. Auch dieser Wandel ist ein Ergebnis der inhaltlichen und der organisatorischen Auseinandersetzung.

Auf die Gründung der Sektion Gebietsplanung und Städtebau beziehen sich einige Zeitschriften- und Zeitungsartikel, die in Anhang 29 aufgezählt sind.

Anhand von Archivgut lässt sich feststellen, dass die dritte Hochschulreform bis zum Jahr 1975 weiter vorangetrieben worden ist. Dabei handelt es sich um diese zwei Dokumente:

- „Weiterführung der 3. Hochschulreform und Entwicklung des Hochschul-wesens bis 1975, 1/69 Entwurf des Beschlusses, Beschlussvermerk" (BArch DA 5/773, Bandnr. 1, 2)
- „Beschluß des Staatsrates der Deutschen Demokratischen Republik zum Entwurf des Beschlusses über die Weiterführung der 3. Hochschulreform und die Entwicklung des Hochschulwesens bis 1975 vom 20. Januar 1969" (BArch DA 5/774, Bandnr. 3)

Es wäre zu fragen, weshalb das Jahr 1975 festgelegt worden ist und welche län-gerfristigen Folgen die dritte Hochschulreform gehabt hat. Dies kann in der vor-liegenden Arbeit nicht geklärt werden.

Darüber hinaus belegt die „Konzeption für die Vorbereitung und Durchfüh-rung der 4. Hochschulkonferenz" (BArch DR/3/5697), dass auf die 3. Hoch-schulkonferenz die 4. Hochschulkonferenz gefolgt ist.

Ergebnisse der dritten Hochschulreform und der Gründung der Sektion Gebiets-planung und Städtebau sowie des Studiengangs Gebietsplanung und Städtebau

Die Durchführung der dritten Hochschulreform hat vielerlei Ergebnisse. Im Folgenden wird auf die Umstrukturierung der HAB, die Einmaligkeit, die Inter-disziplinarität der Fachrichtungen und die Komplexität der Ausbildung einge-gangen, da es sich hierbei um die Ergebnisse handelt, die in den Schlüssel-gesprächen und/oder im Archivgut beschrieben werden.

Die Gründung der Sektion geht mit einer Umstrukturierung der HAB ein-her. Diese hat ihr Vorbild in Amerika, wo es in den Hochschulen mit den „De-partments" bereits kleine Organisationseinheiten gegeben hat (vgl. Eckardt 2011). Laut W4 gibt es nach der Hochschulreform „folgende fachbezogene Struktureinheiten an der HAB: [...]

- Sektion 1 Architektur
- Sektion 2 Bauingenieurwesen
- Sektion 3 Baustoffverfahrenstechnik
- Sektion 4 Rechentechnik und Datenverarbeitung
- Sektion 5 Gebietsplanung und Städtebau" (W4:5).

Er erklärt die Nummerierung der Sektionen: „Für die innerschulische Kommunikation sind sie damals in historischer Reihenfolge durchnummeriert worden. Wie im sprachlichen Umgang wird oft auch in Schriftstücken nur die Ziffer angewendet" (ibid.).

W3 bezeichnet die Fachrichtung Städtebau und die Fachrichtung Technische Gebiets- und Stadtplanung aufgrund ihrer Strukturen als „wirklich fast einmalig" (W3:58).

Ein weiteres Ergebnis stellt die Interdisziplinarität der Studiengänge dar. So hat es laut W3 eine interdisziplinäre Haltung der Lehrstühle (vgl. W3:58) gegeben und die Fachdisziplinen sind „mit Ernsthaftigkeit in die interdisziplinäre Arbeit" gegangen (ibid.:61).

Laut W3 haben jeweils die ersten zwei Jahre der Fachrichtung Städtebau und der Fachrichtung Technische Gebiets- und Stadtplanung aus dem Grundstudium an der Sektion Architektur oder an der Sektion Bauingenieurwesen bestanden. Im dritten Jahr ist „ein bisschen grundlegende Aufbauarbeit der planerischen Disziplin" (W3:58) gefolgt. W4 bestätigt diese Aussagen. Daran ist „eine volle interdisziplinäre Ausbildung" (W3:58) angeschlossen worden. Elemente dieser zwei Jahre sind Belege und Praxisaufgaben, Komplexbelege. Als Dauer für die Komplexbelege nennt W3 ein komplettes Semester (vgl. ibid.). Das zeigt, dass es sich um ein Studium, dessen Fokus auf Projekten mit konkretem und umfassendem Praxisbezug liegt, gehandelt hat.

Die soziologische Komponente ist in den 1970ern hinzugekommen (vgl. W16) und hat im dritten Studienjahr eine Besonderheit dargestellt (vgl. W3:58).

Ab 1978 wird die Grundausbildung für beide Fachrichtungen, die Fachrichtung Städtebau und die Fachrichtung Gebiets- und Stadtplanung, an der Sektion Architektur durchgeführt (vgl. W4:4).

Als Beispiel für ein Thema in der Ausbildung der Planerinnen und Planer in Weimar nennt W3 die Rekonstruktion der Braunkohlerestfelder, konkret das des Senftenberger Sees (vgl. W3:8). In der Jubiläumsschrift zum zehnjährigen Bestehen der Sektion, die den Titel „Sektion Gebietsplanung und Städtebau, Ausbildung, Forschung, Planungsstudien 1969–1979" (AdM I/08/777) trägt, werden weitere Projekte beschrieben (vgl. „Hochschule für Architektur und Bauwesen Weimar" 1979).

Tabelle 10 verdeutlicht die Aufgliederung in die Kategorien „Belegarbeit", „Komplexbelege", „Diplomarbeiten", „Städtebauliche Ideenwettbewerbe" und „Arbeiten der Planungsgruppe der Sektion Gebietsplanung und Städtebau".

Tabelle 10: Ausgewählte Arbeiten der Sektion Gebietsplanung und Städtebau (1969–1979)

Übergeordnete Kategorie	Titel der Arbeit und Jahr	Seite im Manuskript der Jubiläumsschrift
Belegarbeit	Erfurt-Südost – Untersuchungen zur stadttechnischen Erschließung eines neuen Stadtteils. 197 [sic!]	64
Komplexbelege	Komplexbeleg Stadtaufnahme	24
	Komplexbeleg Wohngebiet	26
	Komplexbeleg Generalbebauungsplanung	28
	Studie zum Generalbebauungsplan der Stadt Saalfeld (Komplexbeleg 1978 – 4. Studienjahr)	32
	Studie zum Generalbebauungsplan der Stadt Apolda (Komplexbeleg 1976 – 4. Studienjahr)	34
Diplomarbeiten	Studie für ein Bauernhausmuseum. Diplomarbeit, 1970	54
	Gesellschaftliches Zentrum einer Mittelstadt. Diplomarbeit, 1971	40a
	Studie zur Umgestaltung der Altstadt von Stendal. Diplomarbeit, 1974	39
	Städtebauliche Studie zur Entwicklung der Agra, Leipzig. Diplomarbeit, 1976	36
	Umgestaltung Stadtilm. Diplomarbeit, 1976	37
	Vergleichende Standortuntersuchungen für ein FDGB-Ferienheim im Bereich der Hohenwarte-Talsperre. Diplomarbeit, 1976	52
	Studie zu einer territorialen Rationalisierungskonzeption der Lagerwirtschaft der Städte Werdau und Crimmitschau. Diplomarbeit, 1977	51
	Studie zur Charakterisierung wechselseitiger Beziehungen zwischen ländlichen Siedlungsgebieten und Siedlungen. Untersuchungsbeispiel: Gemeindeverbandsgebiet Magdala. Diplomarbeit, 1978	56
	Studie zur Nutzung der Abwärme eines Kernkraftwerkes im Kreis XY. Diplomarbeit, 197 [sic!]	58

Übergeordnete Kategorie	Titel der Arbeit und Jahr	Seite im Manuskript der Jubiläumsschrift
	Studie zur Entwicklung der komplexen Energieversorgung des Planungsraumes Bad Berka, Blankenhain, Kranichfeld und Tannrode im Kreis Weimar. Diplomarbeit, 197 [sic!]	60
	Studie zur verkehrlichen Entwicklung der Stadt Neustrelitz. Diplomarbeit, 197 [sic!]	62
	Saalfeld – Untersuchungen zur Rekonstruktion des Abwassernetzes. Diplomarbeit, 197 [sic!]	66
Städtebauliche Ideenwettbewerbe	Städtebaulicher Ideenwettbewerb Karl-Marx-Stadt, „Wohngebiet Markersdorfer Hang", 1970	41 und 76
	Städtebaulicher Ideenwettbewerb Leipzig, „Wohngebiet Grünau", 1973	42 und 76
	Städtebaulicher Ideenwettbewerb Erfurt „Wohn-Arbeitsstädten-Gebiet Südost", 1975	43 und 76
	Städtebaulicher Ideenwettbewerb Wohngebiet Greifswald-Ostseeviertel, 1976	76
	Städtebaulicher Ideenwettbewerb Umgestaltung Berlin, Wilhelm-Pieck-Straße, 1976	
	Städtebaulicher Ideenwettbewerb zur Umgestaltung der Innenstadt von Sömmerda, 1976	
	Städtebaulicher Ideenwettbewerb Stadtzentrum Wolfen, 1977	
	Studie zur Umgestaltung von Heilbad Heiligenstadt, 1977	
	Städtebaulicher Wettbewerb für das Wohngebiet Broda in Neubrandenburg, 1978	
	Städtebaulicher Ideenwettbewerb zur Umgestaltung der Innenstadt von Bad Langensalza, 1978	
	Städtebaulicher Ideenwettbewerb Cottbus „Wohn-Arbeitsstätten-Gebiet Cottbus-Schmellwitz", 1978	45 und 78
	Städtebaulicher Ideenwettbewerb zur Umgestaltung der Innenstadt von Arnstadt, 1979	78

Übergeordnete Kategorie	Titel der Arbeit und Jahr	Seite im Manuskript der Jubiläumsschrift
Planungsgruppe der Sektion Gebietsplanung und Städtebau	Beispielplanung Werdau/Crimmitschau. Planungsstudie im Rahmen der Forschung, 1978/79	48

(vgl. ibid., eigene Darstellung)

Anhand der Tabelle wird die Vielfalt der Arbeiten deutlich. W3 bestätigt dies, indem er betont, dass die „technisch-gestalterische Planungsaufgabe [...] eine der höchsten Komplexitäten der Ausbildung" (W3:58) in Weimar gewesen ist. So reicht das Spektrum der Themen unter anderem von Technik und Soziologie über Städtebau und Wirtschaftsgeografie bis zur Regional- und Stadtplanung.

Zur neuen Sektion 5 Gebietsplanung und Städtebau

Nach der Gründung der Sektion Gebietsplanung und Städtebau wird die Organisation der Sektion und der dort ansässigen Fachrichtungen weiterentwickelt, wie Aussagen aus den Schlüsselgesprächen sowie Archivgut belegen.

So bleibt die „Arbeit an den Studienplänen [...] auch nach Gründung der Sektionen eine ständige Aufgabe" (W4:4). Dazu wird im Mai 1972 „beim MHF der Wissenschaftliche Beirat Bauingenieurwesen/Architektur" (ibid.) ins Leben gerufen. Mitglieder dieses Beirates sind „Wissenschaftler der TU Dresden, TH Leipzig, HAB Weimar, Kunsthochschule Berlin, Ingenieurhochschulen Wismar und Cottbus sowie der Bauakademie der DDR" (ibid.).

Christian Schädlich ist ein Mitglied, das die Arbeitsgruppe Architektenausbildung geleitet hat (vgl. ibid.). Aufgabe dieser Arbeitsgruppe ist es, „die Studieninhalte zwischen den Hochschulen abzugleichen und als Grundstudienrichtungen einschließlich der Fachrichtungen zu gestalten" (ibid.).

Die Zulassungsordnung und Absolventenordnung wird 1971 beschlossen und im Mai 1974 wird das verbindliche Grundstudienprogramm für die Architektenausbildung veröffentlicht: „Grundstudienrichtung Städtebau und Architektur

- Fachrichtung Städtebau (Sektion Gebietsplanung und Städtebau)
- Fachrichtung Architektur (Sektion Architektur)
- Fachrichtung Gebiets- und Stadtplanung (Sektion Gebietsplanung und Städtebau)" (ibid.)

Weitere gesetzliche Festlegungen treten in dieser Reihenfolge in Kraft:

- 1975: Prüfungsordnung,
- 1976: Diplomordnung (vgl. ibid.)

Die neuen Fachrichtungen werden durch verschiedene Wissenschaftsbereiche gespeist, die teilweise bereits zum Zeitpunkt der Gründung bestehen oder in den Jahren nach der Gründung dazukommen. In Klammern ist der jeweilige Leiter beziehungsweise Dozent genannt:

- Wissenschaftsbereich Städtebau (Bach)
- Wissenschaftsbereich Gebietsplanung (Lehmann)
- Dozentur Dorfplanung (Püschel)
- Wissenschaftsbereich Verkehrsplanung (Glißmeyer)
- Wissenschaftsbereich Landschaftsplanung (erst Sachs, dann Matthes)
- Dozentur Territoriale Energetik (Langner)
- Wissenschaftsbereich Soziologie (Staufenbiel)
  (vgl. W3:38; ibid.:48 und 52)

Ein Bestandteil der neugegründeten Sektion sind Diplomlehrstühle, wie W3 feststellt: „Und wir waren alle Diplomlehrstühle" (W3:52). Das heißt, dass die Lehrstühle Diplomrecht gehabt haben. Außerdem sind alle Lehrstühle an der Sektion Gebietsplanung und Städtebau „richtige Schwerpunktlehrstühle" (W3:54), an der Sektion Architektur gibt es beispielsweise mit Küttner auch Vermittlungslehrstühle, die kein Diplomrecht haben (vgl. ibid.:52).

Während es bei der Leitung der Fachrichtung Technische Gebiets- und Stadtplanung nach der Gründung einen Wechsel von Lehmann auf Glißmeyer gibt (vgl. W3:52), bleibt die Leitung des Studienganges Städtebau „ganz klar bei Bach" (ibid.).

W1 schätzt die ersten Jahrgänge als „nicht so gut vorbereitet" (W1:67) ein, ist jedoch der Meinung, dass nach zwei Jahren „das ja dann schon doch ausgebildet gewesen" (ibid.) ist.

Als Beispiel für das wissenschaftlich-produktive Studium der Anfangszeit nennt W4 eine Ausstellung von Studierendenarbeiten zum Thema Rekonstruktion der Stadt Weimar (W4:4), die von den Sektionen Architektur und Gebietsplanung und Städtebau im November im Kunstkabinett am Goetheplatz gezeigt worden ist, wie es in den Mitteilungen der HAB 1973 Nr. 1, S. 10, zu lesen ist (vgl. ibid.). Diese Ausstellung belegt, dass Stadterneuerung als Thema in der Öffentlichkeit präsentiert und durch die Kooperation zwischen den Sektionen Interdisziplinarität praktiziert worden ist.

In die Anfangszeit der Sektion und des Studiengangs fällt eine Kritik eines städtebaulichen Ideenwettbewerbs, die als Artikel vom Literaturwissenschaftler (vgl. M. Holtzhauer 2019) und Mitglied des Preisgerichts für diesen Wettbewerb (vgl. H. Holtzhauer 1969, 176) Helmut Holtzhauer in der Zeitschrift „Deutsche Architektur" im Jahr 1969 veröffentlicht worden ist. Er schreibt darin:

„Die Unzulänglichkeit der Vorgabe [des Wettbewerbs, Anm. IH] äußert sich auch darin, daß sie den Wettbewerbsteilnehmern erlaubte, neben den schweren Eingriffen in die Substanz die Aufführungen übergroßer Baukörper im Altstadtbereich vorzusehen. Ist der Flächenabbruch stets ein bedenkliches Verfahren sowohl im Hinblick auf seine Wirtschaftlichkeit, auf Proportionen und Dimensionen von Ersatzbauten als auch auf die Physiognomie der Stadt, so ist er beim gegenwärtigen Stand des Bauwesens als allgemeine Form unter allen Umständen untauglich" (ibid., 186).

Weiter betont er allgemeine Aufgaben des Städtebauers:

„Nicht mehr der Entwurf einzelner Bauwerke im Zusammenhang mit vorhandenen, sondern ganze Stadtviertel, ja der Neubau und die Rekonstruktion der Städte liegen in seiner Hand. Aber auch seine Verantwortung gegenüber der Gesellschaft wächst. Für Subjektivismus, Moden und Launen ist kein Platz mehr. Und ebenso wenig hat der Städtebauer von heute und in der Deutschen Demokratischen Republik eine tabula rasa vor sich. Er hat es in neunundneunzig von hundert Fällen mit in Jahrhunderten geschaffenen Siedlungsgebieten zu tun, deren Formen und Traditionen er schöpferisch mit den Erfordernissen von heute auf morgen verbinden muß. Auf diesem Felde allein, nicht losgelöst von der Wirklichkeit, muß sich sein Ingenium erweisen" (ibid.).

An diesen Zitaten lässt sich eine Diskussion um den Städtebau in der DDR zu dieser Zeit am Beispiel des Ideenwettbewerbs für das Stadtgebiet Weimars ablesen. Da auch ein Kollektiv der HAB Weimar einen Beitrag zu dem Wettbewerb geliefert hat, zu dem unter anderem Dipl.-Ing. Ulrich Hugk gehört hat und den zweiten 3. Preis erreicht hat (vgl. ibid., S. 177), ist davon auszugehen, dass diese Diskussion auch im Kontext der Hochschule geführt worden ist.

Der Studiengang wird von Planungseinrichtungen positiv wahrgenommen und die Absolventinnen und Absolventen sind beliebte Arbeitnehmende: „Sie nahmen gerne Leute von uns. Auf allen Ebenen" (W3:101). Das Verhältnis zwischen den Planerinnen und Planern, den Architektinnen und Architekten an der HAB ist angespannt. So gibt es laut W3 „Kongruenz oder Konkurrenz, die Architekten können alles und sind immer die Leiter und Dirigenten" (W3:54). Das „stand immer im Blickpunkt" (ibid.), wie W3 weiter berichtet. Jedoch wird die Ausbildung von Architektinnen und Architekten sowie von Ingenieurinnen und Ingenieuren „relativ angefeindet" (W3:38). W3 beschreibt, wie sich diese Meinungsverschiedenheiten geäußert haben: „Die Architekten sagten, na ja, ihr seid keine Architekten mehr. Und die Bauingenieure sagen, ne, was sind denn das für Bauingenieure" (ibid.)? Dies lässt sich als normales menschliches Verhalten bewerten. Es kann ausgeschlossen werden, dass es sich um eine Verordnung von oben handelt. Vielmehr ist es Ausdruck des Ringens um den Disziplincharakter der Planung.

Die in Anhang 30 aufgelisteten Dokumente belegen, dass neben den Aussagen aus den Schlüsselgesprächen verschiedene Unterlagen aus den Archiven ebenfalls Informationen zu Themengebieten innerhalb der neugegründeten Sektion 5 enthalten. Über die Studieninhalte der neuen Fachrichtungen sind sowohl Aussagen aus Schlüsselgesprächen als auch Dokumente in Archiven vorhanden. W1 berichtet, dass sie „im zweiten Studienjahr schon eine Vorlesungsreihe für die Ingenieure [...] im Hinblick auf die künftige Zugehörigkeit zur Sektion V" (W1:67) gehalten hat: „Ich habe denen was von Architektur erzählt, von räumlichen Begebenheiten, von Farbe, von Gestaltungsgrundlagen, die einfach auch ein Ingenieur mal hören sollte" (ibid.). Außerdem gibt es ebenfalls von ihr eine Vorlesungsreihe zum Wohnungsbau für Ingenieurinnen und Ingenieure, Architektinnen und Architekten der Sektion 5 (vgl. ibid.). W3 hingegen erläutert den Beitrag zur Lehre des Wissenschaftsbereichs, an dem er tätig gewesen ist, wie folgt:

> „Ich habe die Grundlagen der Gebietsentwicklungsplanung gelehrt. Der Professor Kind hat so ungefähr die Planungspolitik gemacht in wesentlichen Fragen. Und der Dr. Beyer hat sehr stark praktische Planung gemacht. Das waren wir drei da an dem Lehrstuhl" (W3:71).

Am Beispiel der Zusammensetzung an dem von Kind geleiteten Wissenschaftsbereich Gebietsplanung lässt sich „gelebte Interdisziplinarität" ablesen, da Kind von Haus aus Geograf gewesen ist und Beyer Architektur studiert hat. Die in Anhang 31 aufgelisteten Dokumente sind als Beleg für die weitere Auseinandersetzung mit den Studieninhalten nach der Gründung der Sektion und der Fachrichtungen zu verstehen.

Prognoseentwurf der Hochschule für Architektur und Bauwesen Weimar. Zeitraum 1970–1985

Sukrow hebt in seiner Dissertation „Arbeit. Wohnen. Computer. Zur Utopie in der bildenden Kunst und Architektur der DDR in den 1960er Jahren" unter anderem die Bedeutung eines Dokuments hervor, das den Titel „Prognoseentwurf der Hochschule für Architektur und Bauwesen Weimar. Zeitraum 1970–1985" trägt und unter der Redaktion von Prof. Dipl.-Ing. Speer am 30.9.1970 auf 60 Seiten veröffentlicht worden ist. Aus Sukrows Perspektive befinden sich darin Aspekte, die für eine transformative Orientierung der Hochschule für Architektur und Bauwesen Weimar sprechen. So betont er die „revolutionäre Veränderung der bisherigen Ausbildungstradition in Weimar" (Sukrow 2018, S. 108) sowie die dadurch entstehende Profilierung der HAB Weimar (vgl. ibid.). Außerdem liest er Kritik an der damaligen Architektur der DDR heraus, da „Widersprüche zwischen der Entwicklung der sozialistischen Lebensweise und der Gestaltung der baulich-räumlichen Umwelt" (ibid., S. 109) benannt werden:

> „Der hohe Anspruch der Hochschulprognose bestand also nicht nur in der Zukunftsorientierung der Dozenten und des Nachwuchses der HAB, sondern auch in der ‚revolutionären Veränderung der bisherigen Ausbildungstradition' in Weimar, die sich

auf eine lange und bedeutende Geschichte berufen konnte und mit dem Bauhaus ab 1919 ja eine gewichtige Reformschule zu ihren Vorläufern zählen konnte. Das Ziel der Prognose war eine moderne ‚sozialistische technische Hochschule‘, die sich von ihren traditionellen Vorgängern in Weimar deutlich durch das Profil, die Forschungsschwerpunkte, die Methoden der Didaktik und die Wissensvermittlung wie auch durch ihre Absolventen – sozialistische PlanerInnen und LeiterInnen – unterscheiden sollte.

Grundsätzlich ging der Prognoseentwurf der HAB davon aus, dass die Bautätigkeit und die Anforderungen an die ArchitektInnen und StädteplanerInnen der DDR zwischen 1970 und 1985 stetig steigen werden. Nicht nur würde durch ‚Industrialisierung und Automatisierung‘ des Bauens die ‚Investitionstätigkeit‘ zunehmen, sondern auch der ‚Wachstumsprozess der Städte, ihre sozialistische Umgestaltung‘ und darüber hinaus die ‚Entwicklung einer sozialistischen Architektur‘ beschleunigt werden. Eindeutig liegt hier ein lineares Zukunftsdenken vor, dass davon ausging, dass quantitatives Wachstum eine konstante Entwicklung sei. ‚Der Zwang zur Automatisierung der Leitungs- und Produktionsprozesse‘ werde, so die Prognose, ‚zu einer neuen Qualität der städtebaulich-architektonischen Arbeit‘ führen. Dieser Prozess würde jedoch nicht nur zu einer zunehmenden Komplexität der Aufgaben des Architekten führen, sondern auch Erleichterungen beziehungsweise positive Veränderung seines Schaffens bewirken. Durch die Maschinen werde er befreit von ‚formalisierbarer Routinearbeit‘, könnten seine ‚schöpferischen Potenzen‘ freigesetzt und seine ‚Effektivität der Planung, Forschung und Projektierung durch automatische Auswahl optimaler Lösungen aus möglichen Varianten‘ erhöht werden. Insgesamt gesehen helfe die ‚Automatisierung der Architektur‘ bei der Überwindung der existierenden ‚Widersprüche zwischen der Entwicklung der sozialistischen Lebensweise und der Gestaltung der baulich-räumlichen Umwelt‘, was als Kritik an der damaligen Architektur der DDR gelesen werden kann" (ibid., S. 108 f.).

Kennzeichnende Ereignisse und Dokumente werden in Abbildung 14 dargestellt, um eine Vergleichbarkeit ermöglichen zu können. An dieser Abbildung lassen sich beispielsweise die verschiedenen Varianten ablesen, die als Bezeichnung für die Sektion diskutiert worden sind, und den Zeitraum, in dem die Entscheidung für den letztlichen Namen gefallen ist.

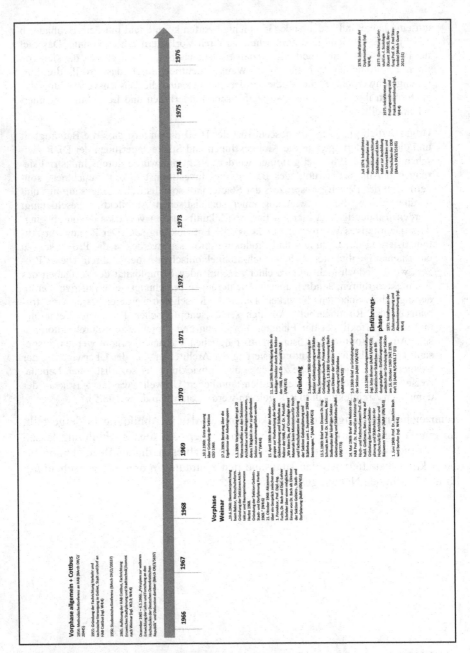

Abbildung 14: Zeitstrahl Gründungszeitraum Weimar (ausgew. Dokumente u. Ereignisse)

Hinweise: Für Printleser sind die Abbildungen 14, 16–18 in SpringerLink frei zugänglich auf der Seite dieses Kapitels hinterlegt, um sie in eine lesbare Schriftgröße vergrößern zu können. Weitere Literaturangaben, die für den Zeitstrahl genutzt worden sind: Kauert, Caroline. „Ein Reformflügel in der Stadtentwicklungspolitik der späten DDR. Dokumentation relevanter Institutionen. Arbeitsheft 1, Professur Raumplanung und Raumforschung, Institut für Europäische Urbanistik, Fakultät Architektur, Bauhaus-Universität Weimar", 2008. Welch Guerra, Max. „Fachdisziplin und Politik". In *Städtebaudebatten in der DDR. Verborgene Reformdiskurse*, herausgegeben von Christoph Bernhardt, Thomas Flierl, und Max Welch Guerra, S. 42–69. Berlin: Verlag Theater der Zeit, 2012 (eigene Darstellung)

4.2.2 Gründungszeitraum und Prozesse der Gründung in Kassel

Der Gründungszeitraum der Gesamthochschule Kassel und der des Studiengangs Architektur, Stadtplanung und Landschaftsplanung lassen sich an verschiedenen Daten festmachen.

K1 ist sich nicht sicher, ob sie „das so streng zeitlich aufgebaut haben" (K1:49). Ihrer Meinung nach ist es ein Vorgehen gewesen, das Schritt für Schritt bestimmt worden ist (vgl. ibid.:51).

Im Jahr 1970 gibt es einen Landtagsbeschluss zur Gründung der GhK, woraufhin Ende desselben Jahres vom hessischen Kultusminister die Projektgruppe Gesamthochschule Kassel gebildet worden ist (vgl. K1). Laut K1 hat diese Projektgruppe ab Januar 1971 „angefangen, die Hochschule zu planen" (ibid.:26). Die „Dokumentation von Gesamthochschulmodellen" (Projektgruppe Gesamthochschule Kassel 1971) ist auf den 26.8.1971 datiert und somit ein Beleg für die Arbeit der Projektgruppe Gesamthochschule Kassel aus diesem Jahr. Auch als Gründungsjahr der Gesamthochschule Kassel nennt K2 das Jahr 1971 (vgl. K2:1).

Der erste Modellversuch, die Lehrerausbildung, beginnt im Wintersemester 1971/72 (vgl. K1:26). In den Jahren 1971 bis 1973 folgt die Planung der Fachrichtung Architektur Stadtplanung Landschaftsplanung, die 1973 in die Realität umgesetzt wird (vgl. ibid.). Nach den Aussagen von K1 wird die Projektgruppe Gesamthochschule Kassel im Jahr 1976 aufgelöst (vgl. ibid.:55).

K1 schlägt vor, das Ende der externen Planung mit der Einrichtung des Fachbereichs gleichzusetzen (vgl. ibid.:51), merkt jedoch ebenfalls an, dass es ein Prozess ist, da sich die Studiengänge immer weiter entwickelt haben (vgl. ibid.:49). Sie sagt, „es ist sehr schwierig, bei so einer rollenden Planung Anfang und Ende zu sehen" (ibid.:51). Den Prozess vergleicht sie mit einem Wasserfall (vgl. ibid.:53).

Der Begriff der Gründung bezieht sich auf die Gründung des Stadtplanungsstudiengangs, steht jedoch in enger Verbindung mit der Gründung der

Gesamthochschule Kassel. Daher lassen sich diese zwei Gründungsprozesse nicht getrennt voneinander betrachten.

Die Darstellung dieser Prozesse wird in drei Teilkapitel aufgeteilt:

- Vorphase
- Einführungsphase
- Reflexionen und Anmerkungen

Vorphase

Bezogen auf die Vorphase betont K4, dass diese lange gedauert hat, „weil es große Auseinandersetzungen gab" (K4:28). Laut K4 hat die SPD es unterstützt, in Kassel eine Reformhochschule einzurichten (vgl. ibid.:26). Die Beteiligung der Studierenden ist durch Optimismus geprägt, wie das Zitat von K4 verdeutlicht:

> „Wir waren sehr optimistisch. Das muss ich sagen. Wir haben ja schon viel einfach in die Hand genommen. Wir haben selber dann die Projekte entwickelt. Wir haben uns die Lehrbeauftragten geholt. Wir sind rumgereist. Wir haben einfach auch Fragen gestellt. Wir haben jetzt auch die Aufgaben, also die wir uns gestellt haben, um die gesellschaftlichen Probleme zu analysieren und anzufassen, selber entwickelt. Weil dann die IAP [Integrierte Abschlussphase, Anm. IH] so eine Zusammenfassung verschiedener Initiativen war, eine Möglichkeit, das in eine Institution zu führen. Das Projektstudium zum Beispiel: Das war so ein Bestandteil der Gesamthochschule" (ibid.:83).

Hier wird auch offensichtlich, dass die Mitwirkung beziehungsweise Beteiligung der Studierenden an der Gründung der Gesamthochschule und des Studiengangs vielfältig möglich gewesen ist. Dem erwähnten Optimismus steht der Pessimismus der Gegner der Gesamtschulidee gegenüber. Den Aussagen von K2 zufolge lassen sich die Gegner der Gesamthochschulidee in zwei Gruppierungen unterteilen. Einerseits hat es Personen gegeben, „die nicht wussten, was das [die Gesamthochschule, Anm. IH] ist, und das auch nicht interessiert hat" (K2:55), andererseits Leute, „die gedacht haben, Universität ist sowieso das Ein und Alles – so wie sie auf das Gymnasium geschworen haben" (ibid.). Als Beispiel für die Gegner der Gesamthochschule nennt K2 Windfuhr von der CDU und „so was wie einen konservativen Förderkreis" (ibid.). Dieser Förderkreis heißt zunächst „Arbeitskreis Universität Kassel" (ibid.) und wird dann von dessen Mitgliedern in „Arbeitskreis Gesamthochschule Kassel" (ibid.) umbenannt.

Die Aussage, dass es „irgendwelche auf Landes- oder Bundesebene Beschlüsse gegeben haben muss, das [Kassel, Anm. IH] als Hochschulstandort einzurichten" (K4:26), die zur Gründung der Gesamthochschule geführt haben, wird anhand einiger Dokumente belegt.

So listet das alphabetische Sach- und Sprechregister der 6. Wahlperiode des Hessischen Landtags unter dem Begriff „Gesamthochschule Kassel" einige Drucksachen und Plenarprotokolle sowie Gesetze auf (vgl. Hessischer Landtag 1970, S. 64). Anhand dieser lässt sich der politische Prozess in der Vorphase der Gründung rekonstruieren.

Der damalige Kultusminister Schütte (SPD) (vgl. Hessisches Landesamt für geschichtliche Landeskunde 2017c) beantwortet die „Große Anfrage der Abgeordneten Dr. Lucas, Dr. Dregger, Beck, Böhm und von Zworowsky (CDU) an die Hessische Landesregierung betreffend Gründung einer Universität in Kassel" (vgl. Hessischer Landtag 1969a) in der 50. Plenarsitzung des Hessischen Landtags am 27. März 1969 (vgl. Hessischer Landtag 1969b, 2688 ff.):

> „Die Neugründung einer Universität ist nicht in das Ermessen der Landesregierungen gestellt, auch nicht der hessischen Landesregierung. In dem Schlußprotokoll des Verwaltungsabkommens zwischen Bund und Ländern zur Förderung von Wissenschaft und Forschung vom 8.2.1968 haben Bund und Länder – es wird immer zu leicht vergessen: Bund u n d [sic!] Länder! – eine Beteiligung des Bundes an der Finanzierung vereinbart. Das ist so wichtig, daß ich es wiederhole: Eine Beteiligung des Bundes an der Finanzierung neuer wissenschaftlicher Hochschulen soll gesondert vereinbart werden. Die Länder werden weitere Neugründungen von wissenschaftlichen Hochschulen einschließlich neuer Fakultäten und Medizinischer Akademien nur auf Empfehlung des Wissenschaftsrates vornehmen. Die Hessische Landesregierung – wie übrigens alle anderen Landesregierungen – ist entschlossen, an dieser Vereinbarung festzuhalten.
>
> Nun haben Sie eben gesagt, das sei doch offenbar ein Zeichen übertriebener Vertragstreue. Herr Kollege Dr. Lucas, es geht nicht um Vertragstreue, es geht erstens um eine vernünftige Planung auf der Basis der Bundesrepublik, und es geht zweitens um die Finanzierung. Herr Stoltenberg hat wiederholt mit großem Nachdruck gesagt, daß er Sonderpläne, Sondergründungen, Sonderaktionen der Länder nicht mehr mitfinanzieren will. Wenn ich sage: nicht mehr, so heißt das: Dies ist in der Vergangenheit hier und da vorgekommen, nicht in dem großen Maße der Gründung einer neuen Universität. Wohl aber haben Länder gelegentlich im Zuge des Universitätsausbaues von sich aus das eine oder andere Institut errichtet. Dann hat im Nachhinein der Bund noch manchmal mitfinanziert. Damit soll Schluß sein. Und ohne Bundeshilfe, das heißt ohne die 50prozentige Beteiligung des Bundes an den Baukosten, ist eine Neugründung ausgeschlossen. […]
>
> Nun haben Sie gesagt: Ist es nicht so, daß der Wissenschaftsrat die Initiativen der Länder erwartet? Kommt nicht die Neugründung dadurch zustande, daß eine Landesregierung vorgeht, sozusagen das Material auf den Tisch legt? […] Meine Antwort ist: Nein! So ist es bisher nie gewesen. SO kann es im Grund auch nicht sein und sollte es auch nicht sein. Denn dann würde es wahrscheinlich Universitätsgründungskomitees in deutschen Landen – nicht nur in Hessen – in großer Fülle geben. […]

> Neue Universitäten werden auch nicht mehr – das sollten wir zur Kenntnis nehmen
> – nach dem Muster der alten klassischen Universitäten entstehen. [...]

> Wir werden in Kassel auch eine Fachhochschule errichten, die gerade an dieser Stel-
> le entwicklungsfähig ist. Die Fachhochschulen sind nach unserem Hochschulgesetz,
> dem sogenannten Rahmengesetz, durchaus als Teile einer Gesamthochschule ge-
> plant. [...]

> Ob vom Wissenschaftsrat in der von mir geschilderten Weise und im Blick auf die
> Gesamtplanung in der Bundesrepublik – denn nur dann, wenn dies geschieht, zieht
> der Bund in der Finanzierung mit – bis 1970 neue Empfehlungen vorliegen und ob
> auch der Raum Kassel einbezogen wird, bleibt abzuwarten. Wenn das geschähe,
> würde sich die Landesregierung einem solchen Auftrag stellen" (ibid., S. 2691 ff.).

Darin wird deutlich, dass es sich um eine Top-Down-Entscheidung gehandelt
hat, da der Wissenschaftsrat für Hochschulentwicklungen in der gesamten BRD
Empfehlungen ausgesprochen hat und damit auf Bundesebene tätig gewesen ist.

Der „Antrag des Abgeordneten Kohl (FDP) und Fraktion betr. Einrichtung
einer Universität in Kassel angesichts der zu erwartenden Steigerung der Studen-
tenzahl" (Hessischer Landtag 1969c) lautet wie folgt:

> „Der Landtag wolle beschließen:
> Die Landesregierung wird ersucht, angesichts der in unmittelbarer Zukunft zu er-
> wartenden ungewöhnlichen Steigerung der Zahl der Studenten bereits jetzt Universi-
> tätseinrichtungen in der Stadt Kassel im Rahmen einer hessischen Gesamthochschu-
> le vorzusehen" (ibid.).

Von Friedeburg, der das Amt als Kultusminister inzwischen von seinem Vor-
gänger Schütte übernommen hat, antwortet darauf in der 62. Plenarsitzung am
13. November 1969:

> „Herr Präsident, meine Damen und Herren! Mir scheint, daß wieder falsche Akzente
> gesetzt werden. Hier wird trotz Beteuerung, daß nicht an eine Universität alten Stils
> gedacht sei, doch immer wieder von einer Universität gesprochen; das ist der Fehler.
> Es geht nicht darum, jetzt eine Universität nach Kassel zu setzen, sondern es geht
> vielmehr darum, daß wir ein Gesamthochschulsystem entwickeln. Genau das packen
> wir an. [...] Wenn man sich die Landkarte Hessens ansieht, so ist es gar keine Frage,
> daß im Raum Kassel Einrichtungen dieser Art entwickelt werden müssen, aber eben
> nicht mir den Worten: ‚eine Universität nach Kassel', sondern vielmehr mit einer
> vernünftigen Planung für die Gesamthochschule Hessen. Wir werden im nächsten
> Sommer einen Gesamthochschulplan vorlegen. Wir haben jetzt vor uns die Gesetz-
> gebungsarbeit für die bisherigen Einrichtungen, die Universitäten, die Höheren
> Fachschulen und die Kunsthochschulen. Wir werden gemeinsam, so hoffe ich, dafür
> sorgen, daß diese Gesetzgebungsarbeit bereits auf das Gesamthochschulsystem zielt
> und uns keine neuen Barrieren in den Weg stellt, sondern vielmehr die Wege für
> diese Einrichtung öffnet.

Es ist doch eine Unterstellung zu sagen, daß die SPD-Fraktion, die bisherige Regierung und erst recht die neue Regierung für Kassel und für den nordhessischen Raum nichts tun wollten und nichts tun werden. Das Gegenteil ist der Fall. Nach der Klausurtagung auf dem Sensenstein haben wir in Kassel das, was ich hier eben gesagt habe, bereits in aller Öffentlichkeit dargestellt. Der Oberbürgermeister der Stadt Kassel hat ausdrücklich diesen Gesichtspunkt, keine Universität alten Stils in Kassel zu gründen, sondern im Gegenteil Reformmodelle für das Gesamthochschulsystem, von sich aus in die Diskussion hineingebracht und begrüßt, daß wir genauso denken. Ich bitte, doch einfach einmal die Zeitung zu lesen und sich zu informieren, und sich nicht hier immer wieder mit dem alten Ruf: ‚eine Universität nach Kassel!' gegen die planerischen Aufgaben, die mit der Entwicklung eines Gesamthochschulsystems verbunden sind, zu sperren" (Hessischer Landtag 1969d, S. 3253).

Damit betont von Friedeburg die Absicht der hessischen SPD, sich bewusst gegen eine Universitätsgründung zu entscheiden und die Gesamthochschulidee voranzutreiben.

Auch ein Brief vom 5.5.1970, der an den Kultusminister von Hessen gerichtet und mit dem Betreff „Hochschulplanung" betitelt ist, zeigt, dass es Korrespondenz und eine Auseinandersetzung mit der Thematik gegeben hat (HHStAW Abt. 504 Nr. 12.667).

Eine Woche später, am 12. Mai 1970, wird das Hochschulgesetz (GVBl. I, 315-340) verkündet. Es gibt im dritten Abschnitt Auskunft über die Definition von Gesamthochschulen. Demzufolge sind Gesamthochschulen „Bildungseinrichtungen, die die Aufgaben aller oder mehrerer Hochschulen in sich vereinen" (ibid., S. 319).

Im fünften Abschnitt, der mit „Übergangs- und Schlußvorschriften" betitelt ist, wird deutlich, dass Details in weiteren Gesetzen wie beispielsweise im Gesamthochschulgesetz geregelt werden (vgl. ibid., S. 323).

Die „Vorlage der Landesregierung betreffend den Entwurf für ein Gesetz über die Errichtung der Gesamthochschule in Kassel" (Drucksache Nr. 3015, 6. Wahlperiode) wird am 16. Juni 1970 ausgegeben. In der Begründung der Vorlage heißt es:

„Die Hessische Landesregierung hat am 18. Februar 1970 beschlossen, eine integrierte Gesamthochschule in Kassel zu errichten. Der Entwurf legt die Rechtsform der Gesamthochschule für die Zeit der Gründung und ihren rechtlichen Rahmen fest, in dem der Aufbau vorgenommen werden soll. Ein nach § 39 Nr. 1 des Hochschulgesetzes vom 12. Mai 1970 (GVBl. I S. 315) zu erlassendes Gesamthochschulgesetz wird die Rechtsform der Gesamthochschule neu bestimmen und ihre Rechtsverhältnisse näher regeln. […]

Um die Aufgaben der Hochschule für Bildende Künste Kassel und der Fachhochschule Kassel in der Gesamthochschule zu vereinen, wird das Gesamthochschulgesetz diese Hochschulen in die Gesamthochschule eingliedern" (ibid., 4).

Der in der Vorlage erwähnte Beschluss der Hessischen Landesregierung kann auch nach Anfrage an das Archiv des Hessischen Landtags nicht gefunden werden. Dieser Abschnitt gibt jedoch darüber Aufschluss, dass es sich bei der Gesamthochschule Kassel um die Vereinigung mehrerer bereits vorhandener Institutionen handeln soll (vgl. ibid.). Weiter wird die Vorlage wie folgt begründet:

> „Die gesamte Hochschulbildung wird sowohl in der Organisation wie in den Studiengängen einheitlich sein. Forschung und Lehre werden damit von der integrierten Hochschule als Einheit wahrgenommen. Die Gesamthochschule ist demgemäß eine wissenschaftliche Hochschule im Sinne des gemeindeutschen Hochschulrechts. Das Hochschulgesetz und das Universitätsgesetz vom 12. Mai 1970 (GVBl. I S.324) verwenden an Stelle der Bezeichnung ,wissenschaftliche Hochschule' die Bezeichnung ,Universitäten'. Zur Klarstellung bezeichnet § 1 Abs. 2 Satz 2 des Entwurfs die Gesamthochschule als wissenschaftliche Hochschule. Diese Klarstellung ist im Hinblick auf die im Hochschulbauförderungsgesetz vom 1. September 1969 (Bundesgesetzblatt I S. 1556) verwendete Bezeichnung ,wissenschaftliche Hochschule' notwendig. Denn die Förderung gemäß dem Hochschulbauförderungsgesetz setzt voraus, daß die Gesamthochschule nach Landesrecht als wissenschaftliche Hochschule errichtet ist (§ 4 Abs. 2 des Hochschulbauförderungsgesetzes). Dieser Entwurf schafft die rechtliche Grundlage für eine Förderung nach diesem Gesetz" (ibid.).

Darin wird beschrieben, dass der Titel „wissenschaftliche Hochschule" für die Gesamthochschule Kassel gewählt worden ist, damit dieser dem Bundesgesetz entsprechend und somit die Anwendung des Hochschulbauförderungsgesetzes möglich ist. Somit ist eine Verknüpfung mit der Bundesebene belegt, die ein Beispiel für die Verankerung des Gegenstromprinzips und der Subsidiarität darstellt.

> „Das Gesamthochschulgesetz nach § 39 Nr. 1 des Hochschulgesetzes wird erlassen, sobald die Voraussetzungen für Forschung und Lehre an der Gesamthochschule geschaffen sind. Bis zum Inkrafttreten des Gesamthochschulgesetzes ist die Gesamthochschule eine Einrichtung des Landes (§ 2 Abs. 1 Satz 1 des Entwurfes), d. h. sie ist eine rechtlich unselbstständige Anstalt. Die Angelegenheiten der Gesamthochschule werden vom Land verwaltet (§ 2 Abs. 2 Satz 1 des Entwurfes). Diese Rechts- und Verwaltungsform ist für den Zeitraum der Gründung und des Aufbaus notwendig. Die neuartige Struktur und Organisation der Gesamthochschule werden von einer Projektgruppe erarbeitet, die auch Vorschläge für die Bauplanung machen wird. Die Projektgruppe ist beim Kultusminister eingerichtet und unterliegt seinen Weisungen. Um eine baldmögliche Ausführung der Organisations- und Planungsarbeiten zu gewährleisten, ist es angebracht, daß der Kultusminister die Verwaltungsgeschäfte der Gesamthochschule führt. Entsprechend dem fortschreitenden Aufbau wird der Kultusminister bestehende Einrichtungen (z. B. die gemäß § 44 des Entwurfes eines Fachhochschulgesetzes in die Fachhochschule Kassel überzuleitenden Bildungseinrichtungen) oder geeignete Persönlichkeiten mit der Wahrnehmung von Verwaltungsaufgaben beauftragen (§ 2 Abs. 2 Satz 2 des Entwurfes). Der Grün-

dungsbeirat ist ein Beratungsorgan (§ 3 des Entwurfes). In den Gründungsbeirat sollen u. a. Vertreter der Hochschulgruppen sowie der Stadt Kassel berufen werden" (ibid., S. 4 f.).

Es wird hervorgehoben, dass die Projektgruppe dem Kultusminister unterstellt ist und dementsprechend weisungsgebunden handeln muss (ibid., S. 4 f.). Darüber hinaus wird die beratende Funktion des Gründungsbeirates und dessen Zusammensetzung erläutert.

Punkt 3 der Begründung gibt schließlich Auskunft über Bestimmungen zum Studentenwerk zur Zeit der Gründungsvorbereitungen (vgl. ibid., S. 5).

Es folgt das Protokoll der 76. Plenarsitzung des Hessischen Landtages, in dem unter Tagesordnungspunkt 3 über die Lesungen sowie die Abstimmung über den „Entwurf für ein Gesetz über die Errichtung der Gesamthochschule in Kassel" berichtet wird (vgl. Plenarprotokoll 76. Sitzung, 6. Wahlperiode, S. 3996 ff.). Darin betonen der Kultusminister von Friedeburg sowie die sich zu Wort meldenden Landtagsabgeordneten die Beweggründe für die Gesamthochschule in Kassel. So betont der Kultusminister von Friedeburg die Besonderheit, dass es sich bei der Gesamthochschule Kassel um die „erste integrierte Gesamthochschule" (ibid., S. 3996) in der Bundesrepublik handeln wird (vgl. ibid.). Auch von Zworowsky (CDU) misst der Gesamthochschule Kassel Bedeutung „im Zuge des Reformprozesses der Hochschulen" (ibid.) bei.

Von Friedeburg formuliert es als Ziel, dass das Gesetz vom Hessischen Landtag verabschiedet wird und der Hochschulneugründungsausschuss des Wissenschaftsrates in seiner Tagung am selben Tag dem Antrag für Kassel zustimmt. Damit möchte er in einem nächsten Schritt einen Antrag an den Bund zu stellen, dass Kassel in die Anhangliste zum Hochschulbauförderungsgesetz aufgenommen werden soll. So lässt sich laut seinen Ausführungen die finanzielle Unterstützung des Bundes bei Planungs-, Grunderwerbs- und Baukosten (vgl. ibid., S. 3996 f.) sicherstellen.

Als einen weiteren Grund für die Einrichtung der Gesamthochschule Kassel nennen von Zworowsky (CDU) (vgl. ibid., S. 3997), Kohl (FDP) (vgl. ibid., S. 3998), Fischer (NPD) (vgl. ibid., S. 3999) und Best (SPD) (vgl. ibid., S. 4000) die Beseitigung des Numerus Clausus als Zulassungsbeschränkung. So legt Best (SPD) Wert darauf, „in der neuen Gesamthochschule Kassel die Fachbereiche auszubauen, bei denen Zulassungsbeschränkungen bestehen" (ibid., S. 4000).

Von Zworowsky (CDU) hebt außerdem die „gleichmäßige Ausschöpfung des hessischen Begabungspotentials" (ibid., S. 3998) sowie die Stärkung von Nordhessen „über den unmittelbaren kulturellen und kulturpolitischen Sektor hinaus" (ibid.) hervor. Auch Fischer (NPD) spricht sich für die regionale Entwicklung von Nordhessen aus (vgl. ibid., S. 3999).

Kohl (FDP) betont die Vorarbeit des „Arbeitskreis Universität Kassel" seit seiner Konstituierung im Frühjahr 1969 (vgl. ibid., S. 3998) und sieht dessen Initiative als

> „Veranlassung zu einem konkreten Antrag, erste universitäre Einrichtungen im Rahmen einer Gesamthochschule Kassel vorzusehen, ein Antrag vom August vergangenen Jahres, der hier im November nach einer langen, sehr gründlichen Debatte schließlich die Zustimmung der demokratischen Fraktionen in diesem Hause fand" (ibid.).

Schwarz-Schilling hingegen zitiert eine Kleine Anfrage des Hessischen Landtagsabgeordneten Großkopf (CDU) aus dem Jahr 1966 zur langfristigen Planung bezüglich der Einrichtung einer Technischen Universität in Nordhessen, die von der SPD-geführten Landesregierung aufgrund von finanziellen Schwierigkeiten abgelehnt worden ist (vgl. ibid., S. 4001). Best (SPD) begründet die Ablehnung mit der fehlenden Förderung im Jahr 1966 im Vergleich zum Jahr 1970.

Ebenfalls mehrere Redner sprechen sich dafür aus, die Gesamthochschule als Zwischenschritt einzurichten. Dabei handelt es sich um Kohl (FDP) (vgl. ibid., 3998), Fischer (NPD) (vgl. ibid., S. 3999) und Best (SPD) (vgl. ibid., S. 4000). Fischer (NPD) nennt die Gesamthochschule sogar „Gesamtuniversität" (ibid., S. 3999) und betont, dass es sich bei der Gesamthochschule um eine Zwischenlösung von der Fachhochschule zur Universität handelt (vgl. ibid.). Best (SPD) spricht direkt von der „Universität Kassel" (ibid., S. 4000).

Als Reaktion auf die kritischen Anmerkungen von Fischer (NPD) zu Formalitäten appelliert Best (SPD):

> „Wir sollten im Landtag ein gutes Beispiel dafür geben, daß es hier nicht um Formalien geht, sondern daß hier ein Anfang gemacht werden muß. Daß wir unserer Jugend, die vor verschlossenen Türen der Universitäten auf Einlaß wartet, in dieser Situation nicht mit irgendwelchen Formalien kommen können, sollte allen Abgeordneten klar sein" (ibid., S. 4000).

Fischer (NPD) beantragt die Überweisung der Beratung in den Kulturpolitischen Ausschuss. Es folgt die Ablehnung des Antrags mit den Stimmen der SPD, der CDU und der FDP gegen die Stimmen der NPD. Die Fraktionen der SPD, der CDU und der FDP stimmen für die zweite und dritte Lesung, die NPD stimmt dagegen. Präsident Buch stellt die Beschlussfassung der zweiten und der dritten Lesung fest. SPD, CDU und FDP stimmen jeweils dafür, die NPD enthält sich in zweiter Lesung und stimmt in dritter Lesung dagegen. Damit wird der Gesetzentwurf mit einer von Präsident Buch zu Protokoll gegebenen Änderung in § 4 zum Gesetz erhoben (vgl. ibid, S. 4004). Am 24. Juni 1970 wird das „Gesetz über die Errichtung der Gesamthochschule in Kassel" (Gesetz- und Verordnungsblatt (GVBl.) 1970/28) verkündet und tritt einen Tag später am 25. Juni 1970 in Kraft (vgl. ibid.).

Laut Auskunft von Frau Möckel (Sekretariat Präsident, Universität Kassel) gibt es keine explizite Gründungsurkunde der GhK; das Gesetz, in Abbildung 15 dargestellt, lässt sich jedoch als Gründungsdokument betrachten.

Der Wissenschaftsrat schreibt in den von ihm im Oktober 1970 vorgelegten „Empfehlungen zur Struktur und zum Ausbau des Bildungswesens im Hochschulbereich nach 1970" (Wissenschaftsrat 1970):

> „Die Versorgung Hessens mit Studienplätzen ist besonders im Norden des Landes noch ungenügend und erfordert die Gründung einer neuen Gesamthochschule. Der geeignete Standort in Nordhessen ist Kassel, das zentraler Ort im Gebiet eines regionalen Entwicklungsprogramms ist und bereits über mehrere Einrichtungen des Hochschulbereichs verfügt" (ibid., S. 188).

Im „Gesetz zum weiteren Ausbau der Gesamthochschule Kassel" (GVBl. 1971/20, S. 190), das am 13. Juli 1971 ausgegeben worden ist, wird das „Gesetz über die Errichtung der Gesamthochschule in Kassel" vom 24. Juni 1970 geändert.

So wird § 1 beispielsweise Absatz 3 angefügt, der wie folgt lautet: „Die Hochschule für bildende Künste Kassel und die Fachhochschule Kassel werden in die Gesamthochschule Kassel eingegliedert" (ibid.). § 3 wird um den folgenden Satz ergänzt: „Der Kultusminister kann dem Gründungsbeirat durch Rechtsverordnung Aufgaben eines zentralen Organs der Gesamthochschule übertragen" (ibid.).

K1 beschreibt die Zeit zu Beginn der 1970er-Jahre als „eigentlich schon eine sehr lebendige und auch sehr ideenreiche und sehr innovative Zcit" (K1:43). In diesem Zusammenhang erläutert sie, dass zahlreiche Konferenzen stattgefunden haben und vor allem bezogen auf Stadtplanung viel diskutiert worden ist (vgl. ibid.). Sie begründet ihre Aussage zur Politisierung der Stadtplanung damit, dass „einfach eine neue Generation in verantwortliche Stellen kam" (ibid.). Dieser Wechsel hat ihrer Auffassung nach in der Disziplin Stadtplanung auch zur Änderung der Inhalte in der Lehre geführt (vgl. ibid.).

Laut K4 hat es an einem bestimmten Punkt „die Frage der gemeinsam geschlossenen Bildungseinrichtung gegeben, also dass man das [die vorhandenen Bildungseinrichtungen, Anm. IH] zusammenbringt und daraus eine Hochschule bildet" (K4:26), wie anhand der Dokumente des Hessischen Landtags bereits belegt hat werden können (vgl. Plenarprotokoll 76. Sitzung, 6. Wahlperiode).

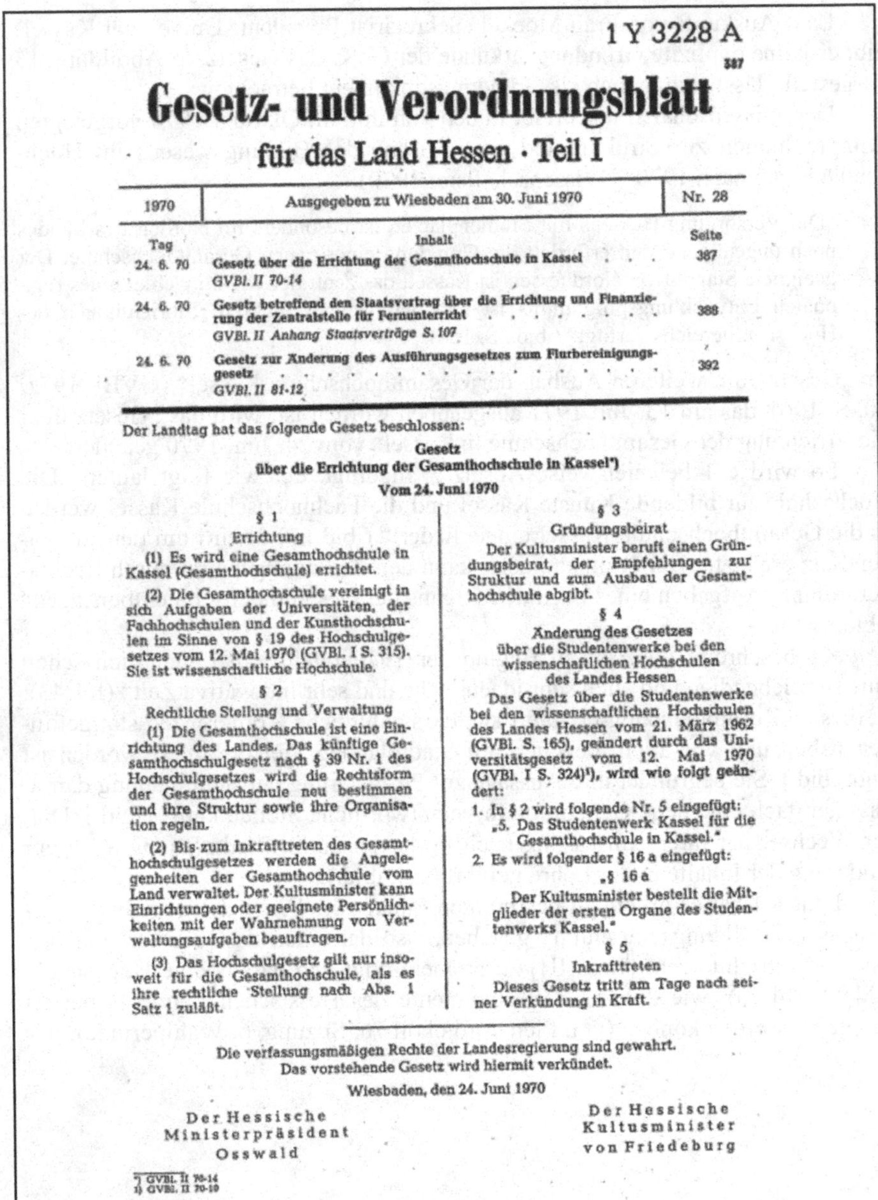

1 Y 3228 A

[387]

Gesetz- und Verordnungsblatt

für das Land Hessen · Teil I

1970	Ausgegeben zu Wiesbaden am 30. Juni 1970	Nr. 28

Tag	Inhalt	Seite
24. 6. 70	Gesetz über die Errichtung der Gesamthochschule in Kassel . . . . GVBl. II 70-14	387
24. 6. 70	Gesetz betreffend den Staatsvertrag über die Errichtung und Finanzierung der Zentralstelle für Fernunterricht . . . . GVBl. II Anhang Staatsverträge S. 107	388
24. 6. 70	Gesetz zur Änderung des Ausführungsgesetzes zum Flurbereinigungsgesetz . . . . GVBl. II 81-12	392

Der Landtag hat das folgende Gesetz beschlossen:

Gesetz
über die Errichtung der Gesamthochschule in Kassel*)

Vom 24. Juni 1970

§ 1
Errichtung

(1) Es wird eine Gesamthochschule in Kassel (Gesamthochschule) errichtet.

(2) Die Gesamthochschule vereinigt in sich Aufgaben der Universitäten, der Fachhochschulen und der Kunsthochschulen im Sinne von § 19 des Hochschulgesetzes vom 12. Mai 1970 (GVBl. I S. 315). Sie ist wissenschaftliche Hochschule.

§ 2

Rechtliche Stellung und Verwaltung

(1) Die Gesamthochschule ist eine Einrichtung des Landes. Das künftige Gesamthochschulgesetz nach § 39 Nr. 1 des Hochschulgesetzes wird die Rechtsform der Gesamthochschule neu bestimmen und ihre Struktur sowie ihre Organisation regeln.

(2) Bis zum Inkrafttreten des Gesamthochschulgesetzes werden die Angelegenheiten der Gesamthochschule vom Land verwaltet. Der Kultusminister kann Einrichtungen oder geeignete Persönlichkeiten mit der Wahrnehmung von Verwaltungsaufgaben beauftragen.

(3) Das Hochschulgesetz gilt nur insoweit für die Gesamthochschule, als es ihre rechtliche Stellung nach Abs. 1 Satz 1 zuläßt.

§ 3
Gründungsbeirat

Der Kultusminister beruft einen Gründungsbeirat, der Empfehlungen zur Struktur und zum Ausbau der Gesamthochschule abgibt.

§ 4
Änderung des Gesetzes
über die Studentenwerke bei den
wissenschaftlichen Hochschulen
des Landes Hessen

Das Gesetz über die Studentenwerke bei den wissenschaftlichen Hochschulen des Landes Hessen vom 21. März 1962 (GVBl. S. 165), geändert durch das Universitätsgesetz vom 12. Mai 1970 (GVBl. I S. 324)*), wird wie folgt geändert:

1. In § 2 wird folgende Nr. 5 eingefügt:
„5. Das Studentenwerk Kassel für die Gesamthochschule in Kassel."

2. Es wird folgender § 16 a eingefügt:
„§ 16 a
Der Kultusminister bestellt die Mitglieder der ersten Organe des Studentenwerks Kassel."

§ 5
Inkrafttreten

Dieses Gesetz tritt am Tage nach seiner Verkündung in Kraft.

Die verfassungsmäßigen Rechte der Landesregierung sind gewahrt.
Das vorstehende Gesetz wird hiermit verkündet.

Wiesbaden, den 24. Juni 1970

Der Hessische
Ministerpräsident
Osswald

Der Hessische
Kultusminister
von Friedeburg

*) GVBl. II 70-14
¹) GVBl. II 70-10

Abbildung 15: Gesetz über die Errichtung der Gesamthochschule in Kassel (GVBl. 1970/28)

K2 berichtet, dass es „14 verschiedene Bildungseinrichtungen" (K2:17) in Kassel gegeben hat, bevor die Gesamthochschule gegründet wird. Auch K4 bestätigt die Rahmenbedingungen vor Ort und sagt: Es „lag [...] schon auch an den Konstellationen, was da vorzufinden war, also diese verschiedenen Ansprüche" (K4:69).

Tabelle 11 verdeutlicht die in den Schlüsselgesprächen genannten vor der Gründung der Gesamthochschule vorhandenen Bildungseinrichtungen in Kassel sowie deren Zusammenhänge.

Nicht von den Gesprächspartnerinnen und Gesprächspartnern ausdrücklich in diesem Zusammenhang genannt, aber dennoch in die Gesamthochschule integriert worden ist die Landwirtschaftsschule in Witzenhausen (vgl. Schrader, Thiemann und Zumpfe 1997, S. 30).

Das Archivgut bestätigt die Beschäftigung mit der Zusammenführung der bestehenden Einrichtungen:

▪ Überlegungen zur organisatorischen Vorbereitung des Studienbeginns zum Wintersemester 1971/72 an der Gesamthochschule Kassel, 9 S. (HHStAW Abt. 504 Nr. 12.667)

▪ Gründungsbeirat der Gesamthochschule Kassel, Ausschuss für Integrationsfragen: Bericht über das Ergebnis seiner 1. Sitzung am 8.1.1971, 2 S. (HHStAW Abt. 504 Nr. 12.667)

▪ Problemkatalog zur Integration der Ausbildungseinrichtungen beziehungsweise Studiengänge in die Gesamthochschule Kassel (vgl. „Überlegungen zur Integration der Projektgruppe Gesamthochschule Kassel" vom 4.2.1971), 6 S. (HHStAW Abt. 504 Nr. 12.667)

▪ Skizze Organigramm, 1 S. (HHStAW Abt. 504 Nr. 12.667)

▪ Überlegungen zur Strukturplanung einer Hochschulgründung, Bericht der Projektgruppe „Gesamthochschule Kassel" (darin: Organigramm, u. a. mit Gesetz über die Errichtung der Gesamthochschule in Kassel vom 24. Juni 1970)

Skizzen:

– Einrichtungen im tertiären Bildungssektor, im sekundären Bildungssektor

– Krankenhäuser, Dienstleistungs- und Verwaltungsgebäude
Tabelle: Fachrichtungen, Studenten, Nettonutzfläche, Bruttonutzflache, Bruttobauland, 10 S. (HHStAW Abt. 504 Nr. 12.667)

▪ Überlegungen zur Integration (Projektgruppe Gesamthochschule Kassel 1972)

Tabelle 11: Bestehende Hochschulinstitutionen in Kassel und O-Töne

Bildungseinrichtung	Zitat/O-Ton	Weitere Themen
Ingenieurschule für Bauwesen	„Es wurde versucht, die Ingenieurschule für Bauwesen, die natürlich eine ganz andere Struktur hatte, ein ganz anderes Verhältnis auch in der Lehrvermittlung, in der Prüfungsordnung, in der Studienordnung, auch die Dozenten hatten natürlich bestimmte Ansichten. Es war also eine richtig gute deutsche Ingenieurausbildung" (K4:26).	
Ingenieurschule für Bauwesen, Kunsthochschule	„Das hing damit zusammen, mit der besonderen Geschichte. Wir hatten zwei Studiengänge Architektur, einen für Garten- und Landschaftsarchitektur an der Kunsthochschule, die rechtsförmig als richtige Hochschule eingestuft wurde, also den Universitäten gleichgestellt. Die hatten aber noch keine Diplomabschlüsse. Künstler wollen keine Diplome haben. Aber gleichwohl, die hatten ja auch einen berühmten Landschaftsarchitekten da, der über die Grenzen Kassels hinaus berühmt war. Der Studiengang blieb bestehen und wurde dann gleich mit Diplom II bezeichnet und an der Ingenieurschule, später Fachhochschule für Bauingenieurwesen, der dort existierende Studiengang wurde übergeleitet und zusammengefasst" (K2:19).	
Ingenieurschule für Bauwesen, Werkkunstschule	„In Kassel gab es die Kunsthochschule, dann gab es die Werkkunstschule, also mehr so Vorläufer von Design, das, was mit Produkt zu tun hatte auch, dann gab es die Ingenieurschule für Bauwesen" (K4:8).	
Werkkunstschule	„Es war eigentlich eine Konkurrenzsituation in Kassel. Die Werkkunstschule wurde geleitet von Jupp Ernst und Jupp Ernst war eine durchaus wichtige Nachkriegspersönlichkeit in Sachen Design, Ästhetik und so weiter. Der hat damals diese Werkkunstschule sehr stark gemacht. Es gab zum Beispiel, was damals etwas Neues war, vorzügliche Werkstätten, Druckereiwerkstätten und so weiter, typografische Arbeiten wurden gemacht, für Stoffdesign gab es Jacquard-Webstühle und alles. Der Flores Neusüß, der gerade 80 geworden ist, der war damals schon auch mit dabei, einer der ganz großen Fotografen, der also nun international reputiert ist. Der war damals einer der Kollegen" (K3:35).	
	„Ich selber habe 1967 die Architekturklasse der Werkkunstschule Kassel übernommen und wir haben dann nach eineinhalb Jahren, glaube ich, war es, haben wir fusioniert mit der Hochschule für bildende Künste" (ibid.:1).	
HbK/Kunsthochschule	„In der Kunsthochschule, in die ich dann aufgenommen worden bin, das war Studiengang für Landschaftsplanung. Dann gab es den Studiengang Architektur noch in der Kunsthochschule, natürlich auch die anderen: Bildhauerei, Fotografie und so weiter und auch Lehramt und die freien Künstler halt" (K4:8).	Abschluss in Landschaftsarchitektur. „Es gab dann auch einen Abschluss in Landschaftsarchitektur als HbK-Abschluss. Die Umbenennung in Landschaftsarchitektur war mitinspiriert durch Dresden" (K4:45).

Bildungseinrichtung	Zitat/O-Ton	Weitere Themen
	„Also ich würde sagen, die frühen Jahre waren auch experimentell. Zum Beispiel: Es gab bei den Landschaftsplanern zu HbK-Zeiten eine Veranstaltung. Alle 14 Tage holte man einen Gast. Der kam abends gegen 19 Uhr, 20 Uhr und der hat dann von seiner Arbeit berichtet. Und dann haben wir auch mal einen Eremitage dagehabt mit einem Riesenbart. Und der hat erzählt, wie er seine Eremitage, die er da so halb in den Felsen reingebaut hatte, wie die ausgestattet war und so weiter. Und bei dem haben dann wir und die Studenten gelernt, mit welch einer ungaublich minimierten Ausstattung man sein Leben fristen kann. Wenn der Kopf aber richtig tut, dass man damit dann auch klarkommt. Also solche Dinge konnte man in Kassel erleben" (K3:23).	**„Meisterklasse"** „Und es war so, dass eine Aufnahme möglich war auch ohne Abitur. Angelegt war es ähnlich einem Aufbaustudium oder Ergänzungsstudium. Innerhalb von sechs Semestern oder acht Semestern etwa waren es etwa vielleicht zwei Studenten pro Semester. Es gab den Meister. Am Anfang war es Mattern, auch aus Berlin, und dann war es Grzimek. Und es war eigentlich eine sehr interessante Ausbildung. Es war so, dass die ersten zwei Semester mit den Architekten gemeinsam und den Künstlern gemeinsam in zwei Grundsemestern absolviert wurden. Es war … mehr eine künstlerische Ausbildung. Das Sehen lernen oder die einzelnen … auch theoretische Bildung dazu und es gab viele Übungen und es wurde alles auch gemeinsam gemacht, also auch sich selber auszudrücken, künstlerisch auszudrücken. Die Aufnahmeprüfung war sehr intensiv, das ging über zwei Tage. Aber es war schon so angelegt, dass eine Integration möglich war, also dass die Landschaftsplaner und die Architekten schon auch irgendwo eine gemeinsame Basis hatten. Mattern war einer, mit dem man wirklich aneinandergeraten konnte. Er repräsentierte noch das Alte und die Kriegs- und Vorkriegsgeneration und zwar auf einer ziemlich patriarchalen Ebene. Es war so, dass bei den Landschaftsplanern, so (unverständlich) zum Beispiel, noch viele alte Nazis sich da tummelten, ohne dass das irgendwo mal problematisiert wurde. Es kam erst sehr, sehr viel später. Aber man merkte schon, es gab also Konfrontationen. Und es kam dazu, dass Mattern dann nach Berlin ging und dafür Grzimek kam, der eine reformerische Ader hatte. Es waren sehr interessante Studenten. Viele Schweizer, Türken, die viele auch dann ganz interessante Laufbahnen hatten, vor allem im Ausland, Nordamerika, Schweden, Holland, Schweiz" (K4:8).
	„Aber trotzdem muss ich sagen, es war eine Zeit lang eine experimentelle Hochschule und das war spannend. Dass eine Hochschule natürlich auch immer von ihren Hochschullehrern geprägt wird, aber man muss auch eine Studentenschaft haben, die dem folgt, die mitmacht. Also ich habe immer gesagt, wir sind im Zweifelsfalle so gut wie unsere Studenten. Wir brauchen diesen Transfer" (K3:55).	„Aber es war so eine Art Meisterklasse. Es war viel selbstorganisiert, es ist auch nachher ein Bestandteil der weiteren Entwicklung gewesen. Die Studenten haben ein eigenes Büro entwickelt und haben auch selbst reale Planungsaufgaben durchgeführt, als Büro auch, als … Die Aufträge sind natürlich vermittelt worden, über Grzimek, der die Kontakte hatte, aber die haben wir selbstständig erarbeitet. Es waren auch stadtplanerische Aufgaben, es waren landschaftsplanerische Aufgaben, Details und alles Mögliche. Das Büro gibt es heute noch. Das ist die EGL" (K4:10). **Aufbau Literaturbestand** „Ich hatte damals mal das Vergnügen, dass man plötzlich Geld hatte und ich durfte nach Berlin fahren, um dort in einer Architekturbibliothek oder Buchhandlung für 3000 Mark Bücher einzukaufen. Und da habe ich einfach all die Bücher, von denen ich meinte, dass sie für die HbK wichtig seien, habe ich dann dort gekauft. Das waren zum Teil opulente Werke, Dinge, an die man also sonst wahrscheinlich gar nicht rangekommen wäre. Und das war natürlich auch eine schöne Sache" (K3:1).

Bildungseinrichtung	Zitat/O-Ton	Weitere Themen
		Aufnahme auch ohne Abitur möglich „Leute ohne Abitur, aber mit einer überdurchschnittlichen künstlerischen Begabung, konnten damals aufgenommen werden in diesen Kunsthochschulstudiengang und konnten Architektur studieren. Und ich selber hatte damals einen Studenten, der hat eine Schriftsetzerausbildung gemacht mit Hauptschulabschluss und der hat mit mir ein Bewerbungsgespräch geführt, eineinhalb Stunden, ohne Punkt und Komma. Und das war so vorzüglich, dass ich gesagt habe, wer sich so ausdrücken und die Probleme so benennen kann, der kann auch studieren. Heutzutage ist es ja überhaupt nicht denkbar, dass man ohne entsprechende Papiere und Ziffern in die Hochschule Eingang findet. Das ging" (K3:3). „Und es war so, dass eine Aufnahme möglich war auch ohne Abitur, weil es einfach so eine Meisterklasse im alten Sinn war" (K4:8). **Nicht über Stadtplaner geredet** „Komischerweise, über Stadtplaner wurde überhaupt nicht geredet, weil wenn es irgendwie eine kleine Siedlung zu planen gab als Studienarbeit oder irgendwie, dann wurde das von den Architekten mit betreut. Also das war nicht irgendetwas, was nach Bedarfsplanung und nach all diesen Dingen aussah" (K2:1). **Enges Verhältnis Architektur und Landschaftsarchitektur** „Wir hatten also ein sehr enges Verhältnis zwischen Architekten und Landschaftsarchitekten" (K2:1). **Anekdoten: Hunde und Stricken** „Und unsere besten Zuhörer waren die Hunde der Studenten. Die lagen da und gähnten dann. Das waren verrückte Zeiten. Damals war es üblich, es war noch die Aufbruchzeit, dass Studentinnen dasaßen und strickten. Statt mitzuschreiben, haben sie gestrickt. Und dann habe ich mal gesagt: Sie mögen mir doch zumindest ein Paar Socken stricken, wenn sie schon in meiner Veranstaltung aufhauchen" (K3:9). „Aber es hat Wahnsinnsdinge gegeben mit den Hunden natürlich. Da bin ich einerseits jemand, der Tiere mag, aber wenn im Seminarraum ein Hund sich verewigt, das ist nicht so packend" (K3:13).
Konkurrenz Werkkunstschule – HbK	„Die Werkkunstschule stand immer in Konkurrenz zur HbK. Und die einen hielten sich für die Besseren und die anderen hielten sich für die Besseren, wie es da üblich ist" (K3:35).	

(eigene Darstellung)

Während es unter den Beschäftigten der HbK die Idee gibt, die HbK autark wei-
terzuführen, also nicht in die Gesamthochschule zu integrieren (vgl. K3:1), ist
dieses Denken in anderen vor der Gründung der Gesamthochschule bestehenden
Bildungseinrichtungen nicht bekannt.

Laut K4 hat es jedoch eine „große Reibungsfläche" (K4:45) bei der Integration des Bauwesens gegeben. Erst „durch die Neuberufenen und durch die Ausrichtung [...] der anfänglichen Schwerpunkte [...] gewann das langsam an
Fahrt" (ibid.).

Außerdem werden Leute aus dem Ingenieurwesen „fast geködert dadurch,
dass sie eventuell einen Professorenposten bekommen" (ibid.). Sie bezeichnet
dieses Vorgehen als Mittel zum Zweck, da von dieser Seite viel Widerstand bezüglich der Integration entgegengebracht wird. Im Gegensatz dazu ist die Architektur an der HbK für sie ein „angestammter Bereich dort, festverankert, der oft
auch für sich agierte" (ibid.), und die Landschaftsplanung ist stärker an einer
Integration interessiert (vgl. ibid.).

Dafür ist eine „sehr sensible und intensive Verhandlungsführung" (K4:81)
notwendig, da die Professoren, „die auch vor Ort waren, die ihren angestammten
Platz hatten" (ibid.), keine Macht- oder Kompetenzverluste hinnehmen wollen
(vgl. ibid.).

Einführungsphase

In der Einführungsphase wird daran gearbeitet, die Planungen der Gesamthoch-
schul- sowie der Studiengangsgründung fortzuführen und umzusetzen. Diese
Phase wird unter anderem anhand der kommentierten Lehrveranstaltungsver-
zeichnisse belegt (Doku:lab 10.063-055).

Ein Prozess, der zur Gründung noch nicht abgeschlossen ist, bezieht sich
auf die Arbeit an der Studien- und Prüfungsordnung. K4 berichtet, dass sie es als
„unheimlich wichtig" (K4:73) empfunden hat, diese festzulegen, um „damit auch
einmal ein paar Richtungen vorzugeben" (ibid.).

Zwei Dokumente belegen diesen Prozess der Ausarbeitung:

- Entwurf: Studienplan für das Grundstudium im Integrierten Studiengang
  Architektur, Stadt- und Landschaftsplanung (R. Meyfahrt, 9.5.1976) (Doku:
  lab Doc 20533)
- Diplomprüfungsordnung für den Integrierten Studiengang Architektur,
  Stadt- und Landschaftsplanung an der Gesamthochschule Kassel
  (26.1.1983) (Doku:lab 10.063-105A)

K4 betont, dass sie und andere „auch von der studentischen Seite her die Lerninhalte und die Strukturen mitbeeinflussen" (K4:45) haben können.

Als Beispiel nennt sie den Vorschlag, das Projektstudium einzuführen:

„Wir haben uns verschiedene Themen ausgesucht oder erarbeitet, was eigentlich ein Projektstudium sein könnte oder wie ein Projekt aussieht, welche Integrationsstufen da eigentlich erreicht werden müssen, also auch von der Beteiligung anderer Fachbereiche oder Fachrichtungen. […] Es war also möglich, dass man sich Lehrbeauftragte herangeholt hat" (ibid.).

Als Grund für die Idee des Projektstudiums nennt sie den Wunsch, die klassische Abfolge der Vermittlung von Lerninhalten aufzubrechen. Ihrer Meinung nach lief das bis dahin übliche Muster folgendermaßen ab: „vom Grundstudium bis zur Vorlesung, von der Vorlesung bis zur Prüfung und so weiter" (ibid.).

Das Mitarbeiten der Studierenden wird durch die „lockerere Struktur" (ibid.) der Hochschule sowie die Arbeit in Gremien ermöglicht. Das ist laut K4 so weit gegangen, „dass man sich ganz beliebig sich verabreden konnte und irgendwas durchsetzen konnte" (ibid.). Doch diesem Vorgehen „wurde dann auch bald ein Riegel vorgeschoben" (ibid.); diese anscheinend unendliche Freiheit der Beeinflussung hat also nicht lange Bestand. Die Beteiligung von Studierenden ist zum Beispiel durch den „Zwischenbericht 1 der Fachberatergruppe für Architekten-/Planerausbildung an der Gesamthochschule Kassel" belegt, da die Fachberatergruppe unter anderem aus Studierenden bestanden hat (vgl. Fachberatergruppe für die Architekten-/Planerausbildung an der Gesamthochschule Kassel 1973) sowie durch die Materialien zur Architekten- und Designerausbildung an der GHS Kassel (vgl. Arbeitsgruppe Integration OE Architektur/Landschaftsarchitektur 1972). Eine weitere Einflussnahme können Studierende ausüben, indem sie Mitglied in einer Berufungskommission werden:

„Die sind dann auch rumgereist und haben auch über so ein Schneeball-Prinzip gefragt, wer da interessant ist. Und welche Inhalte er da vertritt und welche Schwerpunkte man über so einen Fachbereich zusammensetzen könnte von unserer Sicht aus. Und haben dann auch die Leute dann zum Großteil durchgebracht" (K4:45).

K3 gerät ins Schwärmen, wenn er über die „frühe Kasseler Zeit" (K3:45) spricht: Sie „hatte den ganz großen Vorzug, dass diese ganze Ausbildung nicht so stark zentriert war im Hinblick Perfektion, sondern mehr im Hinblick Offenheit" (ibid.).

Seiner Meinung nach ist ungewöhnlich gelehrt und gelernt worden, was er als „sehr glückliche Zeit" (ibid.) beschreibt und genossen hat. Man ist „auf Augenhöhe" miteinander umgegangen und es „war ganz außerordentlich, dass Neigung und Interessen und Können und so weiter, dass das alles zusammenkam, also dass man nicht irgendwelche Dinge vermitteln musste, an denen einem nicht das Herz lag" (ibid.). Die politische Orientierung beschreibt K3 als links: „Es gab natürlich KBML, Kommunistischer Bund Westdeutschlands, marxistisch-leninistisch. Die erkannte man daran schon, dass sie einen Overall trugen und die Professoren, die dem zugetan waren, fuhren mit einem Saab. Ja, ja. Es hatte alles eine Kodierung" (K3:23).

Obwohl es Studierende gegeben hat, „die zum Teil richtig gut waren in ihrer Argumentation und links neben ihnen gab es nur noch die Wand" (ibid.), haben viele „dann doch die Firma ihrer Eltern übernommen" (ibid.), wie K3 lachend anmerkt. Als Überbegriff nennt K3 „Studienbereich" (K3:21). Er beschreibt, dass der Studienbereich Projekte umfasst hat und diese nicht von einem Dozenten betreut worden sind, „sondern von allen Hochschullehrern, die aufgrund ihrer Profession mit diesem Projekt tangiert sind" (ibid.). Er ist der Meinung, „das war überhaupt nicht durchzuhalten" (ibid.), da es eine zu hohe Anzahl an verschiedenen Dozenten gegeben hat. K3 beschreibt den Unterschied zwischen Stadtplanerinnen und Stadtplanern, Architektinnen und Architekten wie folgt: „Stadtplaner wollen ja immer die Welt verändern. Und Architekten wollten gute Häuser bauen – grob gesehen" (K3:19). Darin liegt für ihn der Grund, „dass die künstlerischen Themen bei den Architekten doch die Oberhand gewannen, die sozialen wurden doch etwas kleiner geschrieben" (ibid.). Als Personen, die diese Trennung nicht haben verstärken wollen, nennt er Michael Wilkens und Alexander Eichenlaub. Weiter erklärt K3, dass sich der Bereich der Stadtplanung in der Organisationseinheit und im Fachbereich ASL immer mehr verselbstständigt hat, bis es zeitweise eine Abspaltung gegeben hat, die sich in einem Fachbereich Architektur und in einem Fachbereich Stadtplanung, Landschaftsplanung geäußert hat (vgl. K3:19).

Es werden Berufungskommissionen aufgestellt, um geeignete Bewerber zu finden. K1 vergleicht den Prozess mit einer Kaskade, da immer wieder neue Auswärtige ihre Meinung in den Berufungskommissionen geäußert haben: „Jede Stufe war eine andere Zusammensetzung" (K1:63). K3 betont die Wichtigkeit dieser externen Mitglieder (vgl. K3:9).

Ihre Rolle in Berufungskommissionen beschreibt K1 „als leitende Moderatorin, nicht als Fachwissenschaftlerin" (K1:65), wohingegen K3 es als seine Aufgabe in Berufungskommissionen angesehen hat, möglichst unkonventionelle Leute zu berufen (vgl. K3:47).

Ein Beispiel für die Berufung einer unkonventionellen Person stellt die von Lucius Burckhardt dar, die sich anhand beispielhafter Dokumente nachvollziehen lässt:

▪ Begründung des Berufungsvorschlages für eine H4-Professur „Sozio-ökonomische Grundlagen urbaner Systeme" im Studienschwerpunkt Stadtplanung an der Gesamthochschule Kassel (darin: zur Nominierung von Dr. Lucius Burckhardt) (HHStAW Abt. 504 Nr. 9.756)
▪ drei Empfehlungsschreiben für Lucius Burckhardt (HHStAW Abt. 504 Nr. 9.756)
▪ Bewerbung von Lucius Burckhardt (HHStAW Abt. 504 Nr. 9.756)

In seinem Anschreiben begründet Lucius Burckhardt seine Bewerbung wie folgt:

„Wie Sie meinem beigefügten Lebenslauf und dem Literaturverzeichnis entnehmen können, habe ich mich in vielfacher Weise praktisch und als Dozent mit der Soziologie des Städtebaus befasst. [...] Ich bin gerade im Begriff, meinen Lehrauftrag und Gast-Lehrstuhl an der ETH-Zürich aufzugeben und in Basel eine freie Tätigkeit zu beginnen, wobei mir auch ein Lehrauftrag an der Basler Universität in Aussicht steht. Die Entwicklung der Gesamthochschule Kassel und speziell des Studienschwerpunktes Stadtplanung erscheint mir aber als so interessant, dass es mich freuen würde, wenn ich mich daran beteiligen könnte" (Burckhardt 1973).

Prof. Dr. René Frey (Universität Basel), Prof. Dr. Gerd Albers (Technische Universität München) und Prof. Heinz Ronner (Eidgenössische Technische Hochschule Zürich) loben Burckhardts Wissen und Fähigkeiten. Frey schreibt:

„Herr Burckhardt hat sich in der Schweiz und insbesondere in Basel einen Namen in der Öffentlichkeit und in Fachkreisen geschaffen, namentlich für Fragen der Stadtplanung und Architektur(geschichte). Er hat in unzähligen Fällen Stellung zu städtebaulichen Problemen genommen. Wenn er sich trotz seinem breiten Wissen und seiner außergewöhnlichen Originalität nicht oder nur selten direkt durchzusetzen vermochte, so lag dies an seiner unkonventionellen Art des Vorgehens, wie auch daran, dass er auf die etablierten Interessen keinerlei Rücksicht nimmt. Dennoch ist er maßgeblich am Meinungswandel beteiligt, der sich zurzeit in der Basler Stadtplanung abzeichnet. Obwohl in Zürich beruflich tätig, hat er in Basel einen Kreis an Stadtplanungsfragen interessierter Studenten um sich geschart. [...] Zusammenfassend: Die Stärken von Herrn Burckhardt sind seine unkonventionelle, originelle Denkart, seine Offenheit, sein Vortragstalent, seine Fähigkeit zu interdisziplinärer Zusammenarbeit, seine Bereitschaft, sich für die Studenten zu ‚opfern'. Je nach Standort wird als negative Seite betrachtet, dass er kein ‚richtiger' Soziologe und auch sonst kein ‚richtiger' Vertreter irgendeiner etablierten Disziplin ist. Ich vermute jedoch, dass dies für die in Frage kommende Professur eher ein Vorteil ist. Als Schwäche könnte man demgegenüber bezeichnen, dass er zwar vor originellen Ideen sprüht, aber gelegentlich etwas Mühe hat, sie hartnäckig zu verfolgen und ihnen zum Durchbruch zu verhelfen. Dazu ist Herr Burckhardt zu wenig Taktiker" (Frey 1973, S. 1 f.).

Albers hingegen empfiehlt Burckhardt folgendermaßen:

„Herr Dr. Burckhardt ist eine umfassend gebildete Persönlichkeit mit sehr gründlicher Sachkenntnis und Erfahrung im Bereich der Stadtsoziologie und mit einem souveränen Überblick über die Probleme politischer Entscheidungsprozesse und bürgerschaftlichen Partizipation in der Planung. Zugleich besitzt er ein ausgeprägtes didaktisches Geschick in der Vermittlung dieser Sachverhalte und ein ungewöhnliches Verständnis für die Aufgaben des Planers und des Architekten, so daß er zu interdisziplinärer Arbeit besonders befähigt ist. Seine ausgeprägte Zurückhaltung und Bescheidenheit, seine Neigung zum ‚understatement' lassen zwar diese hervorragenden Qualitäten meist nicht auf den ersten Blick in Erscheinung treten, machen ihn aber zugleich zu einem außerordentlich konstruktiven, ebenso kritischen wie besonnenen Gesprächspartner.

Ich bin überzeugt, daß seine Berufung nach Kassel einen großen Gewinn nicht allein für die Gesamthochschule, sondern für die deutschen Hochschulen insgesamt bedeuten würde" (Albers 1973).

Ronner beschreibt Burckhardt ebenfalls für die ausgeschriebene Professur:

„Über die überragende sachliche Qualifikation des Bewerbers wird sich die Berufungskommission im klaren sein; was hingegen besonders hervorgehoben werden muss, sind seine didaktischen Fähigkeiten, die er jenseits von Mode und Tabu an unserer Schule bewiesen hat" (Ronner 1973).

In diesen Dokumenten werden einige Eigenschaften aufgezählt, die verdeutlichen, dass Lucius Burckhardt seinen eigenen Weg gegangen ist und sich nicht von den Meinungen anderer hat beeinflussen lassen. Dies spricht für die Hypothese, dass Burckhardt transformativ in die Gesellschaft gewirkt und damit als Akteur des Modus 3 gehandelt hat.

Weitere Details zu Lucius Burckhardt werden unter anderem anhand eines Steckbriefs im Kapitel zu den Personen, die im Rahmen der Gründung in Kassel eine Rolle gespielt haben, erläutert.

K3 beschreibt die Arbeitsbedingungen der an die GhK neuberufenen Dozentinnen und Dozenten, Professorinnen und Professoren als „sehr viel besser" (K3:21), wovon laut seiner Aussage auch die bereits angestammten Hochschulangehörigen profitiert haben.

Aufgrund von Forderungen der Neuberufenen wird „sowohl investiert in Ausstattung als auch in Personal" (K3:21). Dies äußert sich unter anderem in der Erweiterung des Mittelbaus (vgl. ibid.).

Die GhK in den Anfangsjahren bezeichnet er als Durchlauferhitzer: „Also zu uns kamen gute Leute, lehrten drei, vier Jahre und waren dann oft auf C3-Stellen berufen und nahmen dann einen C4-Ruf nach München oder an renommierten alten Hochschulen an" (K3:19). Nach deren Weggang beginnen die Berufungsverfahren von Neuem (vgl. ibid.).

Den Prozess des Übergangs von der Planung zur Umsetzung beschreibt K1 als Wechsel der Akteurinnen und Akteuren von den Studiengangsplanerinnen und Studiengangsplanern zu den Dozentinnen und Dozenten, Professorinnen und Professoren sowie als Wechsel von der Vorbereitung der Organisationsstrukturen zur inhaltlichen Ausgestaltung (vgl. K1:47). Sie ist der Meinung, dass es „bei Architektur, Stadt- und Landschaftsplanung ganz gut geklappt" (ibid.) hat. Im Gegensatz dazu nennt sie die Ingenieurswissenschaften, bei denen es verstärkt Auseinandersetzungen in diesem Zusammenhang gegeben hat (vgl. ibid.).

Laut K2 gibt es am Ende der Planungsphase „über 50 Personen" (K2:11), die sich mit der Planung der 19 Studiengänge auseinandersetzen (vgl. ibid.).

K1 hat mit ihren Kolleginnen und Kollegen sowie Dozentinnen und Dozenten, Professorinnen und Professoren der GhK Anträge für Modellversuche gestellt und für alle „drei oder vielleicht vier" (K1:26) beantragten Studiengänge sind Gelder vom Bundesministerium für Hochschule und Forschung bewilligt worden. Sie beschreibt die Modellversuche als „ein Bundesprogramm zur Förderung der Reformen an Hochschulen, das finanziell sehr gut ausgestattet war" (ibid.), wodurch Projekt- oder Planungsgruppen für die Umsetzung dieser Aufgabe haben beschäftigt werden können. Für den Modellversuch im Bereich Architektur, Stadt- und Landschaftsplanung sind es mit K1 insgesamt vier Wissenschaftler sowie eine Sekretärin (vgl. ibid.). Dieses Team ist jung, besteht aus einer Landschaftsplanerin, einem Stadtplaner und einem Architekten (vgl. ibid.:63).

Die Installierung des Modellversuchs Integrierte Abschlussphase (IAP) Architektur, Stadt- und Landschaftsplanung im Jahr 1975 (K2:11) begründet K4 mit der „Frage der Abschlüsse, wie man auf den Kunsthochschulabschluss den Hochschulabschluss daraufsetzen kann" (K4:45). Mit der IAP, die ein „zeitlich begrenztes Instrument" (ibid.) darstellt, werden ihrer Ansicht nach Vorarbeiten „für die Studienordnung, für die Lerninhalte, für die Prüfungsordnung, für die Struktur, für die zu suchenden Professoren, für den Lehrkörper, für die Struktur" (ibid.) geleistet.

Laut K1 ist der Begriff Integrierte Studiengänge gewählt worden „für alle Studiengänge, die als Gesamthochschulstudiengängen neu konzipiert werden sollten" (K1:27).

Als Ende der Modellversuche nennt K2 den Beginn der neuen Studiengänge im Jahr 1975. Dazu gehören neben Architektur, Stadt- und Landschaftsplanung auch die Ingenieurwissenschaften (vgl. K2:11). Nach Abschluss der Modellversuche sind einige Planerinnen und Planer an der GhK geblieben (vgl. ibid.).

Das Hessische Hochschulgesetz, das am 6. Juni 1978 vom Hessischen Landtag beschlossen und verkündet worden sowie am 7. Juni 1978 in Kraft getreten ist (vgl. GVBl. 1978/17, S. 319 ff.), beinhaltet mehrere für die vorliegende Arbeit relevante Informationen.

Zum einen wird die Gesamthochschule Kassel im ersten Abschnitt, § 2 Hochschulen des Landes, unter „Universitäten" aufgelistet (vgl. ibid., S. 320 f.).

Zum anderen definiert im § 5 der erste Abschnitt die Aufgaben der Gesamthochschule wie folgt:

„(1) Die Gesamthochschule verbindet im Rahmen des Wissenschaftsauftrags nach § 4 Abs. 1 die bisher von Universitäten, Kunsthochschulen und Fachhochschulen wahrzunehmenden Aufgaben in Forschung, künstlerischer Entwicklung, Lehre und Studium mit dem Ziel der Integration.

(2) Sie bietet inhaltlich und zeitlich gestufte und aufeinander bezogene (integrierte) Studiengänge mit entsprechenden Abschlüssen an; soweit es der Inhalt der Studiengänge zuläßt, sind gemeinsame Studienabschnitte zu schaffen. Die Studiengänge sollen so aufgebaut sein, daß bei einem Übergang in Studiengänge gleicher oder ver-

wandter Fachrichtungen eine weitgehende Anrechnung erbrachter Studien- und Prüfungsleistungen möglich ist.

(3) Die Studiengänge berücksichtigen die gemeinsamen fachlichen Grundlagen. Eine dem jeweiligen Studiengang entsprechende Verbindung von Wissenschaft und Praxis ist zu gewährleisten.

(4) Die Gesamthochschule soll durch die Einrichtung wissenschaftlicher Zentren bei der Durchführung von Forschungsvorhanden eine sinnvolle Aufgabenzusammenfassung und eine konzentrierte Verwendung der vorhandenen Mittel für bestimmte Forschungsschwerpunkte anstreben.

(5) Entsprechend der Aufgabenstellung der Gesamthochschule soll das wissenschaftliche Personal wissenschaftliche Qualifikation mit beruflicher Erfahrung außerhalb des Hochschulbereichs verbinden" (ibid., S. 321 f.).

Hervorzuheben ist außerdem, dass das HHG vom damaligen hessischen Ministerpräsidenten Börner und dem damaligen hessischen Kultusminister Krollmann unterschrieben worden ist.

Damit hat es mehrere personelle Wechsel innerhalb der Dokumente des Hessischen Landtags gegeben, die im Rahmen dieser Arbeit betrachtet worden sind. So sind beispielsweise die „Vorlage der Landesregierung betreffend den Entwurf für ein Gesetz über die Errichtung der Gesamthochschule in Kassel" (Drucksache Nr. 3015, 6. Wahlperiode) sowie das „Gesetz über die Errichtung der Gesamthochschule in Kassel" (GVBl. 1970/28) von Albert Osswald und von Ludwig von Friedeburg unterzeichnet worden.

Das Landesgeschichtliche Informationssystem Hessen gibt folgende Auskunft:

- Georg-August Zinn (SPD), von 1950 bis 1969 hessischer Ministerpräsident (vgl. Hessisches Landesamt für geschichtliche Landeskunde 2019b)
- Ernst Schütte (SPD), von 1959 bis 1969 hessischer Kultusminister (vgl. Hessisches Landesamt für geschichtliche Landeskunde 2017c)
- Albert Osswald (SPD), von 1969 bis 1976 hessischer Ministerpräsident (vgl. Hessisches Landesamt für geschichtliche Landeskunde 2017b)
- Ludwig von Friedeburg (SPD), von 1969 bis 1974 hessischer Kultusminister (vgl. Hessisches Landesamt für geschichtliche Landeskunde 2017a)
- Holger Börner (SPD), von 1976 bis 1987 hessischer Ministerpräsident (vgl. Hessisches Landesamt für geschichtliche Landeskunde 2018)
- Hans Krollmann (SPD), von 1974 bis 1984 hessischer Kultusminister (vgl. Hessisches Landesamt für geschichtliche Landeskunde 2019a)

Wenngleich alle sechs Männer SPD-Politiker gewesen sind, stellt Lupold von Lehsten fest: „Die dramatischen Verluste der SPD in der Landtagswahl 1974 führten zur Rücknahme von Teilen der Reformen durch Friedeburgs Nachfolger

Hans Krollmann" (Hessisches Landesamt für geschichtliche Landeskunde 2017a).

Weiter beschreibt Lupold von Lehsten: „In seine [von Friedeburgs, Anm. IH] Zeit fiel auch die Gründung der Integrierten Gesamthochschule Kassel. Die Wirkung seiner Tätigkeit hält somit lange an" (ibid.).

Die Veränderungen durch den personellen Wechsel nach der Landtagswahl sowie die Langfristigkeit der Wirkung von Friedeburgs Funktion als Kultusminister können in dieser Arbeit nicht abschließend geklärt werden und bieten daher die Möglichkeit für weitere Forschungen.

Reflexionen und Anmerkungen

Als dritte Ebene der Prozessbeschreibung für das Fallbeispiel der Gründung in Kassel werden im Folgenden Reflexionen und Anmerkungen aus den Schlüsselgesprächen und, falls vorhanden, thematisch passendes, zugeordnetes Archivgut dargestellt. Laut K2 ist die Gründung der GhK „ein Reflex auf die damals herrschenden gesellschaftlichen Verhältnisse" gewesen (K2:21).

Nach dem Ende der Modellversuche ist von den Leuten, die die Modellversuche vorbereitet haben, eine „kleine Gruppe" (K2:11) übriggeblieben, die nicht woanders beschäftigt worden sind. Diese Gruppe plant die Gründung einer Forschungseinrichtung an der GhK, die den Namen „Wissenschaftliches Zentrum für Berufs- und Hochschulforschung" (K2:11) erhält und im Jahr 1978 gegründet wird (vgl. ibid.).

Für K1 ist der Gründungsprozess eine Planung, die ein „Mixtum von Zielen und ökonomischer und sozialpolitischer Forderungen umzusetzen hatte" (K1:97). Während K1 beschreibt, dass sie „sofort einen Studiengang Architektur, Stadt- und Landschaftsplanung eingerichtet" (K1:29) haben, betont sie, dass sich dieser dann nach und nach vervollständigt hat, indem neue Kolleginnen und Kollegen berufen worden sind (vgl. ibid.).

Die Besonderheit des Studiengangs liegt laut K2 im Aufbau des Studiengangs (vgl. K2:17). Den Aufbau bezeichnet K2 als „Dentistenmodell" (K2:19), da er „von oben her entwickelt wurde" (ibid.), „von der Krone an die Wurzel" (ibid.). Damit steht dieser Aufbau im Gegensatz zu den Studiengängen in Nordrhein-Westfalen, die von K2 als Y-Studiengänge beschrieben werden (vgl. K2:17).

In einem Studiengang, der nach dem Y-Modell aufgebaut ist, beendet eine Zwischenprüfung das viersemestrige Grundstudium (vgl. Heinzel 1997, S. 34). Diese Zwischenprüfung bildet „die Grundlage für ein eher praxisbezogenes zweisemestriges Studium mit Fachhochschulabschluß oder ein eher theoriebezogenes viersemestriges Studium mit einem Universitätsabschluß" (ibid.).

K1 bezeichnet die Art des Studiengangs als Konsekutivstudiengang, womit es eine „Vorwegnahme von Bachelor- und Masterstudiengängen" (K1:27) gegeben hat. Diese Abschlüsse werden als Diplom 1 und Diplom 2 bezeichnet. Das erste Jahr dient der Vorbereitung des Studiums und der Orientierung, wobei nicht zwischen Architektur, Stadtplanung und Landschaftsplanung unterschieden wird. Nach dem Orientierungsjahr sollen die Studierenden sich für einen Studiengang entscheiden. Obwohl es sich bei den Ingenieurstudiengängen auch um konsekutive Studiengänge handelt, ist dieses Orientierungsjahr eine Besonderheit des Studiengangs Architektur, Stadtplanung, Landschaftsplanung. K1 beschreibt: „Die politische Vorgabe war, integrierte durchlässige Studiengänge zu entwickeln. Das Konsekutiv-Modell hat die Projektgruppe entwickelt" (ibid.). Heinzel nennt das gestufte Modell, das an der GhK realisiert wird, I-Punkt-Modell: Es „sieht ein sechssemestriges akademisches Kurzstudium mit starker Praxisorientierung durch Integration eines halbjährigen Betriebspraktikums vor. Abgeschlossen wird dieser berufsqualifizierende Abschluß mit einer Diplomarbeit und einer Diplomprüfung. Daran schließt sich die zweite Studienstufe mit starker wissenschaftlicher Orientierung und universitärem Abschluß an" (Heinzel 1997, S. 34). Den Grund für die Struktur des Studiengangs sieht K2 in der „besonderen Geschichte" (K2:19), die er wie folgt erläutert:

> „Wir hatten zwei Studiengänge Architektur: einen für Garten- und Landschaftsarchitektur an der Kunsthochschule, die rechtsförmig als richtige Hochschule eingestuft wurde, also den Universitäten gleichgestellt. Die hatten aber noch keine Diplomabschlüsse. Künstler wollen keine Diplome haben. Aber gleichwohl, die hatten ja auch einen berühmten Landschaftsarchitekten da, der über die Grenzen Kassels hinaus berühmt war. Der Studiengang blieb bestehen und wurde dann gleich mit Diplom II bezeichnet und an der Ingenieurschule, später Fachhochschule für Bauingenieurwesen, der dort existierende Studiengang wurde übergeleitet und zusammengefasst. Insofern hatten wir zu Anfang gleich beide Teile" (ibid.).

Für K1 sind die Planungen der Studiengänge „auf der Höhe der damaligen Reformvorstellungen" (K1:26). Sie beschreibt zwei Dimensionen der Studiengangentwicklung. Die eine Dimension ist die von K1 beschriebene Gründungsabsicht, dass die Gesamthochschule Kassel eine ganz neue Art von Universität werden" (K1:26) soll. Für sie besteht diese Neuheit aus zwei Aspekten: „Chancengleichheit und Durchlässigkeit im Bildungssystem" (ibid.). Chancengleichheit bedeutet für K1, dass es für alle, auch für Nicht-Abiturienten, möglich sein soll, an der GhK zu studieren (vgl. K1:27).

Durchlässigkeit soll „zwischen verschiedenen Studiengängen, Fachhochschulstudiengängen und Universitätsstudiengängen" (ibid.) hergestellt werden. Um diese Durchlässigkeit zu realisieren, werden die Studiengänge in integrierten Studiengängen zusammengefasst (vgl. ibid.). Bei der anderen Dimension handelt es sich um die Reform der Studiengänge. Dabei gibt es bezogen auf die drei zusammengefassten Studiengänge unterschiedliche Ausgangssituationen. Während es den Studiengang Architektur an den Vorgängerinstitutionen der GhK in

Kassel bereits gibt, ist der Studiengang Stadtplanung für den Hochschulstandort Kassel „ja etwas ganz Neues" (K1:27). Der Landschaftsplanung ähnliche Studiengänge wie Landschaftsarchitektur und Gartengestaltung sind bereits vorhanden.

Jedoch sollen alle Studiengänge „vollkommen neu geplant und reformiert werden" (ibid.). Diese Reformierung betrifft sowohl den Inhalt als auch die Struktur der Studiengänge (vgl. ibid.).

Den Übergang von der Gesamthochschulplanung in die Studiengangplanung beschreibt K1 folgendermaßen:

> „Es waren wie gesagt verschiedene Kollegen, Technikwissenschaftler, Berufspädagogen, Soziologen, Mathematiker. Und jeder sollte dann anschließend in dem eigenen Bereich die Studiengangplanung in Gang bringen" (K1:24).

Laut K2 hat es viele Politiker verschiedener Parteien gegeben, die „behaupteten, die Väter der Gesamthochschule zu sein" (K2:55). Als Beispiele nennt er Hans Eichel (vgl. ibid.). Deutlich wird dies auch in den Dokumenten zu den politischen Prozessen der Gründung.

Auch einige Dokumente und Publikationen zeigen Reflexionen und Anmerkungen zum Gründungsprozess:

- Studiengangvergleich. Formaler, curricularer und Kapazitätenvergleich des integrierten Studienganges Architektur, Stadtplanung und Landschaftsplanung an der Gesamthochschule Kassel mit vergleichbaren Studiengängen in der Bundesrepublik Deutschland (Doku:lab: Doc 10.063-016 B)
- Studieninformation zum Studiengang Architektur, Stadt- und Landschaftsplanung (Doku:lab 10.063-009)
- Bibliografie „Berufsbild und Studienreform im Bereich Architektur, Stadtplanung, Landschaftsplanung" (Doku:lab 10.061-024)
- Abschlussbericht der Vorbereitungsphase (Doku:lab 10.063-013 B)
- Studienarbeit: Das Kasseler Modell (Doku:lab 28.329)
- verschiedene Kapitel aus dem Buch „ProfilBildung" (25 Jahre Universität Gesamthochschule Kassel) (Doku:lab 10.061-29)

Kennzeichnende Ereignisse und Dokumente werden in Abbildung 16 dargestellt, um eine Vergleichbarkeit ermöglichen zu können.

Hinweise: Weitere Literaturangabe, die für den Zeitstrahl genutzt worden ist: Internationales Zentrum für Hochschulforschung Kassel, INCHER-Kassel – Universität Kassel, Hrsg. „INCHER-update 40", 2018. http://www.uni-kassel.de/einrichtungen/fileadmin/datas/einrichtungen/incher/PDFs/INCHER-update40.pdf, eigene Darstellung

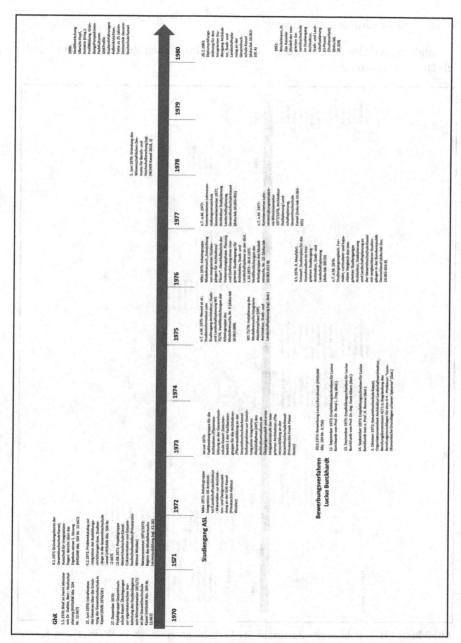

Abbildung 16: Zeitstrahl Gründungszeitraum Kassel (ausgew. Dokumente u. Ereignisse)

4.2.3 Beide Gründungszeiträume

Anhand von Abbildung 17 wird ein Vergleich hinsichtlich Zeitversatz und Parallelitäten vorgenommen.

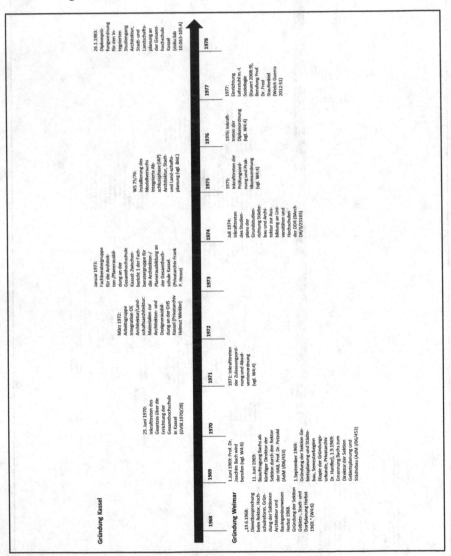

Abbildung 17: Kombinierter Zeitstrahl der Gründungszeiträume in Weimar und Kassel (ausgewählte Dokumente und Ereignisse)

Weitere Literaturangaben, die für den Zeitstrahl genutzt worden sind: Kauert, Caroline. „Ein Reformflügel in der Stadtentwicklungspolitik der späten DDR. Dokumentation relevanter Institutionen. Arbeitsheft 1, Professur Raumplanung und Raumforschung, Institut für Europäische Urbanistik, Fakultät Architektur, Bauhaus-Universität Weimar", 2008. Welch Guerra, Max. „Fachdisziplin und Politik". In Städtebaudebatten in der DDR. Verborgene Reformdiskurse, herausgegeben von Christoph Bernhardt, Thomas Flierl, und Max Welch Guerra, S. 42–69. Berlin: Verlag Theater der Zeit, 2012, eigene Darstellung)

Abbildung 18 illustriert eine nochmals erweiterte Perspektive mit übergeordneten Ereignissen und Entwicklungen in Politik, Zeitgeschichte und Architektur, die im Zeitraum der Gründungen stattgefunden haben. In diesen Zusammenhang gebracht, werden die Gründungsprozesse in Weimar und Kassel nicht mehr losgelöst betrachtet, sondern thematisch und räumlich weitergehend eingebettet.

Hinweise: Weitere Literaturangaben, die für den Zeitstrahl genutzt worden sind: Deutscher Städtetag. „Empfehlungen zum Europäischen Denkmalschutzjahr 1975", Januar 1974. http://www.dnk.de/_uploads/media/189_1975_DS_Denkmalschutzjahr.pdf. Fannrich, Isabel, und Rolf Lautenschläger. „Schwerpunktthema – 50 Jahre Halle-Neustadt: Die Stadt aus dem Baukasten". Deutschlandfunk, 3. Juli 2014. https://www.deutschland funk.de/schwerpunktthema-50-jahre-halle-neustadt-die-stadt-aus-dem.1148.de.html?dram :article_id=290690. Feye, Carlheinz, und Bauausstellung Berlin GmbH, Hrsg. „Internationale Bauausstellung Berlin 1987", 1987. Flierl, Bruno. Gebaute DDR – Über Stadtplaner, Architekten und die Macht. Kritische Reflexionen 1990–1997. Berlin: Verlag für Bauwesen, 1998. Gribat, Nina, Misselwitz, Philipp, und Görlich, Matthias, Hrsg. Vergessene Schulen. Architekturlehre zwischen Reform und Revolte um 1968. Spector, 2017. Herbert, Ulrich. „15. Deutschland um 1965: Zwischen den Zeiten". In: Geschichte Deutschlands im 20. Jahrhundert, 2., durchgesehene Auflage., S. 783–834. München: C. H. Beck, 2017. Herbert, Ulrich. „17. Krise und Strukturwandel". In: Geschichte Deutschlands im 20. Jahrhundert, 2., durchgesehene Auflage., S. 887 ff. München: C. H. Beck, 2017. Hoymann, Tobias. Der Streit um die Hochschulrahmengesetzgebung des Bundes. Politische Aushandlungsprozesse in der ersten großen und der sozialliberalen Koalition. Wiesbaden: VS Verlag für Sozialwissenschaften, 2010. Hüttenberger, Peter. „Deutschland seit 1945". In: Deutsche Geschichte. Epochen und Daten, herausgegeben von Werner Conze und Volker Hentschel, 6., aktualisierte Auflage, S. 296–330. Darmstadt: Wissenschaftliche Buchgesellschaft, 1996. Internationales Zentrum für Hochschulforschung Kassel, INCHER-Kassel – Universität Kassel, Hrsg. „INCHER-update 40", 2018. http://www.uni-kassel.de/einrichtungen/fileadmin/datas/einrichtungen/incher/PDFs/INCHER-update40.pdf. Kaiser, Tobias. „Anmerkungen zur so genannten ‚Dritten Hochschulreform' an der Universität Jena". Herausgegeben von Peter Hallpap. Geschichte der Chemie in Jena im 20. Jh. Materialien III: Die Dritte Hochschulreform, 2006, 14. https://www.db-thueringen.de/servlets/MCRFileNodeServlet/dbt_derivate_00010273/urmmater3kaiser.pdf. Kauert, Caroline. „Ein Reformflügel in der Stadtentwicklungspolitik der späten DDR. Dokumentation relevanter Institutionen. Arbeitsheft 1, Professur Raumplanung

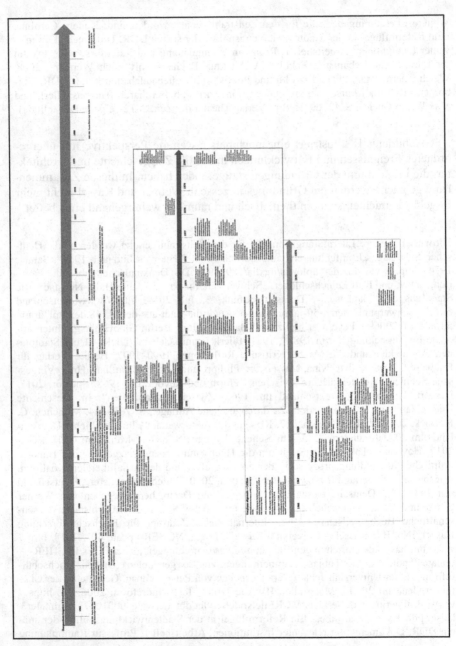

Abbildung 18: Erweiterter, kombinierter Zeitstrahl (ausgew. Dokumente u. Ereignisse)

und Raumforschung, Institut für Europäische Urbanistik, Fakultät Architektur, Bauhaus-Universität Weimar", 2008. Spitz, René. HFG Ulm. Der Blick hinter den Vordergrund. Die politische Geschichte der Hochschule für Gestaltung 1953-1968. Stuttgart: Edition Axel Menges, 2000. Welch Guerra, Max. „Fachdisziplin und Politik". In Städtebaudebatten in der DDR. Verborgene Reformdiskurse, herausgegeben von Christoph Bernhardt, Thomas Flierl, und Max Welch Guerra, S. 42–69. Berlin: Verlag Theater der Zeit, 2012, eigene Darstellung.

4.3 Planungssystem und Lehre, Inhalt und Methodik der neugegründeten Institutionen

Der folgende Abschnitt wird sich auf diese Leitfragen beziehen:

▪ Welche Systeme der räumlichen Planung haben in der BRD und der DDR zur Zeit der Studiengangsgründungen vorgelegen? Wie lassen sich diese in der Lehre erkennen?

▪ Wie hat die spezifische Struktur der neugegründeten Institutionen in Bezug auf die Anforderungen der jeweiligen Planungspraxis ausgesehen? Verbergen sich dahinter Modernisierungsprozesse der Industriegesellschaft?

Diese Fragenkomplexe werden zusammen betrachtet, da bei der Auswertung festgestellt worden ist, dass das System der räumlichen Planung und die Planungspraxis in der BRD und der DDR oft miteinander verwoben dargestellt worden sind. Ein Grund dafür ist, dass Elemente des Systems der räumlichen Planung beispielsweise durch Personen in der Planungspraxis auftreten können und damit ein engerer Zusammenhang zwischen diesen beiden mit zwei Leitfragen operationalisierten Themen entsteht, als vor den Gesprächen angenommen worden ist. Übergreifend können die Aussagen bezüglich der Modus-Orientierung der Wissenschaft als Indizien für den Übergang zu Modus 2 angesehen werden. Die Frage, ob sich weitergehende Momente darin verbergen, ist gesondert zu betrachten.

4.3.1 System der räumlichen Planung in der DDR

Die Aussagen zum System der räumlichen Planung in der DDR stammen alle aus den Schlüsselgesprächen, da keine Dokumente, die sich im ausgehobenen Archivgut befinden, dieser Thematik zugeordnet werden können.
Es wird in folgende Unterthemen geordnet:

▪ Institutionen, Zuständigkeiten und Abläufe im System der räumlichen Planung in der DDR
▪ Prioritätensetzung gesellschaftspolitischer Vorstellungen

- ökonomische Planungskomponenten entscheidend
- Trennung zwischen Gebiets-, Stadt- und Dorfplanung
- politische Richtlinien
- Abhängigkeit von Personen, ob Interdisziplinarität
- Einschätzungen zum System der räumlichen Planung

Als Ebenen der räumlichen Planung in der DDR nennt W1 die Kreise und die Bezirke sowie die DDR-Ebene (vgl. W1:77). Auf der Ebene der Bezirke angesiedelt sind bezirkliche Büros für die Regionalplanung und bezirkliche Büros für den Städtebau. Diese haben laut W2 unterschiedliche Namen: Sie heißen „mal Büro des Bezirksarchitekten, mal Büro für Städtebau" (W2:5). Darüber hinaus gibt es „Städtebauplanungsbüros bei den kreisfreien Städten" (ibid.).

Die Planungsbüros der Bezirke sind Institutionen, „die dann auch wieder nach unten wirkten und von oben abhängig waren" (W1:77). Auf der Ebene der DDR gibt es außer Wettbewerben kein Planungsinstrument (vgl. ibid.). Auch W2 betont, dass es kein Städtebaugesetz gegeben hat, sondern nur Richtlinien für den komplexen Wohnungsbau (vgl. W2:7).

Sonderaufgaben werden häufig von den Meisterwerkstätten in der Bauakademie bearbeitet (vgl. W1:77). Ihr Schwerpunkt liegt auf Berlin (vgl. ibid.:79).

Die ebenfalls an der Bauakademie ansässige Experimentalwerkstatt von Henselmann dient der Orientierung. Er soll „sozusagen Vorbildplanung, Beispielplanung machen" (W2:7). Eine weitere Einrichtung innerhalb der Bauakademie ist das Institut für Architektur und Städtebau (vgl. W2:5).

Laut W2 sind die Bau-, Montage- und Wohnungsbaukombinate weitere Akteure im System der räumlichen Planung gewesen (vgl. ibid.:7).

Wenn es bei Planungen Unstimmigkeiten gibt, hat „eben dann der Bezirkssekretär oder war es auch Ulbricht selbst mal, auf dem Modell richtig rumgewirtschaftet [...] und dann musste man sich damit auseinandersetzen" (W3:63).

Für W3 ist „nur klar, dass die gesellschaftspolitische Vorstellung der politisch Verantwortlichen eine riesige Rolle spielte. Da kam man fachlich meistens nicht mehr durch, wenn man eine andere Auffassung hatte" (ibid.). Jedoch sollte man das nicht so verstehen, dass fachliche Argumente komplett ignoriert worden sind. Es hängt davon ab, wie die politischen Organe ihre Prioritäten gesetzt haben (vgl. ibid.).

Nicht die politischen Meinungen, sondern die ökonomischen Planungskomponenten sind laut W3 die entscheidenden gewesen. Dementsprechend wird „die Entscheidung natürlich so gefällt, dass es ging" (W3:65). Damit hat die Absicht bei Planungen laut W3 darin bestanden, „dass es ging und wie es ging" (ibid.).

Als Beispiel nennt W3 die Planung des Zementwerkes Deuna bei Niederorschel. Die Untersuchungen zum Standort dauern einige Jahre und münden in mehrere Konzepte, zum Beispiel zur Erschließung durch die Eisenbahn. Die Konzepte veranschlagen verschiedene Planungszeiten und so wird das Konzept umgesetzt, das für den Beginn der Zementproduktion am passendsten ist (vgl. ibid.).

Die Gebiets-, Stadt- und Dorfplanung entspricht laut W3 „irgendwann mal [...] nicht mehr den Anforderungen moderner Raumplanung" (W3:65), weswegen sich vor allem aufgrund von ökonomischen Fragen die Trennung dieser Bereiche hin zu Spezialisierungen vollzieht (vgl. ibid.).

Aus „den Volkswirtschaftsplänen oder aus den wirtschaftlichen Engpässen und der Verbesserung dieser wirtschaftlichen Engpässe" (ibid.:65) entstehen nach Aussage von W3 politische Richtlinien und Ziele, die „meistens dann auch realisiert" (ibid.) werden.

Laut W3 kommt „es auf die Qualität der Leiter an in den Büros für Territorialplanung, inwieweit die interdisziplinär komplex arbeiteten" (ibid.).

W3 ist außerdem der Meinung, „dass es ein wirkliches Bemühen gab um komplexe Lösungen unter Fachleuten" (ibid.:65). Die Vorgaben „waren natürlich sehr genau" (ibid.) und das System der räumlichen Planung „von oben nach unten" (ibid.) orientiert. Daher stellt W3 fest: „Von unten nach oben wurde es schwierig und die demokratische Beteiligung war eine andere Sache" (ibid.).

4.3.2 Vermittlung des Systems der räumlichen Planung der DDR

Das System der räumlichen Planung der DDR wird an der neugegründeten Sektion Gebietsplanung und Städtebau gelehrt, wie aus den Schlüsselgesprächen hervorgeht.

W1 erinnert sich an eine Vorlesung zum Thema (vgl. W1:75) und W2 ist der Meinung, dass es in der „Regionalplanung stärker Vermittlungsgegenstand war" (W2:11). Das Planungssystem wird, den Aussagen von W3 zufolge, kritisch und realitätsnah gelehrt (vgl. W3:71). Dazu gehört: das „Planungssystem der DDR von zentralstaatlichen bis zu den kommunalen Dingen. Die Hierarchien, die Verflechtungen und natürlich auch die europäische Raumordnung" (vgl. ibid.).

Im Städtebaustudium und bei der Generalbebauungsplanung werden die Richtlinien wie beispielsweise die Richtlinie für komplexen Wohnungsbau laut W2 nicht eingehalten (vgl. W2:11).

Die Kooperationen mit den Planungseinrichtungen in den Planungsräumen der Studienprojekte funktionieren gut, wie W3 feststellt (W3:65).

Die Trennung der Gebiets-, Stadt- und Dorfplanung wird ebenfalls in der Lehre deutlich, wie W3 erläutert: „Wir haben entweder von den Städten aus das Gebiet behandelt oder wir haben ein größeres Gebiet betrachtet [...] und sind dann auf die städtebaulichen Fragen gekommen" (W3:65).

4.3.3 Planungspraxis DDR, Widerspiegeln der Planungspraxis im Studiengang Weimar

Mit dem Teilkapitel zum System der räumlichen Planung gibt es an dieser Stelle unvermeidbare Überschneidungen zur Planungspraxis der DDR. Der Grund dafür liegt in der Natur der Sache: Bei der Planungspraxis handelt es sich um die Anwendung des Systems der räumlichen Planung.

W2 erklärt, dass es in der DDR keine Bebauungspläne gegeben hat, sondern „Gestaltpläne als Orientierung" (W2:21). Diese Gestaltpläne sind auch Inhalt des Studiums, allerdings ohne Einschränkungen, was die Auswahl des Materials angeht. So kommt es dazu, dass Vorschläge von Studenten nicht realisiert werden können, da „das WBK nur drei Segmente oder vier Segmentblöcke anbieten konnte oder diese Ecke schon gar nicht hatte" (ibid.).

Auch in der Generalbebauungsplanung trifft dieser vereinfachte Umgang mit der Realität im Studium zu (vgl. ibid.). Als Beispiel nennt W2 die Diplomarbeit, die einen Generalbebauungsplan für Apolda und die Verlegung des Bahnhofs nach Norden in ein Wohngebiet beinhaltet. Er bewertet diesen Vorschlag folgendermaßen:

„Das wäre natürlich in einer Planung im Büro für Territorialplanung oder für Städtebau nie zustande gekommen, weil da die Prämissen sehr viel enger gesetzt werden. Aber, sagen wir mal, die Ausbildung hat insofern schon Planungsweisen simuliert, die Methoden auch durchaus" (ibid.).

Zusammenarbeit mit den Planungseinrichtungen erfolgt bei Planungen, die praxisbezogen sind. Eingriffe in die Vorschläge der Studenten hat es aus der Sicht von W2 nicht gegeben (vgl. ibid.:15). Er beschreibt weiter: „Das Interesse sowohl der Städte wie auch von Plankommissionen war eigentlich mehr darauf gerichtet, spielerisch nahezu Ideen zu bekommen. Unabhängige und frische Ideen, die veranlassten sie dann nicht, irgendetwas zu machen, die konnten sie zur Seite legen, sie konnten sie als Anregung nehmen" (ibid.:15).

Laut W3 ist die Planungspraxis in der Lehre komplett widergespiegelt worden, denn die „Planungsobjekte waren reale Planungsräume mit allen gesellschaftspolitischen und fachpolitischen Strukturen" (W3:95). Den Studenten haben sie nicht gesagt, „das könnte so sein oder was, sondern ihr müsst zu denen hingehen, zur Kreisplankommission, und müsst mit der sprechen oder zum Kreisarchitekten und müsst mit ihm die Fragen klären" (ibid.). Vor Gremien sind dann auch die Ergebnisse präsentiert worden, es werden allerdings keine fremden Gäste eingeladen, was W3 als Merkmal beschreibt (vgl. ibid.). Darüber hinaus vertritt W3 die Meinung, dass in Weimar „Planerausbildung für die Praxis gemacht" (ibid.) worden ist.

Als einen weiteren Aspekt des Zusammenspiels zwischen Lehre und Planungspraxis nennt W1 die Absolventenvermittlung, die sie mit der Verantwortung für den Übergang vom Studium in die Praxis der HAB und auch der TU

Dresden begründet (vgl. W1:95). Dafür gibt es „einen beauftragten Assistenten, der ehrenamtlich im Direktorat für Studienangelegenheiten überprüfte, wo die Studenten nach ihrem Diplom arbeiten würden" (ibid.), wobei sich beispielsweise darum bemüht wird, Ehepaaren Stellen in derselben Stadt zu vermitteln und anderen Wünschen nach dem Arbeitsort gerecht zu werden (vgl. ibid.).

Den Grund für das Widerspiegeln der Praxis in der Lehre sieht W3 darin, dass dies der „Auffassung aller Fachkollegen" (W3:111) entsprochen hat, wobei er betont, dass alle Hochschullehrer Mitglieder in Ausschüssen wie Planungs- oder Fachausschüssen gewesen sind (vgl. ibid.).

Auch für W2 gibt es in dieser Hinsicht eine deutliche Übereinstimmung. In seiner Begründung bezieht er sich auf „das von allen empfundene Bedürfnis, dass die Ausbildung auf diesem Gebiet verbessert wird und dass man wegkommt von den schematischen Planungen der 1960er-Jahre" (W2:27).

Bach argumentiert ebenfalls in Richtung eines Wandels, wenn er beschreibt, wie die Ausbildung zukünftiger Städtebauer aussehen soll:

> „Untrennbar damit verbunden ist aber auch die Einsicht in die Notwendigkeit, Architekten und Ingenieure an der komplexesten aller gesellschaftlichen Bauaufgaben, der Planung und Gestaltung der Gebiete und Städte, zu einer neuen Qualität gemeinsamen Handelns, die vor allem in einer ausgeprägten marxistischen Weltanschauung und gemeinsamen Berufsverständnis in einem hohen Berufsethos begründet liegt, zu führen" (Bach 1974, S. 235).

Allein die Tatsache, dass in den Jahren 1974 und 1983 (vgl. BArch DR 3/20854) Studienpläne für die hier im Fokus stehende Fachrichtung in Kraft getreten sind, zeichnet eine Entwicklung nach. Auf den zweiten Blick fällt auf, dass es sich bei dem Studienplan aus dem Jahr 1974 um einen für die Fachrichtungen Architektur, Städtebau und Landschaftsarchitektur handelt, während der Studienplan aus dem Jahr 1983 Informationen zu diesen sowie zur Fachrichtung Gebiets- und Stadtplanung beinhaltet. Weitere Vergleichsaspekte werden in Tabelle 12 veranschaulicht. Der ausführliche Vergleich dieser zwei Studienpläne befindet sich in Anhang 32 und kann beispielsweise zusammen mit den Reproduktionen der Originaldokumente in den Anlagenbänden betrachtet werden.

Tabelle 12: Vergleich: der Studienpläne 1974 und 1983

Vergleichsaspekt	Gemeinsamkeit oder Unterschied? Beides?
Jahr der Veröffentlichung	Unterschied
Inhaltsverzeichnis	Unterschied
Inkrafttreten	Keine Basis für Vergleich vorhanden
Leiter der Arbeitsgruppen	Unterschied (1974: Schädlich, 1983: Bach)
Vorwort	Beides
Allgemeiner Einführungstext	Keine Basis für Vergleich vorhanden
Ziel und Schwerpunkte der Ausbildung	Beides
Charakteristik der Fachrichtungen	Beides
Charakteristik der Fachrichtung Städtebau, Charakteristik der Fachrichtung Gebiets- und Stadtplanung	Beides
Aufbau und Ablauf des Studiums	Beides
Stundentafel der Fachrichtung Städtebau vorhanden	Gemeinsamkeit
Stundentafel der Fachrichtung Gebiets- und Stadtplanung vorhanden	Unterschied

(Studienplan 1974 und Studienplan 1984, BArch DR 3/20854; eigene Darstellung)

Anhand Tabelle 13, der beispielhaft ausgewählten Stundentafel der Fachrichtung Gebiets- und Stadtplanung aus dem im Jahr 1983 in Kraft getretenen „Studienplan für die Grundstudienrichtung Städtebau und Architektur zur Ausbildung an Universitäten und Hochschulen der DDR", erhält man einen Überblick über die Lehrgebiete sowie den für das jeweilige Lehrgebiet vorgesehenen Stundenumfang und die Aufteilung der Wochenstunden der Lehrgebiete auf die Semester.

Tabelle 13: Stundentafel der Fachrichtung Gebiets- und Stadtplanung (Direktstudium) Nom.-Nr. 15006

Wochenstunden je Semester (S) — W = Anzahl der Wochen für Lehrveranstaltungen — P = Prüfungen, Belege und Testate. Semester 7. = Ingenieurpraktikum, Semester 10. = Diplomarbeit.

Lfd. Nr.	Lehrgebiet	Stunden gesamt	1. 15W S	1. 15W P	2. 10W S	2. 10W P	3. 15W S	3. 15W P	4. 10W S	4. 10W P	5. 15W S	5. 15W P	6. 15W S	6. 15W P	7.	8. 15W S	8. 15W P	9. 15W S	9. 15W P	10.
1	Marxismus-Leninismus	315	3		3		4		3		3		3			2	H		P	
	Dialektischer u. historischer Materialismus	(75)	(3)		(3)	Z														
	Politische Ökonomie des Kapitalismus u. Sozialismus	(90)					(4)		(3)	N										
	Wissenschaftl. Komm./ Grundl. d. Gesch. d. Arbeiterbewegung	(120)									(3)		(3)			(2)				
	Ausgewählte Probleme d. Marxismus-Leninismus	(30)																		
2	Sport	220	2		2		2		2		2		2			2		2	T	
3	Fremdsprachen	195	6		4		3		2									2	T	
	Russisch	(120)								A										
	2. Fremdsprachen	(75)						A												
4	Mathematik und Automt. Informationsverarbeitung im Bauwesen	210	4	N							2		2			2	T	4	A	
5	Ökonomie und Leitung	150			3		2		3							4	A	4		
	Sozialistische Betriebswirtschaft	(60)															B			
	Ökonomie der Gebiets- und Stadtplanung	(30)																		
	Sozialistisches Recht	(30)						T												
	WAO/LTGW	(15)																		
	GAB	(15)																		
6	Theorie u. Geschichte des Städtebaus und der Architektur	150	3		3		2		3				2			1				
	Bau- und Kunstgeschichte	(75)				Z														
	Geschichte u. Theorie des Städtebaus	(66)										T								
	Soziologie	(10)						T												
7	Entwurfs-Grundlagen	220	4		6		4		4										T	
	Gestaltungslehre	(50)				T													T	
	Darstellungslehre	(50)				T		T											T	
	Grundlagen des Entwerfens	(80)						T		T									H2)	
	Technisches Entwerfen	(40)										T								
8	Technische Grundlagen	585	10		14		13		10										H2)	
	Hochbaukonstruktionen	(195)				N		N		A										
	Tragsysteme und Tragkonstruktionen	(155)				N		N		A										
	Bautechnologie	(50)						N		A										

Wochenstunden je Semester (S)
W = Anzahl der Wochen für Lehrveranstaltungen
P = Prüfungen, Belege und Testate

Lfd. Nr.	Lehrgebiet	Stunden gesamt	1. 15W S	1. P	2. 10W S	2. P	3. 15W S	3. P	4. 10W S	4. P	5. 15W S	5. P	6. 15W S	6. P	7. Ingenieurpraktikum	8. 15W S	8. P	9. 15W S	9. P	10. Diplomarbeit
1	Marxismus-Leninismus	315	3		3		4		3		3		3			2	H		P	
	Dialektischer u. historischer Materialismus	(75)	(3)	Z	(3)	Z														
	Politische Ökonomie des Kapitalismus u. Sozialismus	(90)					(4)		(3)	Z										
	Wissenschaftl. Komm. / Grundl. d. Gesch. d. Arbeiterbewegung	(120)									(3)			(3)		(2)				
	Ausgewählte Probleme d. Marxismus-Leninismus	(30)																	T	
2	Sport	220	2		2		2		2		2		2			2		2	T	
3	Fremdsprachen	195	6		4		3													
	Russisch	(120)						A		A										
	2. Fremdsprachen	(75)																		
4	Mathematik und Automat. Informationsverarbeitung im Bauwesen	210	4	Z				A			2		2			2	T	4	A	
5	Ökonomie und Leitung	150																		
	Sozialistische Betriebswirtschaft	(60)																	A	
	Ökonomie der Gebiets- und Stadtplanung	(30)																	B	
	Sozialistisches Recht	(30)																		
	WAO/LTGW	(15)																	T	
	GAB	(15)																	T	
6	Theorie u. Geschichte des Städtebaus und der Architektur	150	3		3		2		3							1			T	
	Bau- und Kunstgeschichte	(75)				Z														
	Geschichte u. Theorie des Städtebaus	(65)								T										
	Soziologie	(10)																		
7	Entwurfs-Grundlagen	220	4		6		4		4										H2	
	Gestaltungslehre	(50)				T														
	Darstellungslehre	(50)				T				T										
	Grundlagen des Entwerfens	(80)				T				T										
	Technisches Entwerfen	(40)										T								
8	Technische Grundlagen	585	10		14		13		10										H2	
	Hochbaukonstruktionen	(195)				Z				A										
	Tragsysteme und Tragkonstruktionen	(155)				Z				A										
	Bautechnologie	(50)						N		A										

Reservistenqualifizierung bzw. Zivilverteidigungsausbildung im 2. Studienjahr: 5 Wochen
Ingenieurpraktikum im 7. Semester: vom 1.9. des jeweiligen Jahres bis zum 31.1. des folgenden Jahres

Anfertigung und Verteidigung der Diplomarbeit im 10. Semester; für die Verteidigung der
Diplomarbeit stehen 5 Wochen zur Verfügung;

T = Testat, B = Beleg, Z = Zwischenprüfung, A = Abschlussprüfung, H = Bestandteil der
Hauptprüfung, wird als Komplexprüfung durchgeführt

(Studienplan für die Grundstudienrichtung Städtebau und Architektur zur Ausbildung an
Universitäten und Hochschulen der DDR, 1.9.1983 (DR/3/20854), S. 16 f.)

Zur Erläuterung der Inhalte der Stundentafel dient die Beschreibung „Inhalte der Ausbildung" (ibid., S. 6) aus dem Studienplan. Diese werden hier als direktes Zitat wiedergegeben, um den originalen Wortlaut nicht zu verfälschen:

> „Die Ausbildung in der Grundstudienrichtung Städtebau und Architektur beruht auf
> dem Prinzip gemeinsamer Grundlagenlehrgebiete, auf denen die profilbestimmenden Lehrgebiete der einzelnen Fachrichtungen aufbauen. Beide haben, dem spezifischen Charakter der Fachrichtungen entsprechend, unterschiedlichen Anteil an der
> Gesamtausbildung und werden jeweils durch fachspezifische Grundlagen ergänzt.
> Damit ist ein Optimum an Disponibilität einerseits und praxisorientierten, anwendungsbereiten Fähigkeiten andererseits zu gewährleisten.
>
> Die tragenden Säulen der Ausbildung in der Grundstudienrichtung sind die gesellschaftswissenschaftlichen, historisch-theoretischen, künstlerisch-gestalterischen,
> technischen bzw. biologisch-ökologischen und ökonomischen Grundlagen sowie die
> anwendungsbezogene Planungs- und Entwurfsausbildung. Nachfolgend werden die
> Ausbildungsinhalte und -ziele der wichtigsten Grundlagen- und fachrichtungsspezifischen Lehrgebiete kurz beschrieben.
>
> **Allgemeine Grundlagen**
>
> Das **marxistisch-leninistische Grundlagenstudium** mit den Kursen Dialektischer
> und Historischer Materialismus, Politische Ökonomie des Kapitalismus und Sozialismus und Wissenschaftlicher Kommunismus / Geschichte der Arbeiterbewegung
> wird nach dem vom Minister für Hoch- und Fachschulwesen bestätigten Lehrprogramm ‚Grundlagen des Marxismus-Leninismus an den Universitäten und Hochschulen der DDR' durchgeführt.
>
> Die Ausbildung wird im letzten Studienjahr durch Vorlesungen und Seminare zu
> ausgewählten Problemen des Marxismus–Leninismus fortgeführt. Der Marxismus–
> Leninismus ist die ideologische, theoretische und methodologische Grundlage der
> gesamten Ausbildung.
>
> Für die Ausbildung in **Fremdsprachen** und im **Sport** gelten die entsprechenden
> Festlegungen des Ministeriums für Hoch- und Fachschulwesen. Die Fremdsprachenausbildung erfolgt in Russisch und in einer zweiten Fremdsprache. In Russisch
> ist die Sprachkundigenprüfung II b abzulegen.

Im Lehrgebiet **Mathematik / Automatisierte Informationsverarbeitung** im Bauwesen werden die Möglichkeiten zur Anwendung mathematischer Methoden und Modelle sowie elektronischer Datenverarbeitungsanlagen in Planungs-, Entwurfs- und Projektierungsprozessen dargestellt. Es werden die notwendigen mathematischen Grundlagenkenntnisse sowie Kenntnisse über Aufbau und Arbeitsweise relevanter rechentechnischer Geräte vermittelt.

Ökonomie und Leitung

Mit der ökonomischen Verantwortung des Architekten werden die Studierenden in verschiedenen Lehrgebieten vertraut gemacht. An erster Stelle werden im Lehrgebiet **Sozialistische Betriebswirtschaft**, in Weiterführung der politischen Ökonomie des Sozialismus, Kenntnisse über die Ausnutzung der ökonomischen Gesetze in der Planung, Leitung und Durchführung der baulichen und betrieblichen Reproduktionsprozesse sowie deren Stellung innerhalb der zweiglichen und territorialen Reproduktion vermittelt. Dazu kommt, insbesondere für die Studierenden der Fachrichtung Architektur, die Vermittlung anwendungsbereiter Kenntnisse auf den Gebieten Preisbildung, Kostenplanung und Grundfondsökonomie. Die Studierenden der Fachrichtungen Städtebau und Gebiets- und Stadtplanung werden mit Grundlagen der Territorial- und Stadtökonomie und der Volkswirtschaftsplanung im Lehrgebiet **Ökonomie der Gebiets- und Stadtplanung** sowie mit Grundlagen der wissenschaftlichen Arbeitsorganisation und der Leitungswissenschaften im Lehrgebiet **Wissenschaftliche Arbeitsorganisation / Leitungswissenschaft** vertraut gemacht. Ökonomische Probleme des Bauens werden darüber hinaus in den profilbestimmenden Lehrgebieten der Fachrichtungen sowie anwendungsbezogen bei den Komplexentwürfen vermittelt. Die ökonomische, vor allem betriebswirtschaftliche und leitungswissenschaftliche Ausbildung wird durch das Lehrgebiet **Sozialistisches Recht** (einschließlich Bau- und Vertragsrecht) ergänzt.

In die gesamte Ausbildung werden Probleme der **Arbeitswissenschaften**, des **Gesundheits-, Arbeits- und Brandschutz**, der **Zivilverteidigung**, der **Qualitätssicherung** und **Standardisierung** sowie der **sozialistischen Landeskultur** und des **Umweltschutzes** einbezogen.

Auf dem Gebiet Zivilverteidigung werden Kenntnisse über die Grundprinzipien und Maßnahmen zum Schutz der Werktätigen und der Volkswirtschaft vor Massenvernichtungsmitteln, schweren Havarien und Katastrophen vermittelt. Die Studenten werden befähigt, Maßnahmen zum Schutz der Beschäftigten, zur Gewährleistung der Rettung und Hilfeleistung, des Schutzes der Produktion und der Bekämpfung schwerer Havarien in ihren zukünftigen Einsatzgebieten zu planen und durchzuführen.

Theorie und Geschichte der Architektur und des Städtebaues

In den Lehrgebieten dieses Komplexes werden die Studenten mit den historischen und gesellschaftlichen Grundlagen ihres künftigen Berufes vertraut gemacht und allgemeine Gesetzmäßigkeiten der Entwicklung der Architektur und des Städtebaues auf der Grundlage des Marxismus–Leninismus vermittelt. Im Lehrgebiet **Bau- und Kunstgeschichte** wird die Entwicklung der Architektur in den verschiedenen gesellschaftlichen Epochen behandelt und dabei die Beziehung zwischen der Lebens- und Produktionsweise der Menschen und der Anwendung der Prinzipien künstlerischen Gestaltens herausgearbeitet. Im Lehrgebiet **Architekturtheorie** wird das architektonische Schaffen analysiert und die Entwicklung der Architektur als gesellschaftliche Erscheinung systematisch behandelt. Ergänzt wird die Vermittlung der gesellschaftlichen Grundlagen der Architektur durch Lehrgebiete **Marxistisch-leninistische Ästhetik** und **Soziologie**. Im Lehrgebiet **Denkmalpflege** werden Grundkenntnisse zur Erhaltung, Pflege und neuen gesellschaftlichen Nutzung historisch wertvoller Bausubstanz vermittelt. Zusammen mit fachrichtungsspezifischen Ergänzungen, z. B. im Lehrgebiet **Geschichte und Theorie des Städtebaus** (FR 15 0 06 u. 16 0 01) werden die Studierenden befähigt, in historischen Zusammenhängen zu denken, architektonische Leistungen in ihrer gesellschaftlichen Determiniertheit zu erkennen, parteilich zu werten und daraus Impulse für das eigene Schaffen abzuleiten.

Künstlerische Grundlagen

In diesem Komplex (bei den Fachrichtungen Gebiets- und Stadtplanung sowie Städtebau im Komplex der Entwurfsgrundlagen) werden durch die Lehrgebiete **Darstellungslehre**, **Gestaltungslehre** und **Bildkünstlerische Lehre** Voraussetzungen für diejenigen Fähigkeiten und Fertigkeiten entwickelt, die der Architekt zur Erfüllung seiner gestalterischen Verantwortung benötigt. Dazu gehören das Erfassen der ästhetischen Werte der Wirklichkeit, Methoden und Techniken zu ihrer Wiedergabe, die Vermittlung der Gesetzmäßigkeiten ästhetischen Gestaltens im allgemeinen und des architektonischen Gestaltens im Besonderen sowie das Vertrautmachen mit den Prinzipien bildkünstlerischen Schaffens. Ziel der Ausbildung ist die Entwicklung von Fähigkeiten und Fertigkeiten zur ästhetischen Gestaltung von Bauwerken, Freiräumen, architektonischer Objekte, städtebaulichen und landschaftlichen Anlagen sowie die Befähigung zur Zusammenarbeit mit bildenden Künstlern.

Technische Grundlagen

Die technischen Grundlagen des Bauens müssen beim heutigen Stand der Technik in den einzelnen Fachrichtungen in unterschiedlicher Zusammensetzung gelehrt werden. Für die Fachrichtungen Städtebau und Architektur stehen dabei an erster Stelle anwendungsbereite Kenntnisse zum Einsatz der Baustoffe, Bauteile und technisch-konstruktiven Systeme des Hochbaues: in der Fachrichtung Gebiets- und Städteplanung kommen dazu ingenieurstechnische Grundlagen des Tiefbaues, der Verkehrsplanung und der Stadttechnik. In der Fachrichtung Landschaftsarchitektur werden vor allem biologische und ökologische Grundlagen der Pflanzenverwendung sowie technische Grundlagen des Landschaftsbaues gelehrt. Ziel der Ausbildung ist in jedem Falle die Schaffung solider Voraussetzungen für die Planung, den Entwurf und die realisierungsgerechte Durchbildung von Bauwerken, Versorgungssystemen, Verkehrs- und Freiraumanlagen.

In den Lehrgebieten **Hochbaukonstruktion** und **Baustofflehre** wird der Student mit dem konstruktiven Gefüge von Bauwerken unterschiedlicher Art, dem Verhalten ihrer Elemente, dem Entwerfen der Bauteile und der Gestaltung der wichtigsten Details sowie den Eigenschaften und Einsatzmöglichkeiten der wesentlichen Baustoffe vertraut gemacht.

Im Lehrgebiet Tragsysteme/Tragkonstruktionen erwirbt der Student Fähigkeiten im Entwurf, in der überschläglichen Bemessung und konstruktiven Durchbildung von Bauteilen sowie ihrer Zuordnung im Rahmen der gestalterischen Einheit aller Komponenten der Entwurfslösung. Im Lehrgebiet **Bauklimatik** (Technische Bauhygiene / Technische Gebäudeausrüstung) werden Kenntnisse und Fertigkeiten in der Anwendung der bauphysikalischen Zusammenhänge auf den Entwurf der Bauwerke und seine Abstimmung mit den Systemen der technischen Gebäudeausrüstung vermittelt und die Berücksichtigung stadtklimatischer Einflüsse dargestellt.

In den Lehrgebieten **Bautechnologie** und **Technologie des Landschaftsbauens** werden Kenntnisse über Vorfertigungs-, TUL- und Baustellenprozesse vermittelt, die eine ausreichende Berücksichtigung der technologischen Komponenten in der Entwurfslösung sichern. Im Lehrgebiet **Ingenieurgeodäsie** werden Grundlagen für das Aufmaß von baulichen und Freiraum-Anlagen vermittelt.

Für die Fachrichtung Gebiets- und Stadtplanung werden mit dem Lehrgebiet **Ingenieurgeologie** die geotechnischen und geologischen und mit dem Lehrgebiet **Grundlagen des Ingenieurtiefbaus** die ingenieurtechnischen Grundlagen des Grund- und Tiefbaus vermittelt.

In der Fachrichtung Landschaftsarchitektur werden die Studenten im Lehrgebiet **Landschaftsbau** mit den bau- und bepflanzungstechnischen sowie ingenieurbiologischen Grundlagen der Gestaltung und Umgestaltung von Landschaftsbereichen und Freiraumanlagen vertraut gemacht.

Für diese Fachrichtung werden die technischen Grundlagenlehrgebiete außerdem durch die Vermittlung biologischer, chemisch-physikalischer und ökologischer Grundlagen in den Lehrgebieten **Chemie, Botanik, Standortlehre/Meteorologie** naturwissenschaftlich weiter fundiert.

Planungs-, Entwurfs- und Projektierungsgrundlagen

Der Lehrkomplex ist unter den Grundlagen des Planens, Entwerfens und Projektierens vorrangig mit den Methoden der Erfassung und Analyse, der Ausarbeitung von Problemstudien und Zielstellungen bis zur Synthese im Entwurf befaßt und dient als Voraussetzung für die Spezifizierung, Vertiefung und Anwendung in den profilbestimmenden Lehrgebieten. Die produktive Tätigkeit entwickelt sich in Form von Entwurfsübungen und Komplexentwürfen. Dazu dienen insbesondere auch die Entwurfspraktika in der vorlesungsfreien Zeit der Semester.

Im Lehrgebiet Grundlagen des Entwerfens werden die Studenten, aufbauend auf den parallel vermittelten allgemeintheoretischen, künstlerischen und technischen Grundlagen, mit dem architektonischen Entwerfen als dem Kernstück des Architektenberufes bekannt gemacht. Dabei werden grundlegende Fähigkeiten und Fertigkeiten, Methoden und Hilfsmittel als Voraussetzung für die fachspezifische Vertiefung der Entwurfsfähigkeiten als architektonisches, landschaftsarchitektonisches, städtebauliches oder technisches Entwerfen und das Zusammenwirken dieser Komponenten beim komplexen städtebaulich-architektonischen Entwurf vermittelt.

Den Fachrichtungen entsprechend kommen dazu weitere Lehrgebiete, in denen theoretische und methodische Grundlagen für die Planungs-, Entwurfs- und Projektierungstätigkeit vermittelt werden. Für die Fachrichtungen Städtebau sowie Gebiets- und Stadtplanung sind das vor allem im Komplex der Entwurfsgrundlagen die Lehrgebiete **Technisches Entwerfen** (Fachr. Gebiets- u. Stadtpl.) und **Städtebauliches Entwerfen** (Fachr. Städtebau), im Komplex der Planungsgrundlagen geographische, demographische, ökonomische und soziologische Grundlagen sowie die komplexen Theorien und Methoden der Gebietsplanung, Generalbebauungsplanung, Verkehrs- und stadttechnischen Planung, mit denen die Studenten in den Lehrgebieten **Demographie, Planungsmittel/-technik/Projektierungsmethoden/Territorial- und Stadtstruktur** sowie **Ökologie** vertraut gemacht werden.

Für die Fachrichtung Architektur gehören dazu die Lehrgebiete **Grundlagen der Projektierung** und **Grundlagen der Rekonstruktion**, in denen Querschnittsprobleme der späteren Entwurfs- und Projektierungstätigkeit dargelegt werden.

Für die Fachrichtung Landschaftsarchitektur betrifft das spezielle Fragen der sozialistischen Landeskultur und Ökologie sowie die Theorien und Methoden der Landschaftsplanung, der Bodennutzung und der Vegetationskunde.

Bauwerkslehre/Wohn-, Gesellschafts- und Produktionsbauten

Auf einem Hauptfeld der späteren Tätigkeit der Studierenden werden – insbesondere in der Fachrichtung Architektur – Kenntnisse, Fähigkeiten und Fertigkeiten im Erfassen der funktionellen Grundlagen und Zusammenhänge des komplexen Wohnungsbaues, im Entwickeln von Gebäudestrukturen und in ihrer Umsetzung zu baulichen Lösungen vermittelt.

In den Lehrgebieten **Wohnbauten, Gesellschaftsbauten** und **Komplexe Gebäudesystematik der Wohn- und gesellschaftlichen Bereiche** werden – ausgehend von den gesellschaftlichen Bedürfnissen und ihrer Erfassung in Bauprogrammen – die funktionellen, besonderen technisch-konstruktiven, ökonomischen und ästhetischen Komponenten der Gebäudekategorien gelehrt. Eingeschlossen sind Fragen der permanenten Gebrauchstüchtigkeit und der Anpaßbarkeit an künftige Bedürfnisse. Aufbauend darauf werden die gestalterischen Fähigkeiten der Studenten durch komplexe Entwürfe entwickelt. Eine besondere Rolle spielen dabei die Probleme der Rekonstruktion und des industriellen Bauens.

In den Lehrgebieten **Industriebauten** sowie **Bauten der Land- und Nahrungsgüterwirtschaft** werden – insbesondere in der Fachrichtung Architektur – Kenntnisse, Fähigkeiten und Fertigkeiten vermittelt, um, entsprechend der Bedeutung der Produktion in der sozialistischen Gesellschaft, Aufgaben der baulichen Planung und Projektierung in hoher architektonischer, technischer und ökonomischer Qualität lösen zu können. Die Breite der Ausbildung reicht vom Erfassen der Aufgabenstellung und der produktionstechnologischen Erfordernisse – mit den daraus resultierenden Gebrauchswertanforderungen – über die Planung und Entwurfsbearbeitung von Anlagenkomplexen und Einzelobjekten sowie ihrer umweltgerechten Einordnung bis zur Arbeitsplatzgestaltung. Eine besondere Rolle spielen die Probleme der baulichen Rekonstruktion im Rahmen der sozialistischen Rationalisierung, die Intensivierung der Produktion und die Durchsetzung des wissenschaftlich-technischen Fortschritts. Durch komplexe Entwürfe werden die Studierenden zur Bewältigung typischer Planungs- und Gestaltungsaufgaben des Produktionsbaues und zur Gemeinschaftsarbeit mit Vertretern anderer an derartigen Aufgaben beteiligten Fachdisziplinen befähigt.

Für die Fachrichtungen Gebiets- und Stadtplanung sowie Städtebau werden diese Lehrgebiete zum Lehrgebiet **Produktionsbauten** zusammengefaßt und (wahlobligatorisch) alternierend mit dem Lehrgebiet Gesellschaftsbauten vermittelt.

In der Fachrichtung Gebiets- und Stadtplanung werden die Studenten im Lehrgebiet Verkehrs- und Tiefbau mit den funktionellen und bautechnischen Grundlagen für die Errichtung und Rekonstruktion von Verkehrs- und Tiefbauwerken vertraut gemacht.

Raumgestaltung/Ausbau

Im Lehrgebiet **Raumgestaltung und Ausbau** werden den Studierenden der Fachrichtung Architektur Grundlagen für die milieugerechte Durchbildung von Innenräumen im Wohnungs-, Gesellschafts- und Produktionsbau vermittelt. Probleme der industriellen Massenanfertigung werden – bei weitgehender Einbeziehung und der Technischen Gebäudeausrüstung – als Komponenten einer qualitätsvollen, funktionsspezifischen Gestaltung des gesamten Interieurs der Wohn- und Arbeitsumwelt dargestellt. Fragen der Instandhaltung, der Modernisierung und der Rekonstruktion erfahren, bedingt durch die kurzen Verschleißzyklen von Elementen und Bauteilen des Ausbaus, der Ausstattung und der Ausrüstung, besondere Beachtung. Die Studenten werden befähigt, die Problematik des Innenraumes komplex zu erfassen und ihre Erkenntnisse in Übungen und Entwürfen anzuwenden.

Gebiets- und Siedlungsplanung, Städtebau, Landschaftsarchitektur und Sozialistische Landeskultur

In diesen Komplexen werden – insbesondere für die Fachrichtungen Gebiets- und Stadtplanung sowie Städtebau – durch die Lehrgebiete **Siedlungsplanung, Standortplanung, Gebiets-/Landschafts- und Erholungsplanung** sowie **Stadtplanung** und **Stadtgestaltung** Kenntnisse, Fähigkeiten und Fertigkeiten zur räumlichen Planung und architektonischen Gestaltung von Gebieten, Städten und ländlichen Siedlungen, zur Planung und Gestaltung von Freiräumen sowie zur Einbeziehung der Anforderungen der Planung und des Bauens von Systemen und Anlagen der technischen Infrastruktur vermittelt. Auf der Basis der Theorien der Gebietsplanung und des sozialistischen Städtebaues werden methodische Grundlagen und Arbeitsverfahren der Stadt-, Gebiets- und Landschaftsplanung gelehrt sowie die Fähigkeiten zum städtebaulichen Entwurf und zur Gestaltung von Funktionskomplexen und Ensembles entwickelt. Die Breite der Ausbildung umfaßt Grundfragen der Gebiets-, Siedlungs-, und Standortplanung, der Generalbebauungsplanung, der Planung und Gestaltung städtischer Teilbereiche sowie der Stadtrekonstruktion. Durch Entwurfsübungen und komplexe Entwürfe werden planerische und gestalterische Fähigkeiten entwickelt und die Lösung komplexer räumlicher Planungsaufgaben geübt.

Für die Fachrichtung Landschaftsarchitektur werden die Lehrgebiete Stadtplanung und Stadtgestaltung zum Lehrgebiet **Städtebau** zusammengefaßt.

Im Lehrgebiet **Landschaftsarchitektur** werden Kenntnisse und Entwurfsfertigkeiten für die Gestaltung von landschaftlichen und städtischen Freiräumen entwickelt. [...]

Für die Fachrichtungen Gebiets- und Stadtplanung sowie Städtebau werden (wahlobligatorisch) im Lehrgebiet **Dorfplanung** die Planung und Gestaltung ländlicher Siedlungen als bauliche Einheiten und als planerische Elemente des Siedlungssystems behandelt.

Verkehrsplanung und Stadttechnik

In den Fachrichtungen Gebiets- und Stadtplanung sowie Städtebau werden mit den Lehrgebieten **Verkehrsplanung, Wasserversorgung/Abwasserbehandlung** und **Energieversorgung** (in der Fachrichtung Städtebau zu einem Lehrgebiet zusammengefaßt) Kenntnisse über die Grundzüge der städtischen Verkehrsplanung im Rahmen der sozialistischen Verkehrspolitik und Fähigkeiten zur Planung und zum Entwurf von Systemen und Anlagen des Verkehrs, der Wasserversorgung und Abwasserbehandlung, des kommunalen Tiefbaues sowie der territorialen Energieversorgung und deren Integration in die gebietliche und städtebauliche Planung vermittelt" (ibid., S. 6 ff., Hervorhebungen wie im Original).

Auffällig sind Verknüpfungen zwischen der Ideologie und den Lehrinhalten; so werden beispielsweise die Begriffspaare „Sozialistisches Recht" (ibid., S. 7), „Zivilverteidigung"(ibid.) und „sozialistische Landeskultur" (ibid.) verwendet. Der Antwort auf die Frage, ob damit eine Überinterpretation der Bedeutung von Ideologie im Studienplan vorliegt oder dieser Zusammenhang in der Realität gegeben gewesen ist, könnte man sich mithilfe von weiteren Gesprächen zu diesem Thema nähern.

Ein detaillierter Vergleich der Stundentafeln würde über den Rahmen dieser Arbeit hinausgehen, sodass diese Betrachtungen zu einem anderen Zeitpunkt und in einem anderen Kontext fortgeführt werden müssten.

Der „Aufbau und Ablauf des Studiums" (ibid., S. 13) wird folgendermaßen beschrieben:

„Für die Bewerbung bzw. Zulassung zum Studium gelten die Festlegungen des Ministeriums für Hoch- und Fachschulwesen über die Bewerbung, die Auswahl und die Zulassung zum Direktstudium an den Universitäten und Hochschulen der DDR. Der Bewerber muß den Nachweis seiner Eignung für die Grundstudienrichtung in einer Eignungsprüfung erbringen. Soweit nicht eine Berufsausbildung vorhanden ist, sind berufliche Kenntnisse und praktische Erfahrungen in einem Vorpraktikum vor Aufnahme des Studiums zu erwerben. Der Einsatz erfolgt auf Baustellen geeigneter Baubetriebe des Territoriums. Den Bewerbern wird empfohlen, sich eine ausreichende Befähigung

– im Erfassen technisch-konstruktiver Zusammenhänge,

–   in Erinnerungs- und Wiedergabevermögen sowie

–   im räumlichen Vorstellungsvermögen

zu erwerben und ihre gestalterischen Anlagen und Neigungen zu entwickeln.

Die Gesamtdauer des Studiums beträgt 5 Jahre.

Der Erreichung des Ausbildungs- und Erziehungszieles dient die enge Verbindung der Studenten mit der sozialistischen Praxis. Dadurch wird die Verbindung zwischen Arbeiterklasse und Intelligenz gefestigt und die Studenten haben die Möglichkeit, sich die besten Erfahrungen der Arbeiterklasse anzueignen.

Das Studium im 1. Studienjahr beginnt mit einem zweiwöchigen Fremdsprachenintensivkurs Russisch. Darüber hinaus kann die verbleibende Zeit bis zum Beginn der weiteren Lehrveranstaltungen für

–   das nähere Kennenlernen der gewählten Fachrichtungen und die stärkere Ausprägung der Motivation für den künftigen Beruf;

–   die Einführung in die Methodik der Literaturerschließung und

–   die Reaktivierung wichtiger Kenntnisse des Abiturstoffes

genutzt werden.

Die in den Stundentafeln für Komplexe von Lehrgebieten angegebenen Wochenstunden der **Lehrveranstaltungen** sind nach dem spezifischen Profil und den studienorganisatorischen Bedingungen der Hochschulen lehrgebietsweise auf die Semester aufzuschlüsseln.

Die vorgegebene Gesamtstundenzahl pro Komplex und Lehrgebiet sowie die Art und zeitliche Einordnung der Prüfungen, Belege und Testate sind dabei verbindlich.

Die Praktika während des Studiums haben einen großen Einfluss auf Niveau und Effektivität der Erziehung und Ausbildung. Im 2. Semester findet ein vierwöchiges **Betriebspraktikum** statt, in dem die Studierenden Einblick in die sozialistische Baupraxis gewinnen und die vor dem Studium erworbenen praktischen Kenntnisse erweitern. Im 4. Semester findet ein dreiwöchiges fachrichtungsspezifisches Praktikum statt, als Bauaufnahme-, Ökologie- oder kommunales Praktikum. Hier geht es um die Erfassung von Vorhandenem und dessen Darstellung in Form von Unterlagen, z. B. für Rekonstruktionsmaßnahmen.

Im 7. Semester findet in Institutionen der Praxis vom 1.9. des jeweiligen Jahres bis zum 31.1. des folgenden Jahres ein **Ingenieurpraktikum** statt, in dem die Studierenden in Planungs- bzw. Projektierungskollektiven mitarbeiten und ihre bis dahin erworbenen Fähigkeiten und Kenntnisse anwenden und vertiefen. Sie beteiligen sich aktiv am gesellschaftlichen Leben der Arbeitskollektive und werden in die Erfüllung der betrieblichen Planaufgaben einbezogen. Damit dient das Praktikum dem Erwerb tieferer praktischer Kenntnisse und Erfahrungen, die nutzbringend für den verbleibenden Teil des Studiums und den Übergang in die Praxis sind.

Während des Studiums werden in den einzelnen Studienjahren und Fachrichtungen als fester Bestandteil der Ausbildung bis zu 5 **Exkursionen** durchgeführt, ganztägig z. B. in die nähere Umgebung des Hochschulortes, über zwei Wochen am Ende des 3. bzw. des 4. Studienjahres zu Brennpunkten des Baugeschehens unseres Landes und für Beststudenten über mehrere Wochen in das befreundete sozialistische Ausland (Austauschpraktika am Ende des 4. Studienjahres). Die Exkursionen dienen zum Bekanntwerden mit den bedeutendsten historischen Bauwerken und Ensembles sowie den neuesten Bauvorhaben in unserem Land. Damit wird zur Vertiefung der Berufsmotivation und zur Erweiterung des Gesichtskreises der Studenten beigetragen.

Das Kernstück des fachrichtungsspezifischen Studiums ist die **produktive Tätigkeit** in Entwurfsübungen und komplexen Entwürfen. Diese werden insbesondere durch die Fachgebiete getragen, die sowohl der Einführung in das Entwerfen als auch der Vermittlung fachrichtungsspezifischer Entwurfskenntnisse und -fähigkeiten dienen – wie Städtebau und Landschaftsarchitektur, Wohnungs-, Gesellschafts-, Industrie- und Landwirtschaftsbau. Dabei werden die erworbenen Kenntnisse und Fertigkeiten vertieft, gefestigt und ergänzt und vor allem die schöpferischen Fähigkeiten für das Lösen städtebaulich-architektonischer und planerischer Aufgaben entwickelt.

Die Aufgaben haben abhängig vom Ausbildungsstand aktuellen Praxisbezug und geben dem Studierenden die Möglichkeit, bereits zeitig für die Praxis wirksam zu werden. Die **vorlesungsfreie Zeit** kann für diese Entwurfspraktika und damit zur Synthese der wichtigsten vorangegangenen Ausbildungskomponenten genutzt werden. Durch die selbstständige Arbeit der Studenten an aufeinander aufbauenden Entwürfen von zunehmendem Schwierigkeitsgrad und wachsender Komplexität werden hierbei ihre schöpferischen Fähigkeiten weiter entwickelt. Der Erfolg des Studiums wird entscheidend von der Intensität des Selbststudiums der Studenten mitbestimmt. Der Arbeit mit Lehrbüchern, Fachbüchern und Lehrmaterialien kommt dabei große Bedeutung zu.

Die im 8. und 9. Semester angebotenen **wahlobligatorischen Lehrveranstaltungen** dienen der Vertiefung des erworbenen Wissens und der Aneignung von erweiterten Kenntnissen in den fachrichtungsbestimmenden Lehrgebieten. In **fakultativen Lehrveranstaltungen** haben die Studenten entsprechend ihren Interessen und Fachrichtungen ein breites Spektrum an Wissensgebieten und an Möglichkeiten der eigenen schöpferisch-künstlerischen Tätigkeit.

Die **Prüfungen** und **Leistungskontrollen** werden auf der Grundlage der Prüfungsordnung und der Diplomordnung durchgeführt. Der Hochschulabschluß in der Grundstudienrichtung bzw. Fachrichtung wird mit dem Erwerb des akademischen Grades Diplom-Ingenieur verbunden" (ibid., S. 13 ff., Hervorhebungen wie im Original).

Außerdem werden „Hinweise zur Weiterbildung" (ibid., S. 15) gegeben, die sich unter anderem auf das „Weiterbildungsinstitut für Städtebau und Architektur der Hochschule für Architektur und Bauwesen Weimar" (ibid.) beziehen.

Insgesamt wird die Fachrichtung Gebiets- und Stadtplanung auf diese Weise charakterisiert:

> „Die Absolventen dieser Fachrichtung sind befähigt, die räumliche und technische Planung von Gebieten, Städten und Siedlungssystemen sowie Verkehrs- und stadttechnische Projektierungsaufgaben durchzuführen. Sie haben spezielle Fähigkeiten zur Analyse sozialer Prozesse, räumlicher Organisationsformen und Bewegungsvorgänge, zur Ableitung langfristiger Entwicklungsprogramme, zu Planung, Entwurf, Rekonstruktion und Betrieb von Systemen und Anlagen des Verkehrs und der technischen Versorgung. Im Rahmen interdisziplinärer Kollektive und kommunaler Gremien wirken sie mit an der Vorbereitung von Entscheidungen über langfristige Entwicklungskonzeptionen und an der komplexen Investitionsvorbereitung.

> Der **Einsatz der Absolventen** erfolgt vorrangig in den örtlichen Staatsorganen und ihnen nachgeordneten Institutionen für Territorialplanung, Städtebau, Verkehrsplanung, Wasserwirtschaft, für die Planung und Leitung städtebaulicher Investitionen, für Rekonstruktion und Modernisierung sowie in weiteren gesellschaftlichen Bereichen, die an der räumlichen Planung beteiligt sind (Haupt- und Fachplanträger), in den Projektierungsabteilungen der Baukombinate sowie in Lehr- bzw. Forschungseinrichtungen" (ibid., S. 4).

Analysiert man die Beschreibungen zum Inhalt, zum Aufbau und zur Charakteristik der Fachstudienrichtung Gebiets- und Stadtplanung, ist ein starker Anwendungs- und damit Praxisbezug offensichtlich. Allein im Text zum Inhalt des Studiums wird „Anwendung" neun Mal als eigenständiges Wort oder Teil eines Wortes verwendet (vgl. ibid., S. 6 ff.).

Auch der Begriff „Baurecht" wird erwähnt, sodass hier ein Bezug zum System der räumlichen Planung hergestellt werden kann (vgl. ibid., S. 7).

Wie die einzelnen Vorgaben der verbindlichen Studienpläne umgesetzt worden sind, zeigt zum Beispiel die Jubiläumsbroschüre (vgl. „Hochschule für Architektur und Bauwesen Weimar" 1979), die in Tabelle 10 dargestellt worden ist, womit der Praxisbezug – wie auch durch die Aussagen der Schlüsselgesprächspartnerinnen und Schlüsselgesprächspartner – beispielhaft bestätigt werden kann. Wenngleich diese Broschüre bereits vier Jahre vor dem zweiten Studienplan erschienen ist, lässt sich vermuten, dass durch die personelle Verknüpfung dieser drei Dokumente durch die Personen Christian Schädlich und Joachim Bach eine Kontinuität in dieser Zeit vorhanden gewesen ist. Dies müsste jedoch in weiterführenden Forschungen überprüft werden.

Sucht man eine Antwort auf die Frage, „Welche Aspekte lassen sich davon dem Modus 3, einer transformativen Wissenschaft, zuordnen?", lässt sich einerseits feststellen, dass auf die Berufspraxis von Architektinnen und Architekten reagiert worden und dass diese – konform mit dem politischen System – auch bedient worden ist, wie die Ausführungen zu den in der Jubiläumsbroschüre von

1979 dargestellten Diplomarbeiten und Entwürfen gezeigt haben. Dies würde dem Modus 2 entsprechen.

Andererseits zeigen einige Aspekte, dass die Lehre in Weimar über den Modus 2 hinausgegangen und dementsprechend dem Modus 3 zuzuordnen ist. Zunächst ist festzuhalten, dass sowohl die Sektion Gebietsplanung und Städtebau als auch die an der HAB installierten Fachrichtungen Technische Gebietsplanung und Städtebau eine Transformation für die DDR darstellen, da es dies so vorher nicht gegeben hat.

Außerdem werden die Begriffe „Rekonstruktion" und „Denkmalpflege" bereits zwei Jahre vor dem Europäischen Denkmalschutzjahr im Studienplan aus dem Jahr 1973 verankert (vgl. BArch DR 3/20854). Von einem reinen Reagieren auf das Gängige kann dabei also nicht die Rede sein. Vielmehr zeigt dies, dass die damals übliche Praxis verändert werden sollte.

Zwei weitere Beispiele sind die Themen, mit denen sich Ulrich Hugk und Gunter Weichelt beschäftigt haben. Während Hugk an einem Projekt zur Innenstadt von Greifswald maßgeblich mitgewirkt hat (vgl. Felz, Mohr, und Richardt 1981; Hüller und Loui 1981) und seine Erfahrungen auch in der Lehre in Weimar mit der „Stadtaufnahme" an die Studierenden hat weitergeben können, hat Weichelt sich während seiner Zeit an der Sektion Gebietsplanung und Städtebau der HAB mit erneuerbarer Energie auseinandergesetzt, wie der Artikel „Regenerative Energiequellen und derzeitige Möglichkeiten ihrer Nutzung in der DDR" aus der „Wissenschaftlichen Zeitschrift der HAB" verdeutlicht (vgl. Weichelt 1980).

Diese „Projekte" scheinen mit der heutigen Perspektive etwas Alltägliches und – in Diskussionen von Stadtplanerinnen und Stadtplanern – gefühlt Allgegenwärtiges und dementsprechend kaum eine besondere Erwähnung wert zu sein. Im Kontext der damaligen Zeit lassen diese Themen jedoch darauf schließen, dass es sich dabei um Versuche gehandelt hat, um die vorherrschenden Meinungen und die (Städtebau-)Politik zu verändern. Als zwei weitere Beispiele lassen sich hier die Einführung des Lehrgebiets Stadtökonomie, das sich gegen die Struktur und Logik der Planwirtschaft eingesetzt hat und damit nicht konform mit dem politischen System gewesen ist, sowie das Kommunale Praktikum, das als vierwöchiger Studienabschnitt ab 1978 beinahe jährlich unter der Leitung vom Professor für marxistisch-leninistische Soziologie, Prof. Dr. Fred Staufenbiel, organisiert worden ist (vgl. Hadasch 2013) und staatliche, als Ideale vermittelte Vorgaben hinterfragt und auf kommunalpolitische Veränderungen abgezielt hat, nennen.

Abbildung 19: Titelblatt der Broschüre „Soziologische Untersuchung zur Rekonstruktion der Gothaer Innenstadt" (Hunger 1983)

Abbildung 20: Architekturzeichnen bei der Ortsaufnahme (ibid., S. 12)

Hiermit wird auch verdeutlicht, dass es sich bei der Lehre-Praxis-Beziehung nicht nur auch um eine Praxis-Lehre-Beziehung gehandelt hat, sondern dass dies eher als eine Wechselwirkung oder ein Kreislauf zu bezeichnen ist.

Illustriert werden diese Ausführungen durch Abbildungen, die in der Jubiläumsbroschüre (vgl. Hochschule für Architektur und Bauwesen Weimar 1979) abgedruckt worden sind.

Weitere Darstellungen lassen sich in der Broschüre nachsehen.

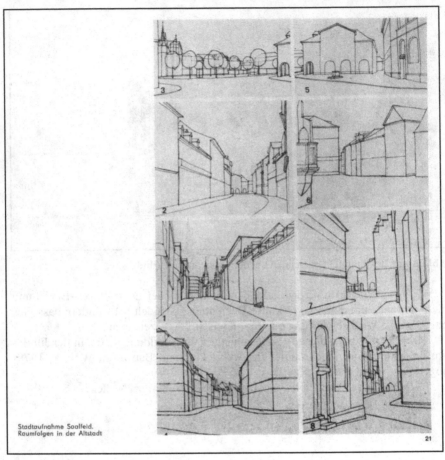

Abbildung 21: Stadtaufnahme Saalfeld. Raumfolgen in der Altstadt (ibid., S. 21)

Studie zum Generalbebauungsplan der Stadt Saalfeld

Komplexbeleg 1978 – 4. Studienjahr

Die Kreisstadt Saalfeld ist mit ca. 33 500 Einwohnern nicht nur administratives, wirtschaftliches und kulturelles Zentrum ihres Kreisgebietes, sondern gehört aufgrund ihrer gut ausgebildeten wirtschaftlichen Basis, ihrer Bedeutung als Verkehrsknotenpunkt und Zentrum der nationalen und internationalen Touristik zu den Schwerpunktstädten des Bezirkes Gera.

Der Bedeutung der Stadt entsprechend wurden bereits in der Vergangenheit in Saalfeld umfangreiche analytische und planerische Untersuchungen durchgeführt und in ihrem Ergebnis ein Generalbebauungsplan erarbeitet, der die städtebauliche Entwicklung der Stadt für den Zeitraum bis 1990 fixiert. Aufgabe der Studie war es daher, ausgehend von diesen Unterlagen und Festlegungen, die Möglichkeiten der Einwohner- und Flächenentwicklung der Stadt bis zum Jahre 2010 zu untersuchen und in Form von Grundvarianten ein Standortangebot für die Entwicklung der Stadt und ihrer Funktionsbereiche sowie entsprechende Grobkonzeptionen für die Entwicklung der Stadtstruktur, Stadtkomposition und Netze des Verkehrs, der technischen Versorgung und der gesellschaftlichen Einrichtungen auszuarbeiten. Hauptkriterien für die Bewertung der Grundvarianten und Auswahl einer Vorzugsvariante waren:

– Die Entwicklung eines möglichst kompakten Stadtkörpers mit kurzen Verbindungen zwischen den Hauptfunktionsbereichen;

– Verbesserung des Versorgungsniveaus, insbesondere im Stadtteil Gorndorf;

– Anbaufreie Führung des Durchgangsverkehrs und Verbesserung der verkehrlichen Anbindung des Stadtteils Gorndorf;

– Entwicklung eines zusammenhängenden Freiflächensystems als Grundlage für die Naherholung und den Aufbau eines gesamtstädtischen Fußwegnetzes;

– Schaffung günstiger Bedingungen für die Entwicklung eines gesamtstädtischen Netzes der Fernwärmeversorgung.

Die genannten Forderungen werden durch die Variante Gorndorf-Süd, welche vorsieht, den Wohnungsneubau im Süden des vorhandenen Neubaugebietes Saalfeld-Gorndorf einzuordnen, am besten erfüllt. Mit der Konzentration der Neubaumaßnahmen erhält dieser Stadtteil eine Größe, die den Bau eines Versorgungszentrums gestattet. Die mit der Entwicklung des Stadtteiles östlich der Reichsbahn verbundene Konsequenz der funktionellen Verdichtung des Raumes am Bahnhof bietet gleichzeitig günstige Voraussetzungen

34

für die Entwicklung gesamtstädtischer und überörtlicher Zentrumsfunktionen, deren Einordnung im Bereich der Altstadt ohnehin nicht möglich wäre. Die Verbindung beider Stadtteile wird durch den Bau einer zweiten Brücke über die Reichsbahn und Saale im Süden der Stadt wesentlich verbessert. Da die Grundlastdeckung des Fernwärmebedarfs langfristig durch das Heizkraftwerk Maxhütte erfolgt und Gorndorf einen Anschluß an die vorhandene Kläranlage besitzt, der auch für die geplante Erweiterung ausreichend dimensioniert ist, verfügt die vorgeschlagene Variante der langfristigen Stadtentwicklung gleichzeitig über die günstigsten Ausgangsbedingungen im Bereich der technischen Versorgung. Nach Einschätzung der örtlichen Organe enthält die Studie darüberhinaus zahlreiche Anregungen und Vorschläge für die prognostische Entwicklung Saalfelds und bildet somit einen Beitrag zur Lösung der vor den örtlichen und städtebaulichen Planungsorganen stehenden Aufgaben.

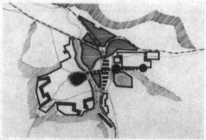

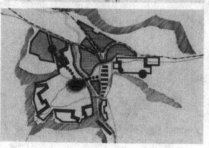

Abbildung 22: Studie zum Generalbebauungsplan der Stadt Saalfeld (ibid., S. 34)

Studie zur Charakterisierung der Beziehungen zwischen ländlichen Siedlungsgebieten und Siedlungen

Untersuchungsbeispiel: Gemeindeverbandsgebiet Magdala

Diplomarbeit 1978

Verfasser: Simone Brennecke
            Peter Brennecke

Betreuer: Doz. Dr.-Ing. Irmgard Schwanitz

Die Arbeit stellt baulich-strukturelle und funktionelle Beziehungen zwischen ländlichen Siedlungsgebieten und Siedlungen dar. Damit sollen Prinzipien zur Herausbildung effektiver Einheiten ländlicher Siedlungs- und Bewirtschaftungszonen geschaffen werden. Hierzu wird für das Gebiet Magdala folgendes abgeleitet:

Benachbarte Siedlungen werden zusammengefaßt und vier Siedlungsgruppen gebildet: eine Zentralgruppe mit 5 Siedlungen in verkehrsgünstiger Tallage, 2 Randgruppen in Höhenlagen mit 2 bzw. 3 Siedlungen und die Randgruppe Magdala mit 2 Nachbarsiedlungen. Jede Gruppe erhält ihre situationsgemäßen Aufgaben in Übereinstimmung mit den funktionsspezifischen Entwicklungsmöglichkeiten der einzelnen Siedlungen. Deren Beziehungen werden durch die funktionsteiligen Standortsysteme der Produktion, Dienstleistung, Versorgung, des Wohnens und Erholens hergestellt. Rationelle Erschließungssysteme für die Siedlungen, Wirtschaftsfluren und übergebietlichen Anbindungen unterstützen die effektive Entwicklung der Gruppen. Die baulich-räumliche Gestaltung der einzelnen Siedlungen bringt deren örtliche und überörtliche Bedeutung zum Ausdruck. Die Studie zeigt Möglichkeiten, die territoriale Rationalisierung zu unterstützen und die Arbeits- und Lebensbedingungen auf dem Lande zu fördern.

Ortsgestaltungskonzeption für die Kleinstadt Magdala als Gemeindeverbandszentrum

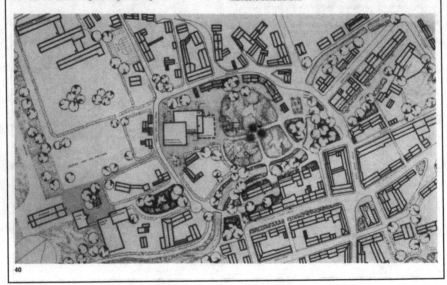

Abbildung 23: Studie zur Charakterisierung der Beziehungen zwischen ländlichen Siedlungsgebieten und Siedlungen (ibid., S. 40)

Studie zur Entwicklung der komplexen Energieversorgung des Planungsraumes Bad Berka, Blankenhain, Knanichfeld und Tannroda im Kreis Weimar

Diplomarbeit 1976

Verfasser: Kerstin Penn

Betreuer: Dr.-Ing. Alfred Langner

Die Diplomarbeit gehört zu einer Reihe von Untersuchungen, die sich mit der territorialen Energetik als einem wesentlichen Bestandteil der technischen Infrastruktur beschäftigen.
Untersuchungsgegenstand bilden die Klein- und Mittelstädte unter besonderer Berücksichtigung ihrer Stellung im übergeordneten System der Energieversorgung.
Der von der Diplomandin bearbeitete Planungsbereich im Süden des Kreises Weimar gehört zum Erholungsgebiet „Mittleres Ilmtal" und stellt demzufolge besondere Anforderungen an den Umweltschutz, die weit über die Interessen der 15 000 Einwohner, die im Gebiet selbst beheimatet sind, hinausgehen.
Die derzeitig vorhandenen Anlagen und Einrichtungen der Energie-

versorgung decken den Bedarf auf der Basis von festen und flüssigen Brennstoffen, Stadtgas und Elektroenergie.
Eine relativ kleine Fernwärmeversorgung wird in der Umgebung einer Papierfabrik, gespeist aus deren Heizwerk, betrieben. Der mittlere spezifische Gesamtenergieverbrauch entsprach im Jahre 1975 mit etwa 29 Gcal/a EW dem DDR-Mittel.
Von der Verfasserin wurden nach der Ermittlung des Energiebedarfes bis zum Jahre 2000 für die zukünftige Energieversorgung des Planungsgebietes vier Grundvarianten entwickelt:

1. Zweischienige Energieversorgung mit Elektronergie und Fernwärme.

2. Dreischienige Energieversorgung mit Elektroenergie, Fernwärme und Erdgas.

3 Zweischienige Energieversorgung mit Elektroenergie und Erdgas.

4. Zweischienige Versorgung (Elektroenergie und Fernwärme) für die Kleinstädte und einschienige Versorgung (allelektrisch) für die übrigen Siedlungen.

Im Ergebnis der Variantenuntersuchung stellte sich die Variante 3 als günstigstes Versorgungsschema heraus. Sie zeichnet sich durch geringsten gesellschaftlichen Aufwand, minimale Belastung der Biosphäre, kleinen Bedarf an territorialen Ressourcen und gute Einordnung der Energieanlagen in das Erholungsgebiet aus.

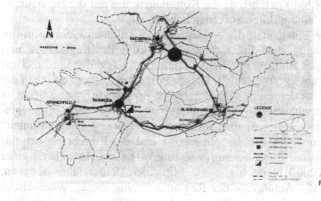

Netze der Elektroenergie- und Fernwärmeversorgung (Variante)
59

Abbildung 24: Studie zur Entwicklung der komplexen Energieversorgung des Planungsraumes Bad Berka, Blankenhain, Kranichfeld und Tannroda im Kreis Weimar (ibid., S. 59)

4.3.4   System der räumlichen Planung in der BRD

Zum System der räumlichen Planung in der BRD gibt es keine verwertbaren Aussagen in den Schlüsselgesprächen und es ist dafür selektiv transkribiert worden.

K5 erklärt das System der räumlichen Planung in der BRD anhand dessen Entwicklung. Seine Ausführung beginnt mit dem Inkrafttreten des Bundesbaugesetzes im Jahr 1960. Ab 1962 beginnen die Beratungen für das Städtebauförderungsgesetz, wobei es Diskussionen um Zwangselemente im Städtebaurecht wie beispielsweise Enteignungsrecht gibt: „Es war hochhochumkämpft, also von den Konservativen gab es da keinerlei Zuspruch, die haben gemauert bis zum Gehtnichtmehr" (K5:21).

Diese Auseinandersetzungen enden im Städtebauförderungsgesetz, das 1971 verabschiedet wird. Beide rechtlichen Grundlagen, das Bundesbaugesetz und das Städtebauförderungsgesetz, haben laut K5 zu einem „starken Drang zur Professionalisierung" (ibid.) geführt, da die Kommunen nun mit der Bebauungs- und Flächennutzungsplanung Pflichtaufgaben haben (vgl. ibid.).

K6 begründet die Entstehung des Systems der räumlichen Planung in der BRD mit der „Auffassung, dass eine rationale Aufteilung des Regierungs- und Verwaltungshandeln, des Budgets möglich ist, dass man das durch entsprechende Gesetze dann auch absichert" (K6:15). Diesen Prozess ordnet er zeitlich in die zweite Hälfte der 1960er-Jahre ein. Als Ergebnisse dieser Auffassung nennt er die Einführung der mittelfristigen Finanzplanung, den Aufbau der Regionalplanung „mit in den Ländern unterschiedlich strukturierten Planungsorganisationen" (ibid.), die Intensivierung des Bundesbaugesetzes und die Einführung der flächendeckenden Flächennutzungsplanung (vgl. ibid.). Diese „Möglichkeit einer rationalen Planung" (ibid.) bleibt bis in die Mitte der 1970er-Jahre bestehen, wobei beispielsweise die Autonomie der Regionalplanung diesen Wechsel der Ideale überdauert (vgl. ibid.). Er stellt fest, „dass das System der Langfrist-Planung alle Köpfe damals beherrschte" (ibid.). Ein paar Jahre später wird jedoch deutlich, dass „man sich politisch überfordert" (ibid.). Dies führt zu einer Änderung des Systems der räumlichen Planung. Anhand des Beispiels der B-Pläne illustriert er diese Entwicklung:

> „Wir haben in den 1970ern B-Pläne gemacht, wo überall Flachdächer vorgeschrieben waren, weil das damals schick war. Und Mitte der 1980er-Jahre musste man sich damit dann auseinandersetzen, ob man das den Leuten aufzwingen darf und ob sie nicht jetzt doch einen Dachboden haben dürfen (Lachen). Dann musste man sich damit auseinandersetzen. Und man hat dann in den 1990er-Jahren sehr viel lockere B-Pläne gemacht und heute ist man ganz zurückhaltend bei B-Plänen, macht sie eigentlich nur noch vorhabenbezogen" (ibid.).

Allgemein merkt er an, dass das Baugesetzbuch erweitert worden ist, „aber die Anwendung im Alltag [...], die entspricht dieser ursprünglichen Philosophie nicht mehr, sondern eher ein pragmatischeres, Day-to-Day-Vorgehen" (ibid.).

4.3.5 Vermittlung des Systems der räumlichen Planung in der BRD

Auch zur Vermittlung des Systems der räumlichen Planung in der BRD kommen keine Aussagen in den Schlüsselgesprächen, weswegen auch für dieses Teilkapitel selektiv transkribiert worden ist.

Die Studierenden haben bei Rainer Meyfahrt laut K7 „planerische Grundlagen gemacht, zum Beispiel Seminare zur Bebauungsplanung" (K7:15). Außerdem beschreibt sie, dass sie „über die Auseinandersetzungen mit den konkreten Projekten an die rechtlichen und normativen Fragen rangegangen" (ibid.) sind, wobei sie auch betont, dass die Studienordnungen vorgesehen haben, welche Scheine haben gemacht werden müssen (vgl. ibid.). Auch die Lehre von Brinckmann beinhaltet das System der räumlichen Planung in der BRD (vgl. K6:17; K7:15). Für K6 ist es „ganz wichtig, diese Planungshierarchien darzustellen, wie das aufeinander aufgebaut war" (ibid.). Zwei weitere Zitate zeigen, dass das System der räumlichen Planung und das damit verbundene Planungsrecht nicht alle interessiert hat. Während ein Gesprächspartner der Meinung ist, dass „alle nichts mit dem Zeug zu tun haben" (K8) wollten, bemerkt ein anderer: „Ich war einmal da und bin dann nicht mehr hingegangen, weil ich das so sterbenslangweilig fand" (K9).

4.3.6 Planungspraxis BRD, Widerspiegeln der Planungspraxis im Studiengang Kassel

Die Planungspraxis in der BRD und deren Widerspiegeln im Studiengang Architektur, Stadtplanung und Landschaftsplanung werden von den Schlüsselgesprächspartnerinnen und Schlüsselgesprächspartnern beschrieben. K1 betont, dass sie dieses Thema in den Gesprächen zur Vorbereitung der Gründung des Studiengangs diskutiert haben (vgl. K1:75), und K3 vertritt die Meinung, dass sie versucht haben, „immer wieder Projekte zu bearbeiten, die in Kassel angelegt waren" (K3:41). So wird die Vermittlung der Lehre „möglichst praxisnah" (ibid.) gestaltet.

Als Beispiel für das Widerspiegeln der Planungspraxis nennt K4 die Gründung des Büros EGL durch Studierende (vgl. K4:10). EGL ist dabei die Abkürzung für Entwicklungsgruppe Landschaft (vgl. ibid.:14). Die Studierenden „haben auch selbst reale Planungsaufgaben durchgeführt" (ibid.:10), die sie teilweise von Grzimek bekommen haben. Die Aufgaben umfassen Stadt- und Landschaftsplanung, wie sie das Büro auch heute noch bearbeitet (vgl. ibid.). Das

Büro wird im Jahr 1976 oder 1977 (vgl. ibid.:19) als Verein gegründet (vgl. ibid.:16). K4 bezeichnet die EGL als Beispiel für die „Betrachtung des Studiengangs als Lernort für den Beruf oder für die Aufgaben, die da aktuell sind" (ibid.). K3 nennt als Grund für das Widerspiegeln der Planungspraxis in der Lehre den gesellschaftspolitischen Willen (vgl. K3:43). Seiner Meinung nach versteht man „sich also schon so als eine Institution, die in die Stadt reinwirkt und die auch in Bezug auf eine eventuelle intellektuelle Neuorientierung praktisch tätig war" (ibid.). Als Beispiel nennt er die Solidarisierung mit den Arbeitern von Thyssen und das damit verbundene Austeilen von Flugblättern (vgl. ibid.). Auch in Fachbereichssitzungen „gab es mal ordentlich Krawall" (ibid.).

Ein weiteres Beispiel für das Widerspiegeln der Planungspraxis in der Lehre sind die Berufspraktischen Studien, wie unter anderem die Broschüre „Erfahrungen mit dem Modell der Berufspraktischen Studien" aus dem Jahr 1979 belegt (Doku:lab 10.063-028 B).

Laut K7 hat die Verankerung der Praxis in der Lehre eine „besondere Qualität der Kasseler Planungsausbildung" (K17:15) dargestellt, die dazu geführt hat, dass die Studierenden „schon erste realistische Einblicke in den künftigen Berufsalltag erhielten" (ibid.).

Die Lehrinhalte des Studiums in den 1980er Jahren beschreibt K7 folgendermaßen:

> „Wir haben zu Planungsgeschichte in der Weimarer Republik und im Nationalsozialismus gearbeitet, davor im Grundstudium zur Geschichte der Wohnungsfrage, zu Wohnungsbaupolitik und entsprechenden Gesetzgebungen, wo es auch um die Fragen von Mieterrechten, von Wohnkosten, Wohnungsbauförderung, sozialem Wohnungsbau ging. […] In der zweiten Hälfte meines Studiums lag der Schwerpunkt auf dem Thema Altlasten, wie altindustrielle Bodenkontaminationen in der Stadtplanung berücksichtigt werden müssen, dazu gehörten auch die Rüstungsaltlasten. Auch da haben wir uns mit den rechtlichen Grundlagen, mit den zum Teil noch fehlenden rechtlichen Grundlagen befasst. Umwelt- und Bodenrecht waren Rechtsbereiche, die in den 1980er Jahren erst im Aufbau waren oder weiterentwickelt wurden" (ibid.).

Über Studienphasen und die Studiendauer gibt die „Studieninformation zum Studiengang Architektur, Stadt- und Landschaftsplanung WS 75/76" Auskunft. Abbildung 25 veranschaulicht, dass das Studium bis zu 13 Semester dauert und in drei Phasen aufgeteilt ist: Grundstudium (Orientierungsphase), Hauptstudium und Vertiefungs- und Erweiterungsstudium (vgl. Neusel u. a. 1975).

Das Titelblatt der Diplomprüfungsordnung (PO) aus dem Jahr 1983 illustriert den Aufbau des Studiums comicartig (s. Abbildung 26).

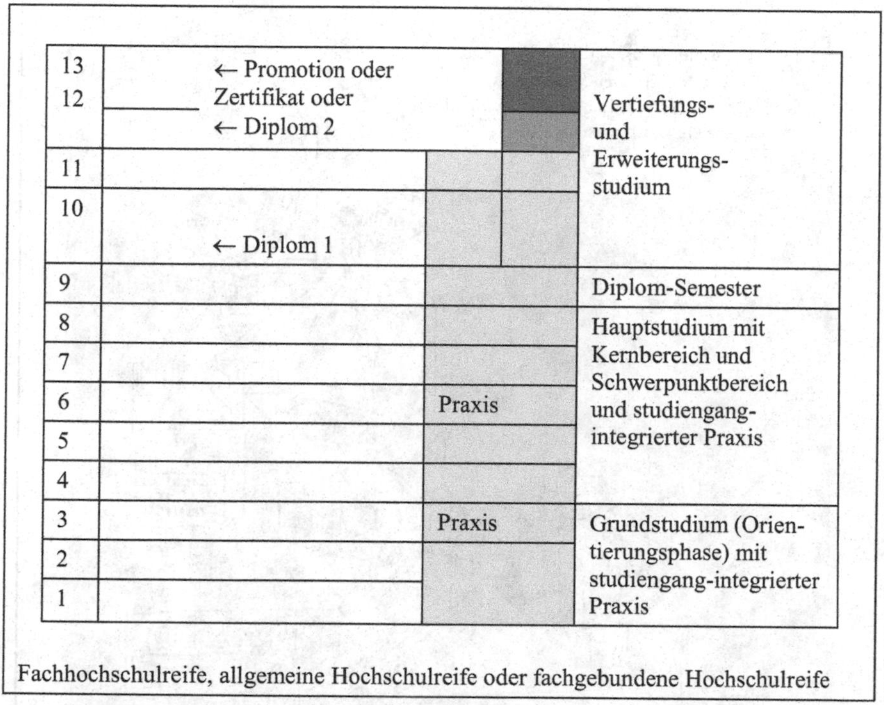

13	← Promotion oder		Vertiefungs- und Erweiterungs- studium
12	Zertifikat oder		
	← Diplom 2		
11			
10			
	← Diplom 1		
9			Diplom-Semester
8			Hauptstudium mit Kernbereich und Schwerpunktbereich und studiengang- integrierter Praxis
7			
6		Praxis	
5			
4			
3		Praxis	Grundstudium (Orien- tierungsphase) mit studiengang-integrierter Praxis
2			
1			

Fachhochschulreife, allgemeine Hochschulreife oder fachgebundene Hochschulreife

Abbildung 25: Studienphasen und -dauer (ibid., S. 26)

In der PO werden als Prüfungsgebiete im Grundstudium vier Themenfelder mit jeweils zwei bis vier untergeordneten Themen aufgelistet. Diese sind in Abbildung 27 entsprechend gegliedert.

Für den Kernbereich im Hauptstudium benennt die PO drei Prüfungsgebiete mit drei bis fünf Unterthemen, wie in Abbildung 28 deutlich wird.

Detailliert beschreibt die PO, in Abbildung 29 dargestellt, welche vier Prüfungsgebiete mit drei bis sechs untergeordneten Themen für die Fachrichtung Stadtplanung vorgesehen sind.

Abbildung 26: Titelblatt der Diplomprüfungsordnung für den Integrierten Studiengang Architektur, Stadt- und Landschaftsplanung an der Gesamthochschule Kassel („Diplomprüfungsordnung für den Integrierten Studiengang Architektur, Stadt- und Landschaftsplanung an der Gesamthochschule Kassel" 1983, doku:lab 10.063-105 A)

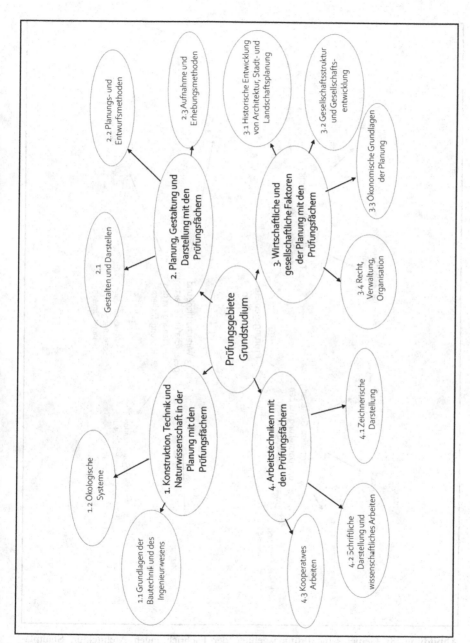

Abbildung 27: Prüfungsgebiete Grundstudium (ibid., S. 16; eigene Darstellung)

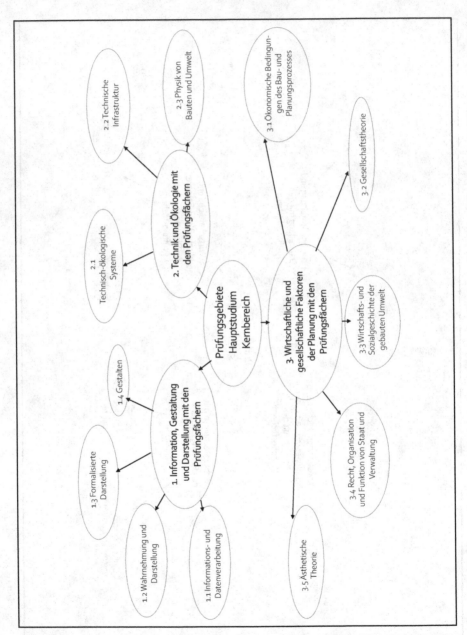

Abbildung 28: Gemeinsame Prüfungsgebiete der Fachrichtungen Architektur, Stadtplanung, Landschaftsplanung (Kernbereich) (ibid., S. 17; eigene Darstellung)

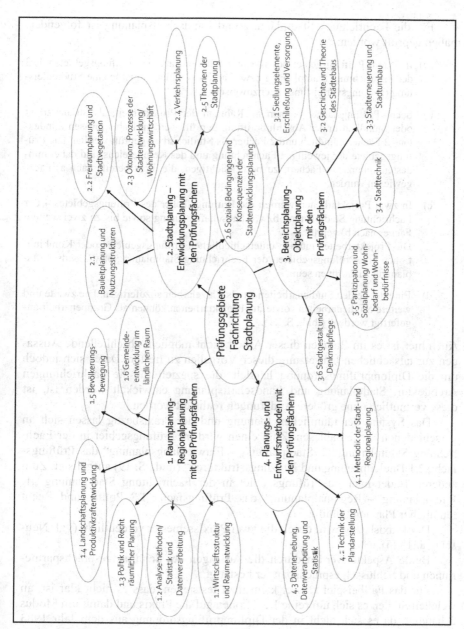

Abbildung 29: Prüfungsgebiete in der Fachrichtung Stadtplanung (ibid., S. 19; eigene Darstellung)

Für die Fachrichtung Stadtplanung und Landschaftsplanung ist folgendermaßen geprüft worden:

„a) In jedem Prüfungsgebiet des Kernbereichs und aus den Prüfungsgebieten 1–3 der Fachrichtung Stadtplanung bzw. Landschaftsplanung ist je eine Studienleistung (Prüfungsvorleistung) nachzuweisen.

b) Sechs Prüfungsfächer können im Rahmen der Projektarbeit, als Studienarbeit oder mündlich in der Abschlußprüfung geprüft werden. Dabei müssen mindestens 2 Fächer mündlich und 2 Fächer als Studienarbeit geprüft werden. Die Prüfungsgebiete der jeweiligen Fachrichtung und des Kernbereichs sind dabei mindestens einmal in Fächern zu berücksichtigen, die nicht bereits nach a) nachgewiesen wurden.

c) In zwei Projektarbeiten werden die Prüfungsfächer des Prüfungsgebietes 4 der Fachrichtung Stadtplanung bzw. Landschaftsplanung sowie bis zu zwei weitere Fächer nach b) geprüft.
Die Projektarbeiten müssen unterschiedlichen Prüfungsgebieten oder Kombinationen von Prüfungsgebieten der Fachrichtung Stadtplanung bzw. Landschaftsplanung zuzuordnen sein.

d) Eine der beiden Studienarbeiten ist als Einzelarbeit anzufertigen. Die zweite und weitere Studienarbeiten sowie die Projektarbeiten können als Gruppenarbeit angefertigt werden" (ibid., S. 21).

Auch hier ist es im Rahmen dieser Arbeit nicht möglich, abschließende Aussagen zur tatsächlichen Umsetzung dieser Vorgaben zu treffen. Da es sich jedoch um die Diplomprüfungsordnung handelt, die speziell für die Fachrichtungen Architektur, Stadtplanung und Landschaftsplanung entwickelt worden ist, ist diese vermutlich ohne größere Änderungen realisiert worden.

Das System der räumlichen Planung und der Praxisbezug lassen sich an verschiedenen Stellen ablesen. Zum einen wird im Prüfungsgebiet in der Fachrichtung Stadtplanung „2. Stadtplanung – Entwicklungsplanung" das Prüfungsfach „2.1 Bauleitplanung und Nutzungsstrukturen" (ibid., S. 19) aufgelistet. Zum anderen findet man im Prüfungsgebiet in der Fachrichtung Stadtplanung „1. Raumplanung – Regionalplanung" das Prüfungsfach „1.3 Politik und Recht räumlicher Planung" (ibid.).

Der Praxisbezug wird durch die zwei Praxissemester verdeutlicht (vgl. Neusel u. a. 1975).

Beide Aspekte werden durch die Aussagen der Schlüsselgesprächspartnerinnen und Schlüsselgesprächspartner bestätigt.

Für das Fallbeispiel Kassel kann man feststellen, dass es nicht klar ist, an welchen Stellen es sich um reine Reaktionen auf die Praxis und damit um Modus 2 handelt, da es sich nicht in der Diplomprüfungsordnung aus dem Jahr 1983 nachlesen lässt und auch nicht von Schlüsselgesprächspartnerinnen und Schlüsselgesprächspartnern beschrieben worden ist.

Für den Modus 3 kann man zwei Beispiele nennen. Es ist nicht autoritär durchgesetzt worden, dass Planungsrecht wichtig ist und die Abneigung dagegen ist akzeptiert worden, wie aus den Gesprächen hervorgeht. Ein möglicher Grund dafür ist der Ruf der „Reformhochschule" Kassel als „self-fulfilling prophecy". Dies ist

> „ein psychischer Mechanismus, dem eine spezifische Erwartungshaltung bzw. Attribution und vorteilsvolles, diskriminierendes Verhalten gegenüber einer anderen Person oder sozialen Gruppe zugrunde liegt. Mit der Zuschreibung von Verhaltensweisen wird ein Prozeß in Gang gesetzt, der bei diesen Personen oder Gruppen einen Zwang zur Identifizierung mit der zugeschriebenen Rolle bewirkt (Konformitätsdruck) und schließlich das vermutete Verhalten (z. B. Stehlen) nach sich zieht, das die Erwartungshaltung bestätigt (implizite Theorien). Entsprechend paßt sich auch deren Selbstbild mit der Zeit den Zuschreibungen sowie den Bedingungen ihrer sozialen Situation an. Diese Mechanismen werden sowohl negativ (Stigmatisierung) als auch positiv (z. B. bei Schönheit) wirksam" (Spektrum Akademischer Verlag 2000a).

Durch dieses Image der GhK sind sowohl Lehrende als auch Studierende erwartungsvoll und motiviert an die Hochschule gekommen.

Darüber hinaus ist es bemerkenswert, dass die Fachrichtungen Architektur, Stadtplanung und Landschaftsplanung gemeinsam betrachtet worden sind. Einerseits ist dies ein interdisziplinärer Ansatz und damit Modus 2, andererseits ist damit über das Übliche hinausgedacht worden. Es lässt sich dadurch Modus 3 zuordnen.

4.4   Gesellschaftliche Umbrüche

Ausgehend von Betrachtungen der Gesellschaft in der BRD und der DDR in dem Zeitraum der 1960er- und 1970er-Jahre bezieht sich die Leitfrage „Wie ist die Lehre der zwei Studiengänge an große gesellschaftliche Umbrüche beziehungsweise an Modernisierungen angepasst worden?" nun auf die zwei Fallbeispiele in der Lehrstruktur. Die Annäherungen werden auch an dieser Stelle durch Aussagen und Archivgut vergleichend ermöglicht.

4.4.1   Fallbeispiel Weimar

Zur Gesellschaft der DDR in der Zeit der Gründung gibt es wenige Aussagen aus den Schlüsselgesprächen und es kann kein Archivgut zugeordnet werden.

W2 ist der Meinung, dass man „ein bisschen Spund" (W2:19) gehabt hat, „dass ähnliche soziale Unruhen wie in Westdeutschland auch in der DDR passieren könnten" (ibid.).

Dementsprechend ist die Politik der DDR „auch durchaus mit fortschrittlichen Elementen kombiniert" (ibid.) worden, weswegen es „damals nicht so diese Konfrontation" (ibid.) gegeben hat. Er betont: „Partei ist nicht gleich Repression und Diktatur" (ibid.).

W4 beschreibt den Entwicklungsstand der DDR in den 1960er-Jahren wie folgt:

> „Grundlagen des Sozialismus geschaffen. Dabei manche Entbehrung für die Bevölkerung – zum Beispiel niedriger Lebensstandard im Vergleich zur BRD –, weil zunächst die industrielle Basis geschaffen werden musste, also ein guter Teil des Nationaleinkommens, der Wertschöpfung, zu Investitionen in die Schwerindustrie verwendet wurde. Nun ging es darum, durch Steigerung der Arbeitsproduktivität die materiellen und geistigen Bedürfnisse der Bevölkerung immer besser befriedigen zu können" (W4:1).

Als Auffälligkeiten nennt W4 „neue Zielstellungen, Anforderungen und damit verbundene Aufgaben" (W4:1). Insgesamt steht eine Steigerung der Effektivität in der Produktion im Mittelpunkt. Parallel zur Bezeichnung „2. Industrielle Revolution", die in der BRD verwendet wird, bezieht man sich in der DDR auf den Begriff der Wissenschaftlich-Technischen Revolution. Mit dem Wandel „in den Produktivkräften durch die Automatisierung, die Informationstechnik mit Computern" (ibid.) wird „in der DDR der Wissenschaft, der Wissenschaftsorganisation, also der Forschung, eine wachsende Rolle zugedacht" (ibid.). Daher ist es laut W4 zur dritten Hochschulreform gekommen.

Die Lehre an der HAB in Weimar wird insofern durch diesen Wandel beeinflusst, als dass „zwei neue spezielle Sektionen aus vorhandenen Lehrgebieten mit erweiterten neuen Inhalten gegründet" (ibid.:2) worden sind: zum einen die Sektion Rechentechnik und Datenverarbeitung, zum anderen die Sektion Gebietsplanung und Städtebau. Als Beispiel für das Widerspiegeln der gesellschaftlichen Entwicklungen nennt W4 „das wissenschaftlich-produktive Studium" (ibid.). Im Rahmen dieses Elements der Lehre beschäftigen sich Studierende an Forschungsaufgaben, die in Verbindung mit der Baupraxis stehen (vgl. ibid.).

Außerdem betont W4: „Im weiteren Ausbau der sozialistischen Gesellschaft wird immer wieder die soziale Aufgabe des Städtebaus hervorgehoben" (ibid.). Dabei stehen die Themen „Rekonstruktion der Stadtzentren und auch der Neubau zur Stadterweiterung sowie ökonomische und kulturelle Aspekte" (ibid.) im Fokus.

Betrachtet man in diesem Zusammenhang die Stundentafel der Fachrichtung Gebiets- und Stadtplanung, die 1983 im „Studienplan für die Grundstudienrichtung Städtebau und Architektur zur Ausbildung an Universitäten und Hochschulen der DDR" veröffentlicht worden ist, fällt beispielsweise das Lehrgebiet Soziologie und das „Kommunale Praktikum" auf, die beide in Tabelle 14 her-

Tabelle 14: Stundentafel der Fachrichtung Gebiets- und Stadtplanung (Direktstudium) Nom.-Nr. 15006 (mit Hervorhebungen)

Lfd. Nr.	Lehrgebiet	Stunden gesamt	1. 15W	2. 10W	3. 15W	4. 10W	5. 15W	6. 15W	7.	8. 15W	9. 15W	10.
									Ingenieurpraktikum			*Diplomarbeit*
1	Marxismus-Leninismus	315	3	3	4	3	3	3		2 H		
	Dialektischer u. historischer Materialismus	(75)	(3)	(3) Z								
	Politische Ökonomie des Kapitalismus u. Sozialismus	(90)			(4)	(3) N						
	Wissenschaftl. Komm./Grundl. d. Gesch. d. Arb.beweg.	(120)								(2)		
	Ausgewählte Probleme c. Marxismus-Leninismus	(30)										
2	Sport	220	2	2	2	2	2	2		2 T	2 T	
3	Fremdsprachen	195	6	4	3	2						
	Russisch	(120)				A						
	2. Fremdsprache	(75)			A							
4	Mathematik u. Automat. Informationsverarbeitung im Bauwesen	210	4 Z									
5	Ökonomie und Leitung	150				3						
	Sozialistische Betriebswirtschaft	(60)										
	Ökonomie der Gebiets- und Stadtplanung	(30)					(3)	(3)				
	Sozialistisches Recht	(30)										
	WAO/LTGW	(15)								T	T	
	GAB	(15)								T		
6	Theorie u. Geschichte d. Städtebaus u. d. Architektur	150	3	3	2	3	2	2		1		
	Bau- und Kunstgeschichte	(75)		N								
	Geschichte u. Theorie des Städtebaus	(65)			T							
	(Soziologie)	(10)			T		T	T				
7	Entwurfs-Grundlagen	220	4	6	4	4	2	2		2 T	4 A	
	Gestaltungslehre	(50)		T						A		
	Darstellungslehre	(50)		T	T					B		
	Grundlagen des Entwerfens	(80)		T	T						T	
	Technisches Entwerfen	(40)					T				T	
8	Technische Grundlagen	585	10	14	13	10					H2)	
	Hochbaukonstruktionen	(195)		N		A						
	Tragsysteme und Tragkonstruktionen	(155)		N		A					H2)	

Wochenstunden je Semester (S)
W = Anzahl der Wochen für Lehrveranstaltungen
P = Prüfungen, Belege und Testate

Wochenstunden je Semester (S)
W = Anzahl der Wochen für Lehrveranstaltungen
P = Prüfungen, Belege und Testate

Spaltenköpfe: 7. = Ingenieurpraktikum; 10. = Diplomarbeit

Lfd. Nr.	Lehrgebiet	Stunden gesamt	1. 15W	2. 10W	3. 15W	4. 10W	5. 15W	6. 15W	7.	8. 15W	9. 15W	10.
1	Marxismus-Leninismus	315	3	3	4	3	3	3		2 H		
	Dialektischer u. historischer Materialismus	(75)	(3)	(3) Z								
	Politische Ökonomie des Kapitalismus u. Sozialismus	(90)			(4)	(3) N				(2)		
	Wissenschaftl. Komm. / Grundl. d. Gesch. d. Arb.beweg.	(120)									T	
	Ausgewählte Probleme d. Marxismus-Leninismus	(30)									T	
2	Sport	220	2	2	2	2	2	2		2	2	
3	Fremdsprachen	195	6	4	3							
	Russisch	(120)				A						
	2. Fremdsprachen	(75)			A							
4	Mathematik u. Automat. Informationsverarbeitung im Bauwesen	210	4	N		A		2		2	4	A
5	Ökonomie und Leitung	150					(3)	(3)				
	Sozialistische Betriebswirtschaft	(60)								A		
	Ökonomie der Gebiets- und Stadtplanung	(30)								B		
	Sozialistisches Recht	(30)									T	
	WAO/LTGW	(15)									T	
	GAB	(15)									T	
6	Theorie u. Geschichte d. Städtebaus u. d. Architektur	150	3	3	2	3				1	H2	)
	Bau- und Kunstgeschichte	(75)		Z								
	Geschichte u. Theorie des Städtebaus	(65)			T		T					
	Soziologie	(10)			T						H2	)
7	Entwurfs-Grundlagen	220	4	6	4	4	T					
	Gestaltungslehre	(50)		T								
	Darstellungslehre	(50)		T	T							
	Grundlagen des Entwerfens	(80)		T	T							
	Technisches Entwerfen	(40)					T					
8	Technische Grundlagen	585	10	14	13	10						
	Hochbaukonstruktionen	(195)		N		A						
	Tragsysteme und Tragkonstruktionen	(155)		N		A						

Reservistenqualifizierung bzw. Zivilverteidigungsausbildung im 2. Studienjahr: 5 Wochen

Ingenieurpraktikum im 7.Semester: vom 1.9. des jeweiligen Jahres bis zum 31.1. des folgenden Jahres

Anfertigung und Verteidigung der Diplomarbeit im 10. Semester; für die Verteidigung der Diplomarbeit stehen 5 Wochen zur Verfügung;

T = Testat, B = Beleg, Z = Zwischenprüfung, A = Abschlussprüfung, H = Bestandteil der Hauptprüfung, wird als Komplexprüfung durchgeführt

(Ministerrat der Deutschen Demokratischen Republik, Ministerium für Hoch- und Fachschulwesen, Minister Prof. Dr. h. c. Böhme 1983, S. 16 f., BArch DR/3/20854; eigene Darstellung, Hervorhebung durch Verfasserin)

vorgehoben werden. Während mit der Bachelorarbeit der Verfasserin eine grundlegende Untersuchung des „Kommunalen Praktikums" vorliegt (Hadasch 2013), müssen weiterführende Analysen zeigen, ob diese Deutung für die Umsetzung des Studienplans mit dem Lehrgebiet Soziologie an der HAB Weimar richtig ist.

Während man das bereits beschriebene Kommunale Praktikum als aktive Orientierung hin zu einer Transformation bestehender Verhältnisse einordnen kann, lässt sich das Lehrgebiet Soziologie als passive Orientierung bezeichnen.

4.4.2   Fallbeispiel Kassel

Die Aussagen der Schlüsselgesprächspartnerinnen und Schlüsselgesprächspartner zur Gesellschaft der BRD zur Zeit der Gründung werden anhand der folgenden Kategorien gegliedert:

- Studentenbewegung, Politisierung
- Umbau des Bildungssystems
- Aufbruchsstimmung
- Ausführungen zur Dissertation
- Ölkrise

K1 sieht den Beginn der Arbeit ihrer Kollegen im September 1970 und den Beginn ihrer Arbeit im Januar 1971 „auf dem Höhepunkt der Studentenbewegungen nach der Politisierung [...] der ganzen Hochschulsituation" (K1:24) als „eine der ersten Antworten der verantwortlichen Ministerien" (ibid.), dass in Kassel „eine ganz neuartige Gesamthochschule gegründet werden" (ibid.) soll. Die Studentenbewegung kommt ihren Aussagen nach aus den USA in die BRD und „hat bei uns ab 1967 etwa in fast allen Hochschulen [...] Fuß gefasst" (ibid.:41). Sie erläutert die Situation damals wie folgt: „Also ganz große revolutionäre Ideen waren da und sehr viel Kritik auch an der Ausbildung" (ibid.). Diese Kritik wird auch von dem Bund Deutscher Architekten in der Veröffentlichung „Die

Ausbildung des Architekten, Reformvorschlag und Dokumentation" (Bund Deutscher Architekten BDA 1968) geübt.

K4 bezeichnet die Bildung der Reformhochschule bzw. der Gesamthochschule als Versuch des Umbaus des Bildungssystems (vgl. K4:71).

K3 und K4 beschreiben eine Aufbruchsstimmung (vgl. K3:41; K4:71). Diese führt laut K4 dazu, dass sich „reaktionäre Kräfte dann einfach sich gar nicht mehr wehren konnten" (K4:71), was sie „immer sehr erstaunt" (ibid.) hat.

In seiner Dissertationsschrift hat K2 Dokumente zusammengestellt, die seiner Aussage nach zeigen, dass die Gründung einen „Reflex auf die damals herrschenden gesellschaftlichen Verhältnisse" (K2:21) darstellt.

Die „sehr lebendige und auch sehr ideenreiche und sehr innovative Zeit" (K1:43) findet ihr Ende mit der ersten Ölkrise im Jahr 1973 (vgl. ibid.). K1 ist der Meinung, dass, „als die ökonomischen Spielräume kleiner wurden, [...] die Gesamthochschule bald die politische Unterstützung" (ibid.:47) verloren hat.

Bezogen auf die Gesellschaft in Kassel gibt es Auffälligkeiten, die sich zum Teil in der Lehre widerspiegeln. Obwohl sich die Studentenbewegung in Kassel laut K4 sehr zögerlich entwickelt hat und es „alles etwas moderater" (K4:71) gewesen ist, arbeiten viele Studierende in Gremien mit und versuchen so, inhaltlich und strukturell Einfluss auszuüben (vgl. ibid.).

K3 betont die Bedeutung der „documenta" für Kassel und erklärt, dass es eine Verbindung zwischen der „documenta" und der Hochschule gegeben hat. Diese Verbindung besteht einerseits aus Studierenden, die bei der „documenta" in verschiedenen Formen gearbeitet haben. Andererseits haben sich die Künstler der „documenta" „immer in der Hochschule bei uns im Hörsaal vorgestellt" (K3:41).

Das gehört laut K3 zum Konzept der Hochschule, „dass die aktuelle Kunst praktisch in die Hochschule getragen wurde" (ibid.).

K4 bezeichnet die Installation der Gesamthochschule als politisch gewollt, auch wenn „das also nicht immer einstimmig zuging, sondern es gab auch ganz andere Kräfte dazwischen, die sich dann immer mal wieder irgendwelche Klötze in den Weg geschmissen haben" (K4:71). Sie hebt hervor: „Aber diesen großen studentischen Uni-Kampf gab es eigentlich nicht in Kassel" (ibid.).

Aufgrund der Tatsache, dass die Leitfrage nicht direkt im genutzten Archivmaterial beantwortet wird, werden Darstellungen aus der Diplomprüfungsordnung genutzt, um diese dementsprechend zu interpretieren. Ein Prüfungsgebiet im Grundstudium wird als „Wirtschaftliche und gesellschaftliche Faktoren" betitelt. Dazu zählen die Prüfungsfächer „Historische Entwicklung von Architektur, Stadt- und Landschaftsplanung", „Gesellschaftsstruktur und Gesellschaftsentwicklung", „Ökonomische Grundlagen der Planung" und „Recht, Verwaltung, Organisation". Diese werden in Abbildung 30 hervorgehoben.

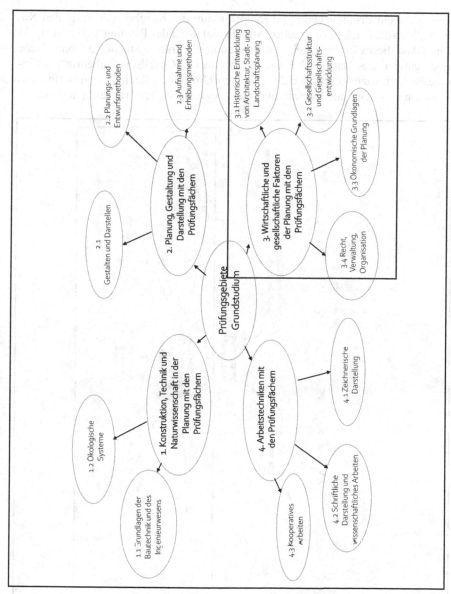

Abbildung 30: Prüfungsgebiete Grundstudium (mit Hervorhebung) (Weiterentwicklung von „Diplomprüfungsordnung für den Integrierten Studiengang Architektur, Stadt- und Landschaftsplanung an der Gesamthochschule Kassel" 1983, S. 16; eigene Darstellung, Hervorhebung durch IH)

Auch ein Prüfungsgebiet im Hauptstudium des Kernbereichs trägt den Namen „Wirtschaftliche und gesellschaftliche Faktoren der Planung". Abbildung 31 zeigt, dass dieses Prüfungsgebiet wiederum in die Prüfungsfächer „Ökonomische Bedingungen des Bau- und Planungsprozesses", „Gesellschaftstheorie", „Wirtschafts- und Sozialgeschichte der gebauten Umwelt", „Recht, Organisation und Funktion von Staat und Verwaltung" und „Ästhetische Theorie" aufgeteilt ist.

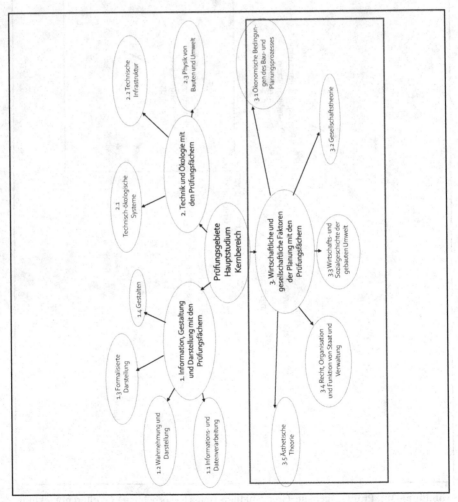

Abbildung 31: Gemeinsame Prüfungsgebiete der Fachrichtungen Architektur, Stadtplanung, Landschaftsplanung (Kernbereich) (mit Hervorhebung) (Weiterentwicklung von ibid., S. 17; eigene Darstellung, Hervorhebung durch IH)

Von den Prüfungsgebieten und den jeweiligen Prüfungsfächern für die Fachrichtung Stadtplanung, die in Abbildung 32 dargestellt werden, trägt keines die Begriffe „Gesellschaft" oder „gesellschaftlich" im Titel.

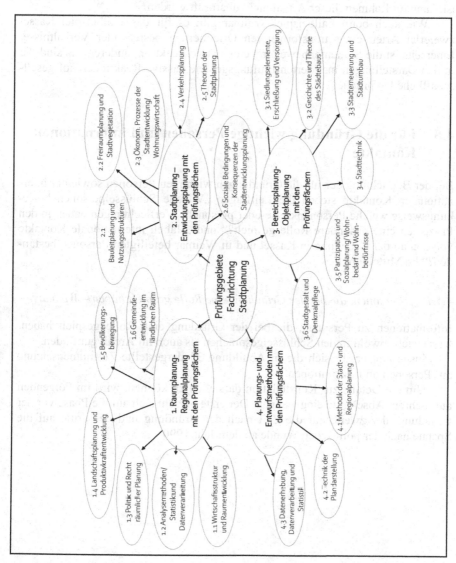

Abbildung 32: Prüfungsgebiete in der Fachrichtung Stadtplanung (ibid., S. 19; eigene Darstellung)

Die oben aufgeführten Fächer könnten, ihren Bezeichnungen nach zu urteilen, einen Bezug zu gesellschaftlichen Veränderungen haben. Inwieweit dieser tatsächlich in diesen oder auch in anderen Prüfungsfächern vorhanden gewesen ist, kann im Rahmen dieser Arbeit nicht überprüft werden.

Wie auch beim Fallbeispiel Weimar gibt es für das Fallbeispiel Kassel zweierlei Arten einer transformativen Orientierung bestehender Verhältnisse. Einerseits ist die Studentenbewegung eine aktive Reaktion, andererseits sind die in den Darstellungen markierten Prüfungsgebiete passive Reaktionen auf gesellschaftliche Umbrüche.

4.5   Für die Gründung wichtige Personen und internationale Kontakte

Bei der Betrachtung der für die Gründungen wichtigen Personen sowie der internationalen Kontakte stehen die Leitfragen „Welche Schlüsselpersonen beziehungsweise welche Personenkreise oder personelle Verflechtungen haben in den Prozessen eine besondere Rolle gespielt?" und „Haben internationale Kontakte von den an der Gründung in Kassel und in Weimar beteiligten Personen bestanden?" im Mittelpunkt.

4.5.1   Personen, die bei der Gründung eine Rolle gespielt haben – Weimar

Informationen zu Personen, die bei der Gründung eine Rolle gespielt haben, lassen sich sowohl in den Schlüsselgesprächen als auch im Archivgut finden.

Insgesamt ergibt sich die in Abbildung 33 dargestellte Zusammensetzung aus Personen und Institutionen.

Um die Details zur Konstellation darstellen zu können, wird im Folgenden auf mehrere Abschnitte eingegangen: Der erste bezieht sich auf die Phase vor der Gründung, der zweite auf die Zeit nach der Gründung und der dritte auf die Spanne nach der politischen Wende ab dem Jahr 1990.

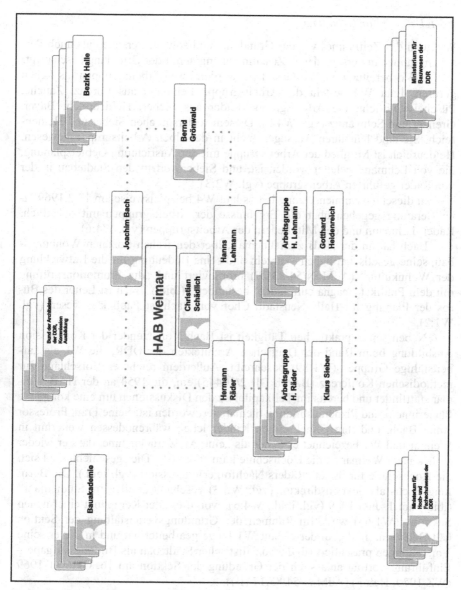

Abbildung 33: Akteurskonstellation Gründung Weimar (eigene Darstellung)

4.5.1.1   *Vor Gründung*

Während des Zeitraumes vor der Gründung sind sowohl Personen als auch Personengruppen in verschiedenen Zusammenhängen mit der Gründung beschäftigt. In Vorbereitung auf die Gründung werden zwei Arbeitsgruppen ins Leben gerufen. Laut W4 besteht die Arbeitsgruppe Lehmann aus Lorenz, Zauche, Püschel, Olbricht, die Arbeitsgruppe Räder aus Sieber, Heidenreich, Bayer, Grenzer und Schwanitz (vgl. W4:6). Diesem widersprechen Sieber und Heidenreich. Sie sind laut ihren Aussagen nicht in derselben Arbeitsgruppe gewesen. Heidenreich ist Mitglied der Arbeitsgruppe mit der Ausrichtung Gebietsplanung, die von Lehmann geleitet worden ist, und Sieber vertritt den Städtebau in der von Räder geführten Arbeitsgruppe (vgl. W2:3).

In dieser Zusammensetzung hat es laut W4 beispielsweise am 17.2.1969 eine Beratung gegeben über die Ergebnisse der Arbeitsgruppen mit Schädlich, Räder, Lehmann und den Mitgliedern der Arbeitsgruppen (vgl. W4:6).

Bach hat an der HAB zum Thema „Über den frühen Sozialen Wohnungsbau, seine gesellschaftlichen Wurzeln und seine Bedeutung für die Entwicklung der Wohnkultur" (AdM N/54/83/29) promoviert und „die Promotionsprüfung mit dem Prädikat ‚magna cum laude' bestanden" (ibid.). Bach ist Leiter des Büros der Planung für Halle-Neustadt, Chef von Bach ist Paulick gewesen (vgl. W1:2).

Neben seiner praktischen Tätigkeit ist Bach Vorsitzender der Kommission Ausbildung beim Bund der Deutschen Architekten der DDR, die W1 als „arbeitsfähige Gruppe" (W1:89) beschreibt. Außerdem reicht er Vorschläge zur methodischen Konferenz (BArch DH/2/20445) ein, die 1954 an der HAB Weimar stattfindet und bereits im Teilkapitel zu den Diskussionen um eine komplexe Planerinnen- und Planerausbildung thematisiert worden ist. Seine Frau, Professor Anita Bach, und ihre gemeinsamen Kinder leben währenddessen weiterhin in Weimar und W1 bezeichnet es daher als „eine Art Zurücknahme, dass er wieder zurück nach Weimar an die Hochschule kam" (W1:61). Dies geschieht, weil sich die Hochschule für ihn als Räders Nachfolger interessiert (vgl. ibid.). Die Berufung Bachs als Sektionsdirektor (vgl. W2:3) geschieht „mitten im Studienjahr" (ibid.) am 1. Juni 1969 (vgl. ibid.; W4:6), womit er „der Kernpunkt einer neuen Sektion" (W1:65) wird. Im Rahmen der Gründungsveranstaltung der Sektion hält Bach eine Rede, an der er laut W1 lange gearbeitet hat und in der er seine Vorstellungen präsentiert (ibid.; Sozialistischer Städtebau als Bildungsaufgabe – Einführungsvortrag anlässlich der Gründung der Sektion am 16. Oktober 1969 (WZ 1970, Heft 3) (AdM N/54/83.17 (II)).

Während seiner beruflichen Tätigkeit kämpft Bach lange Zeit dafür, dass es ein Städtebaugesetz geben soll. In dieser Hinsicht orientiert er sich „historisch an dem, was vor 1945 war, wie an der Bundesrepublik" (W2:9). Laut W2 hat sich Bach „von Anfang an für internationale Kontakte stark gemacht" (W2:31), so ist

Bach beispielsweise in Venedig gewesen (vgl. ibid.). Weitere internationale Kontakte, die durch Bach entstanden und/oder gepflegt worden sind, werden im Kapitel „Internationale Kontakte" beschrieben. W2 beschreibt Bach als „Hauptrührer" (W2:45). Er ist aus seiner Sicht „insofern fast ein Chinese" (ibid.) gewesen, da er „immer wieder verändern" (ibid.) muss. Den Aufbau der Sektion meistert Bach, der „natürlich dynamisch, ehrgeizig" (W3:34) ist. W3 beschreibt ihn aufgrund seiner Architekturausbildung als „gut profiliert" (ibid.). Neben seiner Tätigkeit als Sektionsdirektor ist Bach auch Leiter des Studiengangs Städtebau und Leiter des starken Wissenschaftsbereichs Städtebau (vgl. W3:52; W3:38). Bach übernimmt so „mit seiner Dominanz" (W3:38) die Hauptverantwortung. Dabei muss er „aber anerkennen, dass es nicht in der Architektur geht" (W3:38). Sein Interesse, Direktor an der Sektion Architektur zu werden, wird in der Aktennotiz vom 21. Oktober 1968 über ein Gespräch zwischen dem 1. Prorektor, Prof. Dipl.-Ing. Fuchs, Dr. Bach und Dipl.-Lehrer Schröder über einen möglichen Einsatz von Dr. Bach als Direktor der Sektion Gebiets-, Stadt- und Dorfplanung (vgl. AdM I/06/453) genannt. Laut W3 hat Bach „das dann durchgedrückt" (W3:38). Weitere Hintergrundinformationen sind in Abbildung 34 im Steckbrief zur Person Joachim Bach veranschaulicht.

Name: Joachim Bach
Titel: Professor Dr.-Ing.

Nationalpreis III. Klasse im Kollektiv Architektonische und städtebauliche Gestaltung Halle-Neustadt am 07.10.1969 erhalten (vgl. W4:5; Mitteilg. HAB 1969, Nr. 9/10, S. 3)

Geboren „1928 als Sohn eines Gießereiarbeiters und einer kaufmännischen Angestellten" (Zervosen 2016, S. 182) in Breslau (heute: Wroclaw) (vgl. Stadtverwaltung Weimar 2015, 5)

Gestorben im Juli 2015 in Prerow (vgl. ibid.)

(AdM PSD/4/001/023)

Verheiratet mit Prof. Dr. Anita Bach (*1927) (vgl. W1 und Holtzhauer 2017, 719), Anita Bach war seit 1966 am Lehrstuhl „Wohn- und Gesellschaftsbauten und Entwerfen" der HAB Weimar für den Bereich „Ausbau und Ausstattung" tätig (vgl. Winkler 2011, 468), ab 1. Mai 1967 Leiterin des Projektierungsbüros des Ministeriums für Hoch- und Fachschulwesen an der HAB Weimar (vgl. ibid.)

und

von 1970 bis 1987 war sie Leiterin des Arbeitsgebiets/Wissenschaftsbereichs „Ausbau, Ausrüstung und Ausstattung – Raumgestaltung" an der HAB Weimar (vgl. ibid., 474).

Werdegang
„Ausbildung zum Betonfacharbeiter
1947–1952 Studium der Architektur an der HAB Weimar
   -1958 Aspirant und Oberassistent HAB, zeitweise wissenschaftlicher Mitarbeiter an DBA

1964 Stadtbaudirektor in Weimar" (vgl. Zervosen 2016, S. 182)

Promotion zum Thema „Über den frühen Sozialen Wohnungsbau, seine gesellschaftlichen Wurzeln und seine Bedeutung für die Entwicklung der Wohnkultur" (bestanden mit magna cum laude) (vgl. Artikel „Zweimal ‚magna cum laude'", AdM N/54/83.29) bei Otto Englberger (Telefonat mit Anita Bach am 28.05.2019), der 1951–1957 Direktor der Hochschule für Architektur Weimar / HAB Weimar war und außerdem Lehrstuhlinhaber für Wohn- und Gesellschaftsbau (vgl. Winkler 2011, S. 465 ff.)

1964–1969 Erster Stellvertreter des Chefarchitekten von Halle-Neustadt (vgl. Artikel „Erfolgreich in Forschung und Praxis", AdM N/54/83.29)

1969 Berufung als Direktor der neugegründeten Sektion Gebietsplanung und Städtebau (vgl. Artikel „Bach berufen", AdM N/54/83.29)
1986 Direktor der Sektion Gebietsplanung und Städtebau (vgl. Winkler 2011, S. 475)

1969–1992 Leitung des Arbeitsgebiets/Wissenschaftsbereichs Städtebau (vgl. ibid.)

Veröffentlichungen (Auswahl)
Bach, Joachim. 1954. „Vorschläge zur methodischen Konferenz am 17. u. 18.5.54". Bundesarchiv Berlin-Lichterfelde.
———. 1955. „Veröffentlichung der Wiederaufbauplanung Neubrandenburg in Heft 7/1955", 24. August 1955. AdM Weimar.
———. 1963. „Vortrag Sirolainst. Hämeelinna". AdM Weimar.
———. 1967. „Vortrag: Zur Begründung des Entwurfs der Bildungskonzeption". AdM Weimar.
———. 1969a. „Brief an Rektor Prof. Dr. Petzold", 11. Oktober 1969. Universitätsarchiv Weimar.
———. 1969b. „Brief an Dipl.-oec. Bräutigam, amt. Direktor des Büros für Territorialplanung", 23. Oktober 1969. Universitätsarchiv Weimar.
———. 1969c. „Brief an Ministerium für Bauwesen, Abt. Städtebau und Dorfplanung, z. Hd. des Leiters, Genosse Kluge", 30. Oktober 1969. Universitätsarchiv Weimar.
———. 1969d. „Brief an Dipl.-Ing. Sommer, Ministerium für Bauwesen, Abt. Städtebau", 1. Dezember 1969. Universitätsarchiv Weimar.
———. 1969e. „Brief an den Rektor der Hochschule Herrn Prof. Dr. Petzold", 3. Dezember 1969. Universitätsarchiv Weimar.
———. 1970. „Sozialistischer Städtebau als Bildungsaufgabe. Einführungsvortrag anläßlich der Gründung der Sektion am 16. Oktober 1969". *Wissenschaftliche Zeitschrift der HAB Weimar* 17. Jahrgang (Heft 3): S. 233–239.
———. 1973. „Professor Dr. phil. Hanns Lehmann zur Emeritierung". *Wissenschaftliche Zeitschrift der HAB Weimar* 20. Jahrgang (Heft 4): S. 335–237.
———. 1974. „Zu einigen Aspekten der städtebaulichen Arbeit der Weimarer Hochschule in den letzten 25 Jahren". *Wissenschaftliche Zeitschrift der HAB Weimar* 21. Jahrgang (Heft 3/4): S. 227–235.
———. 1975a. „Abschlussveranstaltung der Diplomanden 1975". AdM Weimar.
———. 1975b. „Absolventen 13.12.75". AdM Weimar.
———. 1976a. „Was ist und was soll sozialistische Umweltgestaltung?" AdM Weimar.
———. 1976b. „Zur Abschlussveranstaltung der Diplomanden 1976". AdM Weimar.
———. 1977. „Zu einigen Aspekten der Erziehung und Bildung an der Sektion Gebietsplanung

und Städtebau (Referat)". *hab informationen*, Sonderreihe Hochschulpädagogik, Erziehungskompetenz der Sektion Gebietsplanung und Städtebau am 4.2.1977 (4/1977).
————. 1985a. „Planerausbildung in der DDR". Herausgegeben von Österreichische Gesellschaft für Raumforschung und Raumplanung. *Berichte zur Raumforschung und Raumplanung* 29. Jahrgang (Heft 5–6): S. 45–49.
————. 1985b. „Was heißt und zu welchem Ende studiert man Städtebau?" AdM Weimar.
————. 1986a. „Städtebau im Ballungsgebiet. Probleme des Wohnungsbaues in der DDR am Beispiel des Bezirks und der Stadt Halle". Herausgegeben von Österreichische Gesellschaft für Raumforschung und Raumplanung. *Berichte zur Raumforschung und Raumplanung* Heft 4, 30. Jahrgang: S. 14–23.
————. 1986b. „15 Jahre Zusammenarbeit Hochschule für Architektur und Bauwesen Weimar – Istituto Universitario di Architettura Venezia". DDR-Revue, Verlag Zeit im Bild. AdM Weimar.
————. 1989. „Das Bauhaus und seine Auswirkungen auf den Städtebau". Herausgegeben von Österreichische Gesellschaft für Raumforschung und Raumplanung. *Berichte zur Raumforschung und Raumplanung* Heft 6, 33. Jahrgang: S. 30–35.
————. 1991. „Funktionen der zukünftigen Stadt". *Wissenschaftliche Zeitschrift der HAB Weimar* 37. Jahrgang (4): S. 159–164.
————. o. J. „15 anni di proficua collaborazione tra gli istituti universari di Architettura di Weimar e di Venezia". *Ricister della RDT. Mensile della Repubblica Democratica Tedesca*.
————. o. J. „Erfahrungen und Ziele der Ausbildung von Architekten und Planern an der Sektion Gebietsplanung und Städtebau von 1969 bis 1979". AdM Weimar.
————. o. J. „Partner Hämeenlinna", Nr. 22/1963, AdM Weimar.
Bach, Bach, Joachim, und Gerold Kind. 1986. „Was bedeutet Stadtplanung heute, was kennzeichnet ihre Entwicklung und ihre Aufgaben als wissenschaftliche Disziplin?" *Wissenschaftliche Zeitschrift der HAB Weimar*, Hefte 1, 2, 3, 32 (A): S. 2–11.
Bach

Abbildung 34: Steckbrief Joachim Bach (eigene Darstellung)

Anhand des Steckbriefs werden einige Aspekte aus Bachs Leben offensichtlich, die sein Handeln und seine Rolle im Zusammenhang mit der Gründung besser nachvollziehen lassen. So wächst Bach als Arbeiterkind auf und absolviert zunächst eine handwerkliche Lehre, wodurch seine persönliche Orientierung an der Praxis verdeutlicht wird. Sein geschichtliches Interesse zeigt sich unter anderem an seinem Promotionsthema. Neben prägenden Erfahrungen in der Praxis in Weimar und als Mitarbeiter bei Paulick in Halle-Neustadt, behält Bach unter anderem durch seine Frau Anita den Kontakt an die Hochschule und damit zur akademischen Kultur. Darüber hinaus ist er auch (berufs-)politisch aktiv und vernetzt.

W2 hat häufig Kontakt mit Bernd Grönwald gehabt, dem damaligen Parteisekretär an der HAB, um sich mit ihm über die inhaltliche Ausrichtung der neuen Sektion auszutauschen (vgl. W2:19). Über die Person Grönwalds ist ein Radiofeature im Deutschlandfunk Kultur am 08.03.2019 gesendet worden. Es trägt den Titel „Der Mann mit dem Schlüssel" (Wigger 2019). Darin wird nicht auf Grönwalds Rolle in der Gründung eingegangen, Schwarz beschreibt ihn jedoch und betont, dass er „nicht nur Architekturwissenschaftler, sondern gut vernetzter Parteifunktionär" (Schwarz 2019) gewesen ist. Er wird im Jahr 1942 als Arbeiterkind in Leipzig geboren, macht Abitur und studiert nach dem Dienst in der NVA als SED-Mitglied an der HAB Weimar. Dort promoviert er und wird Parteisekretär. Ab 1980 ist er Direktor der Sektion Architektur und im Reisekader. Für seine Tätigkeiten erhält er zahlreiche Auszeichnungen, im Jahr 1986 wird er zum Vizepräsidenten der Bauakademie der DDR ernannt. 1991 nimmt er sich das Leben (vgl. Wigger 2019). Durch den Einzug Bernd Grönwalds und seiner Familie in das 1923 erbaute Musterhaus „Am Horn" im Jahr 1971 ist laut Schwarz die Forschung zum Bauhaus in der DDR neu belebt worden, da Grönwald sein Wohnhaus Besucherinnen und Besuchern zugänglich gemacht hat (vgl. Schwarz 2019).

Der am 10. Juli 1908 in Weimar geborene Lehmann (vgl. AdM N/54/83.17 (II)) schreibt unter anderem das Buch „Städtebau und Gebietsplanung. Über die räumlichen Aufgaben der Planung in Siedlung und Wirtschaft", das im Jahr 1955 von der Deutschen Bauakademie veröffentlicht worden ist (vgl. Lehmann 1955). Er ist von Weimar nach Cottbus „abgeschoben worden, mit seiner Territorialplanung, die früher mal bei Küttner direkt dran war an den Architekten" (W1:61). In Cottbus ist Lehmann seit März 1963 (vgl. W4:4) „Leiter […] der Fachrichtung Technische Gebiets- und Stadtplanung" (W3:4) und nach dem Umzug der Fachrichtung nach Weimar Professor für Gebietsplanung (vgl. ibid.:10) an der Fakultät Bauingenieurwesen der HAB. Laut W1 hat er die Sektionsidee nicht betrieben (vgl. W1:57; ibid.:61). W2 sieht die Möglichkeit, dass er getrieben worden ist, „denn der war ziemlich alt schon zu diesem Zeitpunkt und da ist man eigentlich nicht so sehr für Neuerungen, das glaube ich eher nicht" (W2:29). Dem entgegenstehend sagt W3, Lehmann „ist also für mich der Förderer gewesen von der Ausbildung" (W3:34). Im Vergleich zu Bach ist Lehmann „auch gut profiliert, aber mehr wissenschaftlich" (W3.34). W3 beteuert, dass Lehmann ein „toller Wissenschaftler, ein strenger Mensch" (W3:46) gewesen ist. Über das Wirken Lehmanns verfasst Joachim Bach einen Artikel mit dem Titel „Professor Dr. phil. Hanns Lehmann zur Emeritierung", der in der Wissenschaftlichen Zeitschrift der HAB 1973 erschienen ist (vgl. AdM N/54/83.17 (II)).

Hermann Räder wird am 06.07.1917 geboren und ist damit neun Jahre jünger als Lehmann. Laut W1 ist „der Anstoß von Räder, Städtebau, und Lehmann, Gebietsplanung, gekommen" (W1:113) und auch W2 berichtet, „dass Professor Räder und Professor Lehmann eben dann den Antrag gestellt haben, 1969, diese Sektion zu gründen" (W2:3).

W3 sieht das anders. Seiner Meinung nach schieben sich die beiden „gegenseitig die Verantwortung zu und wollten im Hintergrund die grauen Eminenzen sein. Die wollten also keine Verantwortung übernehmen" (W3:34).

Christian Schädlich macht Vorschläge zur „Methodischen Konferenz", die 1956 in Weimar stattfindet, und hält im Rahmen dieser Konferenz einen Vortrag (BArch DH/2/20445). Im Gründungsprozess nimmt er an verschiedenen Veranstaltungen teil wie zum Beispiel an der Versammlung am 5.3.1969, die im Teilkapitel zum Gründungszeitraum genannt worden ist. Dort berichtet er zum Arbeitsstand der Vorbereitungen (vgl. W4:6).

Klaus Sieber vertritt in der Arbeitsgruppe zur Vorbereitung der Sektionsgründung den Städtebau (vgl. W2:3). Für diese Mitwirkung bekommt er eine Auszeichnung (vgl. ibid.:29).

4.5.1.2   Nach Gründung

Nach der Gründung sind vor allem zwei Personen aktiv am Aufbau der Fachrichtungen beteiligt: Joachim Bach und Christian Schädlich.

Am 07.10.1969 erhält Joachim Bach den Nationalpreis III. Klasse im Kollektiv Architektonische und städtebauliche Gestaltung Halle-Neustadt (W4:5; Mitteilg. HAB 1969, Nr. 9/10, S. 3).

Zu seiner Arbeit in Halle-Neustadt erscheinen mehrere Artikel wie auch zu seiner kombinierten Tätigkeit in Forschung und Praxis:

- Das Kulturzentrum von Halle-Neustadt (AdM N/54/83/29)
- Bilanz erregenden Wachsens (AdM N/54/83/29)
- Erfolgreich in Forschung und Praxis (AdM N/54/83/29)
- Ehevertrag für Frau Wissenschaft und Herrn Bauplatz (AdM N/54/83/29)

Außerdem verfasst er einen Artikel mit dem Titel „Zur Gründung der Sektion Gebietsplanung und Städtebau", der in der Zeitschrift Deutsche Architektur 1970 veröffentlicht wird (vgl. W4:3).

Seit der Gründung des „Wissenschaftlichen Beirats Bauingenieurwesen/ Architektur" durch das Ministerium für Hoch- und Fachschulwesen ist Schädlich Beiratsmitglied und leitet die Arbeitsgruppe Architektenausbildung, bei der es darum geht, „die Studieninhalte zwischen den Hochschulen abzugleichen und als Grundstudienrichtungen einschließlich der Fachrichtungen zu gestalten" (W4:7). Ein Ergebnis dieser Arbeit ist die Veröffentlichung des verbindlichen Grundstudienprogramms für die Architektenausbildung im Mai 1974 (vgl. ibid.).

Bach wird Schädlichs Nachfolger als Leiter der Arbeitsgruppe, wie in dem im Jahr 1983 herausgegebenen „Studienplan für die Grundstudienrichtung Städtebau und Architektur (Titelnummer: 110152) zur Ausbildung an Universitäten und Hochschulen der DDR" (BArch DR/3/25165) nachzulesen ist.

4.5.1.3   Nach 1990

Mit der politischen Wende 1989/90 sind auch die Strukturen der Hochschulen und Universitäten im Gebiet der ehemaligen DDR verändert worden. Die Sektion Gebietsplanung und Städtebau wird am 12. Oktober 1990 abgewickelt und in Fakultät Raumplanung umbenannt. Ab dem 3. März 1992 folgt deren Integration in die Fakultät Architektur, Stadt- und Regionalplanung der „neuen" Hochschule für Architektur und Bauwesen – Universität – , die am 17. Mai 1996 in „Bauhaus-Universität Weimar" umbenannt wird (vgl. Winkler 2011, 475ff.).

Die Abwicklung der Sektion wird von allen Schlüsselgesprächspartnerinnen und Schlüsselgesprächspartnern als Besonderheit genannt, die noch nicht genug aufgearbeitet worden ist. Da diese Aufarbeitung nicht im Rahmen dieser Arbeit stattfinden kann, wird dringend empfohlen, ihr in einer weiteren Forschung nachzugehen. Als Endpunkt dieser Betrachtung wäre beispielsweise das Jahr 2008 denkbar, in dem der Bachelorstudiengang Urbanistik einen Neubeginn der Stadtplanungslehre in Weimar markiert. Hierbei handelt es sich – unter Anbetracht der jahrzehntelangen Vorgeschichte – nicht um einen Zufall.

Am 10. Mai 2008 veranstaltet das Institut für Europäische Urbanistik das Fred-Staufenbiel-Symposium mit dem Titel „Mit Wissenschaft Gesellschaftspolitik betreiben" an der Bauhaus-Universität Weimar (vgl. TU Berlin, Institut für Soziologie, Fachgebiet Planungs- und Architektursoziologie 2013).

Außerdem ist am 17. und 18. Juli 2008 aus Anlass des 80. Geburtstags von Joachim Bach ein Kolloquium durch Frau Dr. Christiane Wolf, der Leiterin des Archivs der Moderne Weimar in Weimar organisiert worden (vgl. Bauhaus-Universität Weimar 2008). Laut W3 ist diese Veranstaltung eine Art „Wer ist wer gewesen in der DDR?" gewesen (W3:79). Im Rahmen des Kolloquiums bemerkt W1, dass aus „der Sektion 5 heraus ganz neue Verbindungen aufgebaut worden sind" (W1:105). Es gibt „keine inhaltlichen Vorgaben und es fügte sich dann mit den Meldungen, die aus allen Richtungen kamen" (ibid.:107). Alle Beiträge haben Ergebnisse der Arbeit der Vortragenden zum Inhalt (vgl. ibid.). Sie

> „waren hervorragend zusammenstimmend wie ein zufälliges Bündel von Problemen der letzten Jahre, wo eben die Leute involviert waren. Die passten überhaupt nicht zusammen, die hatten überhaupt keinen Kontakt miteinander und doch kam irgendwie ein Spiegelbild des notwendigen Zusammengehens in Fragen der heutigen Planung. Das war eigentlich eine schöne Bestätigung für die Konzeption" (ibid.).

Zum Inhalt steht in der Pressemitteilung der Bauhaus-Universität Weimar:

> „In Anknüpfung an ihre Ausbildung in Weimar werden Absolventen aus verschiedenen Kontexten, in denen sie heute tätig sind, berichten. Die Themenvielfalt reicht dabei von theoretischen Betrachtungen zur Planungsgeschichte und Planungszukunft, über konkrete Sachberichte aus der aktuellen Regional- und Stadtplanung bis hin zu Betrachtungen von Bürgerprojekten im Stadtumbau" (Bauhaus-Universität Weimar 2008).

Darüber hinaus findet am 24. und 25. Februar 2017 die Veranstaltung „Bernd Grönwald (1942–1991). Ein Kolloquium aus Anlass seines 75. Geburtstages" statt (vgl. Bauhaus-Institut für Geschichte und Theorie der Architektur und Planung 2017).

Diese Veranstaltungen verdeutlichen, dass den Personen Bach, Grönwald und Staufenbiel durch Weggefährtinnen und Weggefährten, aber auch durch Wissenschaftlerinnen und Wissenschaftlern eine besondere Bedeutung beigemessen wird, sei es vor oder nach ihrem Tod.

Während Bach reines Reagieren in der und auf die Praxis in seinen praktischen Tätigkeiten in Weimar und Halle-Neustadt kennengelernt hat, hat er mit der Gründung der Sektion und der Fachrichtungen mehr gewagt und nach Modus 3 gehandelt.

Bach hat nach der Wende weitergearbeitet und -publiziert, so beispielsweise im Jahr 1990 die „Thesen zum Workshop: die Ethik des Fortschritts und die Zukunft der Städte" (vgl. Bach 1990) und mit anderen die Expertise „Bedarf an Aus- und Weiterbildung sowie Umschulung von Landes- und Regionalplanern" (vgl. Köhl und Kind 1990) sowie im Jahr 1991 den Artikel „Funktionen der zukünftigen Stadt" (vgl. Bach 1991).

Offiziell wird er 1992 emeritiert. Danach zieht er mit seiner Frau nach Prerow um und ist dort als selbstständiger Stadtplaner tätig (vgl. Bauhaus-Universität Weimar 2008).

4.5.2 Internationale Kontakte in Weimar

Internationale Kontakte bestehen in Weimar auf mehrfache Weise. So gibt es Kontakte von einzelnen Personen, beispielsweise aber auch internationaler Studierender und Promovierender. Auch wenn einige von ihnen teilweise zeitlich nach der Gründung der Sektion und der Fachrichtungen einzuordnen sind, werden sie im Folgenden aufgeführt, um die Gründungen im Kontext der Entwicklungen der internationalen Kontakte sehen zu können.

Laut W3 hat es einen hohen Anteil an internationalen Studierenden an der HAB gegeben. Als Beispiele nennt er Vietnamesen und Kubaner, die teilweise auch im Rahmen ihres Forschungsstudiums an der HAB gewesen sind (vgl. W3:115). Die Zeitungsartikel „Promoviert" vom 15.9.1978 und „Bildungsurlaub für Studenten" vom 23.8.1983 bestätigen diese Aussage (AdM N/54/83/29). Die Kontakte ins Ausland bestehen von einzelnen Personen und zu einzelnen Städten.

Durch Anita und Joachim Bach gibt es Kontakte nach Finnland (vgl. W1:5; W3:115). Diese werden durch Aufenthalte gestärkt (vgl. W1:5). Der undatierte Artikel „Partner Hämeenlinna", der von Bach verfasst worden ist, unterstreicht diese Kontakte (AdM N/54/83/29). In diesem Zusammenhang ist es von Bedeutung zu wissen, dass seit 1959 zwischen Hämeenlinna und Weimar Kontakte bestehen, die im September 1970 schließlich in einer offiziellen Städtepartnerschaft besiegelt werden. Diese Partnerschaft besteht nach wie vor (vgl. Stadtverwaltung Weimar 2019).

Ebenfalls vorhanden ist ein Redemanuskript vom 17.1.1963, das den Hinweis „Sirulainst." trägt (AdM N/54/83.17 (I)) (Anm. IH: Dies lässt auf das Sirula-Institut schließen, wobei es sich um die Parteischule der Kommunistischen Partei Finnlands handelt, die nach dem Parteigründer Yrjö Elias Sirula benannt worden ist, vgl. Lübbe 1981).

Büttner und Heidenreich sind zu einem Aufenthalt in Kuba gewesen wie auch Anita und Joachim Bach (vgl. W3:115).

Joachim Bach wird namentlich im Zeitungsartikel mit dem Titel „Conferencia de arquitectos de la RDA sobre Urbanismo y Arquitectura" („Konferenz der Architekten der DDR über Stadtplanung und Architektur", Übersetzung durch IH) vom 22. Mai 1976 genannt, Anita und Joachim Back [sic!] im Artikel „Imparten seminarios" („Seminare werden veranstaltet", Übersetzung durch IH) aus Dezember 1986 (AdM N/54/83/29).

Nach Litauen gibt es ebenfalls Kontakte. Der Zeitraum kann jedoch nicht festgestellt werden (vgl. W2:31).

Neben Kontakten nach Oxford, für die W1 das Bauhaus als Grund sieht (vgl. W1:125), gibt es nach Paris laut W1 einen internationalen Kontakt, der durch die HAB gepflegt wird (vgl. W1:125).

Auch zu Personen und Institutionen in sozialistischen Ländern werden Kontakte hergestellt (vgl. W3:115). Die Urkunde, die am 10.5.1978 an den Wissenschaftsbereich Verkehrsplanung und Stadttechnik zur Verleihung des Titels „Deutsch-Sowjetische Freundschaft" (Gesellschaft für Deutsch-Sowjetische Freundschaft 1978) geht, belegt diesen Kontakt.

Nach Tschechien bestehen ebenso Kontakte. Beleg dafür ist ein auf den 13. September 1966 datierter Brief aus Brno von Dipl. Ing. Arch. Vladimír Matousek, der gemäß des Briefbogens am Forschungsinstitut für Aufbau und Architektur tätig gewesen ist (AdM I/05/394).

Außerdem ist Klaus Sieber an der Universität in Prag, um dort seine Dissertation zu beenden. Dieser Kontakt kommt durch Heinz Schwarzbach zustande (vgl. W2:38 f.).

Kontakte nach Italien, speziell nach Venedig, werden durch Aussagen aus den Schlüsselgesprächen (vgl. W2:31) bestätigt. Bach ist in diesem Zusammenhang der Hauptakteur (vgl. W1:123; W3:115). Auch durch Archivgut sind diese Kontakte belegt. So wird beispielsweise in Heft 3/4 der Wissenschaftlichen Zeitschrift der HAB 1983 der Artikel „Zur Architektur der Schulbauten" von Franko Stella und Joachim Bach veröffentlicht (AdM N/54/83.17 (II)). Außerdem erscheint in der Ausgabe 5/86 der Broschüre „Rivista della RDT", einer auf Italienisch veröffentlichten Zeitschrift der DDR, ein von Joachim Bach verfasster Artikel mit dem Titel „15 anni di proficua collaborazione tra gli istituti universitari di Architettura di Weimar e di Venezia" (AdM N/54/83.17). Davon ist auch das deutschsprachige Manuskript vorhanden (vgl. AdM N/54/83.17 (II)).

Nach Ungarn gibt es Kontakt, wie ein Brief von Ludwig Küttner an Dr.-Ing. Peter Novák, dem wissenschaftlichen Leiter des Ungarischen Instituts für Städtebau und Raumforschung, vom 13.12.1965 zeigt (AdM I/05/394). Er ist jedoch der einzige Beweis für diese Verbindung. Laut W3 sind Glißmeyer und Heidenreich in Vietnam (vgl. W3:115) gewesen.

Auch nach Wien besteht Kontakt. Dieser Kontakt kommt durch Joachim Bach und Rudolf Wurzer zustande, zeitweise Rektor der TU Wien (vgl. W1:121), wobei W1 betont, Wurzer habe „die Verbindung auch gesucht nach Weimar" (W1:117) und „von Anfang an die Sektionsgründung sehr unterstützt" (ibid.). Jedoch erklärt sie, dass es keine Zusammenarbeit von Hochschule zu Hochschule und keinen richtigen Austausch gegeben hat (vgl. W1:125). Dies äußert sich darin, dass Angehörige der Wiener Hochschule nach Weimar gekommen sind und „fünf Studenten mal eine richtige Belegarbeit in Weimar machen" (W1:123), von Weimar aber keine fünf Studenten nach Wien haben gehen können (vgl. ibid.). Sie kommentiert das folgendermaßen: „Es hat uns oft sehr wehgetan" (ibid.). Der Kontakt zwischen Joachim Bach und Rudolf Wurzer wird beispielsweise durch den Artikel „Planerausbildung in der DDR" bestätigt, den Joachim Bach verfasst hat und der 1985 in der Zeitschrift „Berichte zur Raumforschung und Raumplanung" der Österreichischen Gesellschaft für Raumforschung und Raumplanung (ÖGRR) veröffentlicht wird (AdM N/54/83.17 (II)). Rudolf Wurzer wird auf der ersten Seite der Zeitschrift jeweils als Vorsitzender der ÖGRR erwähnt. Der genannte Artikel gilt bereits als Beleg im Teilkapitel zu den Studieninhalten der neugegründeten Fachrichtungen. Der zugänglichen Aktenlage entsprechend, sind von Bach in dieser Zeitschrift weitere Artikel erschienen:

- „Städtebau im Ballungsgebiet" (Heft 4/1986)
- „Das Bauhaus und seine Auswirkungen auf den Städtebau" (Heft 6/1989)

Der Artikel „Städtebau im Ballungsgebiet" ist ein überarbeitetes Manuskript eines Gastvortrags, den Joachim Bach am 17. Oktober 1985 an der Technischen Universität Wien gehalten hat, wie es unter dem Text vermerkt ist (vgl. Bach 1986).

Diese internationalen Kontakte werden in Abbildung 35 dargestellt.

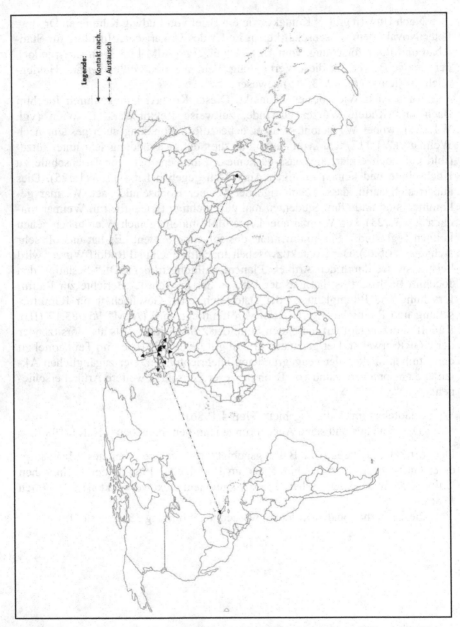

Abbildung 35: Internationale Verbindungen der an der Gründung in Weimar beteiligten Personen (eigene Darstellung)

Neben den konkreten internationalen Kontakten sowie dem Austausch mit einzelnen Personen und Institutionen sind für Weimar weitere Aspekte zu nennen, die als Einfluss aufzuführen sind.

So gibt es laut W1 einen Bauhaus-Bonus, „für den wir gar nichts konnten" (W1:125). Demnach ist Weimar aufgrund der Tatsache, dass dort das Bauhaus gegründet worden ist, international „überall in der Welt bekannt" (ibid.).

Internationale Teilnehmende kommen nach Weimar, um an den Bauhaus-Kolloquien, die seit 1976 (vgl. BauNetz Media GmbH 2016) und damit erst einige Jahre nach der Gründung der Fachrichtungen an der HAB Weimar veranstaltet werden, teilzunehmen (vgl. W1:125). Nachdem die ehemaligen Schülerinnen, Schüler und ehemaligen Lehrenden des Bauhauses „nach und nach alle weggestorben" (ibid.) sind, „kamen die Leute, die sich damit befassten" (ibid.).

Im Mai 1954 findet eine „Methodische Konferenz" an der HAB Weimar statt. In diesem Rahmen werden mehrere Studienpläne zusammengetragen:

- „Prag, Pressburg (Bratislava): Studienplan für das 6-jährige Architekturstudium" (BArch DH/2/20445)
- „Aufteilung der Fachgebiete und deren Stundenanteil am gesamten sechsjährigen Studium am Moskauer Architekturinstitut" (BArch DH/2/20445)

Diese dienen als Grundlage für die Diskussion um das Dokument „Gesamtstundenzahl der Vorlesungen und Übungen und ihre Verteilung auf die einzelnen Studienjahre" (BArch DH/2/20445).

4.5.3   Personen, die bei der Gründung eine Rolle gespielt haben – Kassel

Bezogen auf die Gründung in Kassel haben laut Aussagen der Schlüsselgesprächspartnerinnen und Schlüsselgesprächspartner sowie der Dokumente verschiedene Personen und -gruppen eine Bedeutung. So ergibt sich die in Abbildung 36 dargestellte Übersicht.

Das Teilkapitel zu den Personen, die bei der Gründung in Kassel eine Rolle spielen, wird hinsichtlich mehrerer Aspekte aufgeteilt. Für dieses Kapitel sieht die Aufteilung folgendermaßen aus:

- Allgemeine Beurteilung, ob einzelne Personen eine Rolle bei der Gründung gespielt haben
- Vor Gründung
- Nach Gründung
- Sonstige personenbezogene Aussagen

Insgesamt stellt K1 fest, dass es „immer wieder so ganz spannende, interessante Persönlichkeiten in ihren Fächern" (K1:95) gegeben hat. Von diesen hat jeder „etwas Interessantes mitgebracht" (ibid.).

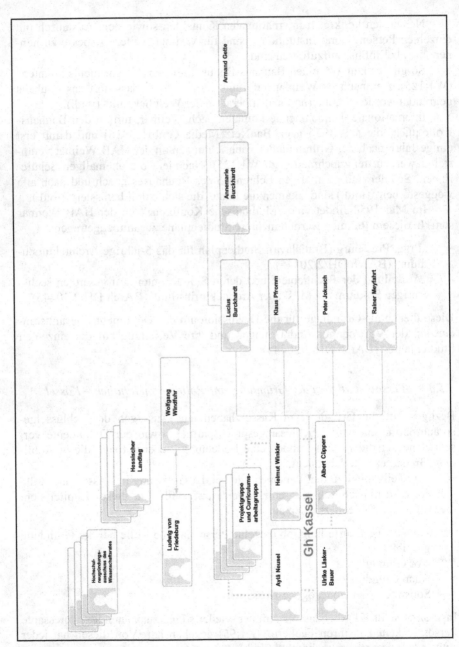

Abbildung 36: Akteurskonstellation Gründung Kassel (eigene Darstellung)

K4 ist der Meinung, dass die Gründung nicht auf Personen fixiert gewesen ist, sondern dass es „einfach aus dieser Entwicklung heraus passiert ist, also aus der Konstellation, die vorgefunden war und wie da was angestoßen wurde" (K4:87). Jedoch merkt sie auch an: „Der Diskurs der verschiedenen Fachrichtungen mit den neuen engagierten Dozenten und Professoren hat die Entwicklung des Stadtplanungsbereichs begünstigt" (ibid.).

Vor Gründung

Vor der Gründung des Studiengangs gibt es verschiedene Personen und Personengruppen, die an den Entwicklungen beteiligt sind, wie die Schlüsselgesprächspartnerinnen und Schlüsselgesprächspartner erläutern und in Dokumenten nachzulesen ist. Neben den bereits im Teilkapitel zum Gründungszeitraum beschriebenen Personengruppen des Hochschulneugründungsausschusses des Wissenschaftsrates, des Hessischen Landtags und der Projektgruppe Gesamthochschule Kassel gibt es auch eine Curriculumsarbeitsgruppe. Diese besteht aus Vertreterinnen und Vertreter der bereits vorhandenen Studiengänge und Expertinnen und Experten von anderen Hochschulen (vgl. K1:26). Laut K1 ist es „eine größere Gruppe" (ibid.) gewesen. Die Arbeit der Curriculumsarbeitsgruppe umfasst die inhaltliche Planung der Studiengänge (vgl. ibid.:63). Weil K1 die Sitzungen der Curriculumsarbeitsgruppe geleitet hat (vgl. ibid.:65), lässt sich eine personelle Verknüpfung zwischen Projektgruppe Gesamthochschule Kassel und Curriculumsarbeitsgruppe feststellen.

Albert Cüppers hat die Integration der Werkkunstschule in die Hochschule für Bildende Künste und der Hochschule für Bildende Künste in die Gesamthochschule Kassel als Dozent an diesen drei Hochschulen miterlebt und in Berufungskommissionen mitgewirkt (vgl. K3:1; K3:9).

Der Leiter der Werkkunstschule, Jupp Ernst, ist laut K3 „eine durchaus wichtige Nachkriegspersönlichkeit in Sachen Design, Ästhetik" (K3:35) und hat „damals diese Werkkunstschule sehr stark gemacht" (ibid.). Dies wird für K3 daran deutlich, da Jupp Ernst „vorzügliche Werkstätten, Druckereiwerkstätten und [...] Jacquardwebstühle" (ibid.) gegeben hat. Außerdem ist es ein Verdienst Jupp Ernsts, dass es „spannende Leute [...] aus einer guten Ecke" (ibid.:37) an der Werkkunstschule gegeben hat. Als Beispiel nennt er sich selbst und erläutert: „Mich hat er damals geholt, weil ich praktisch fast sechs Jahre bei Egon Fiermann gearbeitet habe" (ibid.).

Im Studiengang Landschaftsplanung an der Kunsthochschule ist laut K4 zunächst Mattern der Meister. Auf ihn folgt Grzimek (vgl. K4:8).

Mit Grzimek hat K3 „besonders gut zusammengearbeitet" (K3:1). Ein Werk Grzimeks sind die Grünanlagen für Olympia 1972 in München. Als er nach Weihenstephan berufen wird, tritt Peter Latz seine Nachfolge an der GhK an (vgl. K3:1).

Laut K3 ist die Architekturklasse an der HbK von Paul Posenenske geleitet worden (vgl. ibid.). Seiner Meinung nach sind Posenenske und Grzimek „sehr angesehene Kollegen, weil die einfach international reputiert waren" (ibid.).

Der spätere Professor für Bauen in historischem Bestand, Jochem Jourdan, wird zunächst als Dozent berufen (vgl. K1:1). Laut K3 ist er „einer unserer interessantesten und besten Leute" (K3:45) gewesen. Er hat „ein enzyklopädisches Gedächtnis" (ibid.) und kann „praktisch fast druckreif zitieren aus Büchern" (ibid.). Für ihn ist er ein „außerordentlich gebildeter Mann" (ibid.), der „auch andere Dimensionen ansprach" (ibid.) und daher unter anderem mit dem Komponisten Wolfgang Rihm befreundet ist (vgl. ibid.).

Nach der Emeritierung Grzimeks in Weihenstephan wird Latz sein Nachfolger (vgl. K3:1). Latz ist laut K3 heute emeritiert und „einer der großen Leute in Sachen Landschaftsplanung" (ibid.), national wie international (vgl. ibid.).

Laut K4 ist Mattern „einer, mit dem man wirklich aneinandergeraten konnte" (K4:8), da er „noch das Alte und die Kriegs- und Vorkriegsgeneration und zwar auf einer ziemlich patriarchalen Ebene" (ibid.) repräsentiert hat.

K3 ist der Meinung, Aylâ Neusel „hat wahnsinnig viel für die Strukturierung des neuen Studiengangs ASL gemacht" (K3:9) und bezeichnet sie „als eine der wichtigsten Figuren im Hinblick auf die Neugründung" (ibid.:47). K4 gibt ihm dahingehend recht, wenn sie sagt: „Also aber Aylâ war, meiner Meinung nach, schon eine der zentralen Personen" (K4:87). Bei K4 ist Neusel bekannt für die „sehr sensible und intensive Verhandlungsführung" (ibid:81), die Neusel „durchmanövriert hat" (ibid.).

K3 bezeichnet es als das Besondere an ihr, „dass sie sehr gut strukturiert war und von scharfem Verstand und darüber hinaus eine umfassende Bildung hatte" (K3:47).

Neusel und Winkler leiten im Auftrag des hessischen Kultusministers die Planung der Gesamthochschule Kassel (vgl. K1:24). Die Aufgabenteilung liegt darin, dass Neusel für Architektur, Stadt- und Landschaftsplanung, Winkler für die natur- und ingenieurwissenschaftlichen Studiengänge zuständig ist (vgl. ibid.).

Beide promovieren über die Einrichtung der Studiengänge (vgl. K4:37; vgl. Neusel 1979; vgl. Winkler 1979) und die Gründung des Wissenschaftlichen Zentrums für Berufs- und Hochschulforschung (vgl. K2:11), bereiten das INCHER vor und führen es durch (vgl. K1:57).

K3 nennt Noack als Stellvertreter für „gute Kunstgeschichtler" (K3:35), die es seiner Meinung nach in Kassel immer gegeben hat.

K1 bezeichnet den Architekten Paul Posenenske, der an der Kunsthochschule tätig gewesen ist, als berühmte „Persönlichkeit und sehr anerkannt" (K1:83). Ihrer Meinung nach ist der „damals als besonders guter Architekt" (ibid.) geltende Posenenske ein Kritiker der Reformen (vgl. ibid.). Wenngleich er „nicht gebremst" (ibid.) hat, habe er gefunden, „das geht alles zu schnell" (ibid.).

Beim bereits mehrmals zum Beispiel im Teilkapitel zu den Prozessen der Gründung in Kassel genannten hessischen Kultusminister aus der Gründungszeit handelt es sich um Ludwig von Friedeburg (vgl. K2).

Jürgen von Reuß hat zunächst einen Lehrauftrag für Landschaftsplanung bei Grzimek (vgl. K3:1).

Wolfgang Windfuhr hat laut K2 „immer kleine Anfragen zur Gesamthochschule im Hessischen Landtag gestellt" (K2:55). Dies macht er, um Druck auf den damaligen Kultusminister von Friedeburg aufzubauen (vgl. ibid.).

Nach Gründung

Nach der Gründung der Gesamthochschule sind verschiedene Personen an der Umsetzung des Studiengangs Architektur, Stadtplanung, Landschaftsplanung beteiligt. Eine dieser Personen ist Lucius Burckhardt, der laut K1 „eine besondere Persönlichkeit" (K1:81) und eine „wichtige Person" (ibid.) gewesen ist. Für K3 ist Burckhardt „einer unserer bedeutendsten Kollegen" (K3:9). Während manche „sehr viel für die Organisation getan haben" (K1:81), hat Burckhardt „aber sehr viel zur Substanz des Studiengangs beigetragen" (ibid.). K3 bezeichnet Burckhardt als „Antiwissenschaftler, der also die überkommene Form der Wissenschaft immer unterlief" (K3:15). Als Beispiel dafür nennt er die Etablierung der Spaziergangswissenschaften durch Burckhardt (ibid.). Da Burckhardt auch mit Studierenden ins Theater gegangen ist, hat K3 „immer den Eindruck gehabt, also so Leute wie Burckhardt waren in Bezug auf ihren Horizont ganz weit gestellt" (K3:23). Neben seiner Tätigkeit als Professor an der GhK ist Burckhardt auch Präsident des Werkbundes (vgl. ibid.:33). K4 findet es „sehr gut" (K4:55), dass Burckhardt die integrative interdisziplinäre Perspektive weiterentwickelt hat (vgl. ibid.). Weitere Informationen zu Lucius Burckhardt befinden sich im Steckbrief zu seiner Person, der in Abbildung 37 dargestellt wird.

Name: Lucius Burckhardt
Titel: Prof. Dr. phil.

Fachgebiet
Sozialökonomische Grundlagen urbaner Systeme
(vgl. „Studieninformationen zum Studiengang Architektur, Stadt- und Landschaftsplanung WS 75/76", Doku:lab 10.063-009:61)

„Arbeitsgebiete/Forschungsschwerpunkte:
Beschlussfassungsvorgänge im Planen und Bauen" (vgl. ibid.)

Geboren am 12.3.1925 (vgl. ibid.) in Davos (vgl. „curriculum vitae", HHStAW Abt. 504 Nr. 9.756) als fünftes Kind einer Ärztefamilie, aufgewachsen in bürgerlichen Verhältnissen, die Ritter und Schmitz wie folgt beschreiben (vgl. Ritter und Schmitz 2015):

(Burckhardt 2013)

„Die Familie Burckhardt investierte ihr ererbtes Geld in das Tuberkulose-Sanatorium für Kinder aus bedürftigen Familien. Der Vater Jean-Louis war Chefarzt unter der Trägerschaft des Kinderhilfswerks Pro Juventute. Moderne Anschauungen zur Hygiene und Bakteriologie sowie das Studium der Gebirgsklimatologie prägten sein ärztliches Verständnis. Seine Praxis im 1926 erbauten Ärztehaus von Rudolf Gaberel bildete den Auftakt der Moderne in den Alpen-Kurorten: ornamentlose, kubische Form, Flachdach und integrierte, stützenlos durchlaufende Liegeterrassen. Die Sonnenterrassen-Front wurde zum Architektursymbol der Tuberkuloseheilung.

Im Ärztehaushalt Burckhardt wurde die Natur geliebt und studiert.

In diesem Milieu entwickelte auch Lucius ein leidenschaftliches Interesse an der Natur. Blumen faszinierten ihn und eine eigene Meisterschaft entwickelte er als Schneckensammler. Bald kannte er die gesamte Schneckenfauna der Davoser Alpen und sammelte in wissenschaftlicher Manier die Belege. So lernte er den wissenschaftlichen Habitus in der Kinderstube kennen" (ibid.).

1954 Verlobung, 1955 Hochzeit mit Annemarie (geb. Wackernagel) (vgl. ibid.), die aus einer Gelehrtenfamilie stammt und nach der Hochzeit Annemarie Burckhardt-Wackernagel heißt (vgl. Hicklin 2012)

Lucius **stirbt** 2003 (vgl. Schmitz 2019), Annemarie 2012 (vgl. Hicklin 2012).

Werdegang

Lucius Burckhardt
curriculum vitae

1925 in Davos geboren; Sohn von Dr. med. Jean-Louis Burckhardt, Chefarzt des Kindersanatoriums Pro Juventute, Davos; verstorben 1945.

1945 Maturität an der evangelischen Lehranstalt Schiers/GR.

1955 Doktorexamen in Basel mit dem Prädikat insigni cum laude in den Fächern Nationalökonomie (Soziologie) als Hauptfach, Philosophie und Kunstgeschichte als Nebenfächer, mit den Referenten Prof. E. Salin und Prof. K. Jaspers.

Während des Studiums Mitarbeit bei Basler Nachrichten und National-Zeitung, Basel sowie politische Tätigkeit: 1949 Referendum gegen den Grossbasler Korrektionsplan, 1951 Referendum gegen die Verbreiterung der Aeschenvorstadt in Basel (als Präsident des Referendumskomitees)

1955 und nochmals 1957/58 wissenschaftlicher Mitarbeiter an der Sozialforschungsstelle an der Universität Münster in Dortmund, für industriesoziologische und grosstadtsoziologische Untersuchungen empirischer Art.

1959 Während zwei Quartalen Gastvorlesungen an der "Hochschule für Gestaltung" in Ulm über Aesthetik, Geschichte der Perspektive, Kulturgeschichte und Grosstadtsoziologie

1960ff Berater der Schweizerischen Landesausstellung 1964 für den Allgemeinen Teil und Verfasser des generellen Vorprogramms für den Sektor "Industrie und Gewerbe".

1961-1972 Redaktor der Zeitschrift WERK.

1962 Lehrauftrag für Soziologie an der Architektur-Abteilung der Eidg. Technischen Hochschule in Zürich. Dieser Kurs ist seither obligatorischer Bestandteil des Lehrprogramms. 1970-1973 Experimenteller Gast-Lehrstuhl (Soziologie und Architektur) an der ETH-Z, 1970/71 gemeinsam mit Architekt Rolf Gutmann, 1971/72/73 gemeinsam mit Architekt Rainer Senn.

Seit 1969 Wissenschaftlicher Beirat und freier Mitarbeiter der Abt. für Stadtentwicklung der Prognos AG (Arbeiten in Coburg, Bayreuth u.a.)

1971 Mitglied der Kommission für ein Nachdiplom-Studium an der Architekturabteilung der ETH-Z.

1962-1971 Mitglied der Stadtplanungskommission der Stadt Zürich. 1970 Präsident der Subkommission "Environmentale Verschlechterung der Stadt Zürich".

1965/66 Mitglied der Arbeitsgruppe für die Reform der Kunstgewerbeschule in Zürich.

1966-71 Mitglied der beratenden Kommission des Instituts für Orts-, Regional- und Landesplanung der ETH-Z.

1967-71 Lehrauftrag für Soziologie im Nachdiplomstudium am Institut für Orts-, Regional- und Landesplanung der ETH-Z.

1967-72 Mitglied der Expertenkommission für das Leitbild und Prioritätslisten KLP am Institut für ORL-Planung der ETH-Z.

1972 Korrespondierendes Mitglied der Deutschen Akademie für Städtebau und Landesplanung.

Seit Frühling 1972: Fachkurs Soziologie an der kunstgewerblichen Abteilung der Allgemeinen Gewerbeschule Basel in Form einer ständig laufenden audiovisuellen Darbietung und periodischen Diskussion.

(vgl. „curriculum vitae", HHStAW Abt. 504 Nr. 9.756)

Studium der Medizin (nicht abgeschlossen), dann Studium der Nationalökonomie, der Kunstgeschichte und der Philosophie (vgl. Blumenthal 2010, 34)

1955 Abschluss der Promotion mit dem Titel „Partei und Staat im Risorgimento" (vgl. ibid.) beim Professor für Nationalökonomie, Edgar Salin (vgl. Graf 2010) und beim Professor für Philosophie, Karl Jaspers (vgl. Harders 2014) als Dr. phil. (Basel)

1955 und 1957/58 Sozialforschungsstelle der Universität Münster in Dortmund

1959 Gastdozent an der Hochschule für Gestaltung (HfG) Ulm (vgl. „curriculum vitae", HHStAW Abt. 504 Nr. 9.756), dazu schreiben Ritter und Schmitz:

> „Es war die Zusammenarbeit mit Horst Rittel, die Ulm für Lucius so wichtig machte. In Ulm sprach man von sogenannten ‚bösartigen Problemen', Problemen, die nicht lösbar sind, sondern nur ein bisschen verbessert werden können. Lucius erkannte sofort, dass Stadtplanungsfragen üblicherweise aus solchen bösartigen Problemen bestehen und keinesfalls perfekt gelöst werden können, wie es die Fachleute vorgeben. Später verdichtete er diesen Zusammenhang in der Formel: Die Fachleute brauchen immer mehr Fachleute, um die Folgen ihrer Eingriffe zu beheben" (Ritter und Schmitz 2015).

1961–1972 Redakteur der Zeitschrift „Werk"
1962–1973 Lehraufträge an der ETH Zürich (vgl. „curriculum vitae", HHStAW Abt. 504 Nr. 9.756),

er „führte den Projektunterricht ein, in dem die Ausbildung entlang konkreter und komplexer Bauvorhaben erfolgte" (Ritter und Schmitz 2015),

ab 1969 Mitbesetzung des experimentellen „Lehrcanapés", einer Vertretungsprofessur an der Architekturabteilung mit zwei Personen: einem Architekten (Rolf Gutmann, später Rainer Senn) und einem Soziologen (Lucius Burckhardt) (vgl. Blumenthal 2010, 7)

ab 1973 Professor an der GhK (vgl. „Begründung des Berufungsvorschlages", HHStAW Abt. 504 Nr. 9.756)

„Wichtigste Arbeiten
‚Bauen ein Prozess', Teufen 1968

Veröffentlichungen in ‚Werk', ‚Bauwelt', ‚Stadtbauwelt', ‚Archithese' und in Sammelwerken" (Studieninformationen zum Studiengang Architektur, Stadt- und Landschaftsplanung WS 75/76, Doku:lab 10.063-009:61)

Auswahl von nach seinem Tod veröffentlichten Texten:
Burckhardt, Lucius. 2012. „Design ist unsichtbar. Entwurf, Gesellschaft & Pädagogik." Herausgegeben von Silvan Blumenthal und Martin Schmitz. Berlin: Martin Schmitz Verlag.

—.——2013. „Der kleinstmögliche Eingriff oder die Rückführung der Planung auf das Planbare." Herausgegeben von Martin Schmitz und Markus Ritter. Berlin: Martin Schmitz Verlag. (Titelbild des Buches: s. in diesem Steckbrief oben rechts. Dieser Titel beschreibt sein heterodoxes Credo. Es manifestiert die Umkehr des Wachstumsdenkens der 1960er Jahre, die er auch gelehrt hat.)

Auf https://www.lucius-burckhardt.org/Deutsch/Bibliografie/Lucius_Burckhardt.html befinden sich Veröffentlichungen bis 1970, die komplette Bibliografie kann man auf Anfrage von Prof. Martin Schmitz als PDF erhalten.

Abbildung 37: Steckbrief Lucius Burckhardt (eigene Darstellung)

Aus dem Steckbrief geht unter anderem hervor, dass Burckhardt aus bürgerlichen Verhältnissen stammt und vielfältige Lehrerfahrungen an verschiedenen Hochschulen gesammelt hat, bevor er an die Gh Kassel berufen wird. So ist er seit Mitte der 1950er-Jahre an einer Zweigstelle der Universität Münster in Dortmund, an der HfG Ulm und an der ETH Zürich tätig. Besonders hervorzuheben ist dabei der von Ritter und Schmitz betonte Kontakt mit dem Dozenten Horst Rittel an der HfG Ulm (vgl. Ritter und Schmitz 2015). Rittel leistet als aus Deutschland stammender Design- und Planungstheoretiker Pionierarbeit, vor allem an der Universität in Berkeley, Kalifornien, wohin er im Jahr 1963 berufen worden ist (vgl. Churchman u. a. 2007, S. 89). Zu seinen bekanntesten Schriften gehört „Dilemmas in a General Theory of Planning" (Rittel und Webber 1973) beziehungsweise auf Deutsch „Dilemmas in einer allgemeinen Theorie der Planung" (Rittel und Webber 1992).

In diesem Zusammenhang ist die Schließung der HfG Ulm im Jahr 1968 (vgl. Korrek 1987; Spitz 2000) und die Entpolitisierung der ETH Zürich zu nennen. Blumenthal beschreibt die Situation in Zürich wie folgt:

> „Das ‚Tauwetter' hielt nur kurz an und Lucius Burckhardt kehrte der ETH bereits 1973 den Rücken. Er sollte wieder zum Dozenten für Soziologie zurückgestuft werden, eine Rolle, die er in den Jahren vor dem Canapé innehatte. Zur wiedereinkehrenden Ruhe und zu seinem Hochschulverständnis äußert sich Burckhardt 1971: ‚Die Ruhe der Nachkriegszeit war verhängnisvoll, sie eben erzeugte jene Disparitäten, um derentwillen die heutige Krise eingetreten ist. Die Heilung kommt also nicht von der Ruhe, sondern von der Unruhe, denn Wissen erzeugt Unfriede, und Unfriede erzeugt Wissen: Indem sie Unruhe machen, lernen die Studenten, und wenn sie lernen machen sie Unruhe'" (Blumenthal 2010, S. 13).

Weitere Betrachtungen der HfG Ulm und der ETH Zürich sowie zu möglichen Auswirkungen der genannten Entwicklungen können an dieser Stelle nicht vorgenommen werden, daher müsste man dies in weiteren Forschungen untersuchen.

Fritz Schwarz beschreibt Lucius Burckhardt in seinem Artikel „Dank an Lucius Burckhardt", der in der Zeitschrift „Werk" im Jahr 1972 veröffentlicht worden ist. Laut Schwarz ist Burckhardt für viele

> „ein unbequemer Partner. Seine Formulierungen waren provokativ und reizten zum Widerspruch. Statt Vollendung in der Architektur zu zeigen, machte er auf ihre Möglichkeiten und Grenzen aufmerksam. Beispiele interessierten ihn dann, wenn sie in eine neue Richtung wiesen, brillante formale Lösungen betrachtete er mit Misstrauen. Er versuchte, durch die gebaute Form hindurchzusehen und Architektur als Erscheinung zwischen Bedürfnis und Benützung zu deuten. Er bedeutete dem Architekten, seine Rolle richtig einzuschätzen, und warnte vor der Meinung, gesellschaftliche Probleme seien mit rein gestalterischen Mitteln zu lösen" (ibid., S. 36 f.).

Neben seiner Tätigkeit als Redakteur bei der Zeitschrift „Werk" engagiert sich Burckhardt auch politisch. So ist er 1949 am Referendum gegen den Großbasler Korrektionsplan und 1951 am Referendum gegen die Verbreiterung der Aeschenvorstadt in Basel beteiligt (vgl. „curriculum vitae", HHStAW Abt. 504 Nr. 9.756).

Laut K3 hätte seine Frau Annemarie eine halbe Stelle haben müssen, weil sie ihren Mann sehr engagiert unterstützt hat (vgl. K3:9). Beispielsweise kann sie ihm in seiner Vorlesung weiterhelfen, „wenn irgendwas war und ein Name stockte" (ibid.).

Burckhardt ist der Prototyp für heterodoxe Lehre, da er das Risiko eingegangen ist, sich unbeliebt zu machen, indem er nicht nur das erfüllt, was von ihm
erwartet wird, sondern mehr beziehungsweise anders lehrt. Außerdem wird deutlich, dass Burckhardt die Praxis verändern will.

Burckhardt und Cüppers lehren gemeinsam „Ästhetische Theorie und Praxis". Laut K3 hat dies sowohl aus „Zeichnen und Malen für Architekten und
Landschaftsarchitekten" (K3:3) bestanden als auch aus „Kunstgeschichte der
aktuellen Moderne" (ibid.). Die Zusammenarbeit beschreibt K3 als lehrreich,
„sehr ersprießlich und auch witzig" (ibid.:9). Dies begründet er damit, dass
Burckhardt diese „Schweizer Verschmitztheit, diesen Schweizer etwas absurden
Humor" (ibid.) gehabt hat, den er als „im gewissen Sinne unglaublich" (ibid.) bezeichnet. Gemeinsam haben sie zahlreiche Exkursionen mit Studierenden unter-
nommen: „Wir fuhren sehr oft nach Düsseldorf für die Kunsthalle und auch in
die Kunstsammlung Nordrhein-Westfalen, weil dort in der Zeit doch wichtige
Ausstellungen immer gezeigt wurden, auch Gerhard Richter, Matisse, Max
Ernst" (ibid.:15).

K3 beschreibt Burckhardt und Armand Gette als „sehr gute Freunde"
(K3:15).

K4 ist der Meinung, dass die studentischen Mitglieder sich bei den Berufungen von Burckhardt, Hülbusch, Meyfahrt, Poppinga und von Reuß in der
jeweiligen Kommission haben durchsetzen können (vgl. K4:45).

Burckhardt und Minke bezeichnet K3 als die Kollegen, die international am
stärksten aufgestellt gewesen sind (vgl. K3:43 ff.).

Laut K1 kennen sich Burckhardt und Pfromm von der Hochschule für Gestaltung Ulm (vgl. K1:83). Pfromm „schätzte ihn sehr und hat dafür plädiert, ihn
zu berufen" (ibid.).

K3 erwähnt außerdem das Lehrcanapé, das Burckhardt und Pfromm zusammen an der ETH gehabt haben und das er damit erklärt, „weil jeder eine
halbe Stelle hatte und die saßen zusammen auf einem Lehrstuhl" (K3:9).

Die inhaltliche Entwicklung des Studiengangs durch Burckhardt und
Pfromm geschieht „in ganz engem Rückschluss mit Aylâ Neusel" (ibid.:17).

Hans Eichel behauptet laut K2, „er hätte die Gesamthochschule aus der
Taufe gehoben" (K2:55).

K3 bezeichnet Eichenlaub und Wilkens als Leute, „die dagegengehalten haben" (K3:19), als vermehrt „die künstlerischen Themen bei den Architekten doch
die Oberhand gewannen, die sozialen wurden doch etwas kleiner geschrieben"
(ibid.).

Hauser ist „ein vorzüglicher Bauphysiker" (K3:55) gewesen, der von Kassel
nach München berufen wird. Auch Hausladen, der an der GhK Dozent für technische Gebäudesysteme ist, wird nach München berufen (vgl. K3:19; ibid.:55).

K3 nennt Thomas Herzog als einen weiteren Dozenten, der nach München berufen wird (vgl. K3:47; ibid.:53).

Hillmann, der Professor für Illustration an der HbK gewesen ist, wird von K3 als „einer der ganz großen Zeichner" (K3:35) und „sehr starke Figur" (ibid.) bezeichnet.

K4 nennt den Schweizer Dieter Kienast als ein Beispiel für einen international Studierenden (vgl. K4:8). Ein Video porträtiert seine Tätigkeit als Professor für Gartenarchitektur an der Hochschule für Technik in Rapperswil (Schweiz), die er im Zeitraum von 1979 bis 1992 ausgeübt hat (vgl. HSR Landschaftsarchitektur 2019; Hochschule für Technik Rapperswil 2019).

Meyfahrt und Winkler haben zusammen in der Gewerkschaft Erziehung und Wissenschaft, der GEW, gearbeitet (vgl. K2:55).

Minke hat im Besonderen Lehmbauarchitektur (K1:95) und im Allgemeinen „das experimentelle Bauen sehr stark vorangebracht" (K3:43). Er ist „unglaublich prägend und hatte weltweite Kontakte" (ibid.:45). Wie bereits in diesem Teilkapitel erwähnt, sind er und Burckhardt die Professoren, die „international am stärksten" (ibid.) aufgestellt sind.

Peter Jockusch arbeitet nach seiner Berufung an die GhK an dem Antrag für den Modellversuch federführend mit (vgl. K1:26).

Pfromm ist laut K1 „damals sehr aktiv in allen Gruppen" (K1:79).

Neben Aussagen mit einem konkreten Bezug zu Personen beziehungsweise mit direkter Namensnennung gibt es in den Schlüsselgesprächen auch einige Aussagen, die ebenfalls personenbezogen sind, jedoch nicht der Zeit vor oder nach der Gründung des Studiengangs zuzuordnen sind beziehungsweise sein müssen.

K4 nennt Verknüpfungen mit den Ministerien (vgl. K4:89) und sie stellt fest, dass an der Kunsthochschule Kassel „noch viele alte Nazis sich da tummelten" (K4:8). Sie bemängelt die fehlende Problematisierung damals und die sehr viel spätere Auseinandersetzung damit (vgl. ibid.).

Wie bereits im Teilkapitel zu den Prozessen der Gründung in Kassel erwähnt, hat sich der Arbeitskreis Universität Kassel später in Arbeitskreis Gesamthochschule Kassel umbenannt (vgl. K2:55).

Als Clique und Kasseler Filz bezeichnet K2 die Personengruppen (vgl. K2:51) und betont, dass es „durchwoben" (ibid.:55) gewesen ist.

Im Jahr 1993 ist Lucius Burckhardt als Gründungsdekan für die neuzugründende Fakultät Gestaltung an der Hochschule für Architektur und Bauwesen Weimar vorgeschlagen worden. Diesem Vorschlag hat er zugestimmt (vgl. Zimmermann 2011, 436) und die Position von 1992 bis 1994 innegehabt (vgl. Winkler 2011, S. 485).

4.5.4   Internationale Kontakte und Einflüsse in Kassel

Zu den internationalen Kontakten und Einflüssen in Kassel zur Zeit der Gründung sowie danach gibt es vielfältige Aussagen in den Schlüsselgesprächen und verschiedene Dokumente in den Archiven, wie im folgenden Teilkapitel dargestellt wird.

K2 ist der Meinung, dass zur Zeit der Gründung keine internationalen Kontakte von den an der Gründung beteiligten Personen bestehen (K2:29).

Die Begründung liefert er mit der Förderung der Internationalität hinsichtlich des Anteils ausländischer Studierender in den 1980er-Jahren sowie mit der Feststellung: „Internationalisierung ist ein Merkmal von Universitäten" (ibid.:31). Die internationalen Kontakte „kamen mit der Universität und mit den ausländischen Studenten" (ibid.:47), sagt K2. Von den 25.000 Studierenden sind laut K2 inzwischen zwölf Prozent ausländische Studierende (vgl. ibid.). Auch K1 betont, dass das Thema Internationalisierung der Hochschulen nicht zur damaligen Reformagenda gehört (vgl. K1:113). Aus ihrer Sicht kommt es beispielsweise selten vor, dass ausländische Personen berufen werden (vgl. ibid.).

Gleichwohl werden einige Kontakte genannt.

Zu einzelnen Personen in der DDR, in Dänemark und in England hat es laut K4 Kontakte gegeben (vgl. K4:91). Zu einem möglichen damaligen Austausch zwischen Kassel und Weimar vermutet sie: „Das ‚Bauhaus' war sicher ein Multiplikator" (ibid.:101).

Den Austausch über die Architekturausbildung belegt die von der HAB-Alumna Christa Otto verfasste Broschüre „Zur Architektenausbildung an der Hochschule für Architektur und Bauwesen Weimar nach der Hochschulreform 1968" (Doku:lab 81.801.000). Diese ist die Verschriftlichung eines Vortrages, den sie am 11.10.1974 an der GhK gehalten hat, wie auf dem Titelblatt vermerkt ist. Ebenfalls bezogen auf die Ausbildung hat es Kontakte nach England gegeben (K4:95).

Laut K3 haben sowohl Mike Wilkens als auch Alexander Eichenlaub Kontakte zu Universitäten in Kuba (vgl. K3:19), die jedoch erst ab 1989 als offizielle Kooperation Bestand hat.

Lucius Burckhardt hat laut K3 „sehr gute Freunde in Frankreich" (K3:15) gehabt. Dazu zählen Planerinnen und Planer, Künstlerinnen und Künstler (vgl. ibid.). Speziell hebt K3 die Freundschaft von Lucius Burckhardt und Armand Gette hervor (vgl. ibid.).

K4 betont hingegen die verschiedenen internationalen Studierenden, die oft „ganz interessante Laufbahnen hatten" (K4:8).

Die Diskussionen um Architektur und Stadtplanung in Kassel sind laut K1 durch internationale Einflüsse geprägt worden (vgl. K1:113). Die angelsächsischen Länder hebt K1 dabei in Bezug auf die Stadtplanung besonders hervor (vgl. ibid.:115). Darüber hinaus nennt K1 den Ursprung der Studentenbewegung in den USA (vgl. ibid.:113). Die Gründung der Zeitschrift „arch+ mittendrin in der Studentenbewegung" (ibid.:115) durch eine Assistentengruppe um K1 beschreibt sie als ein Ergebnis internationaler Kontakte und Einflüsse (vgl. ibid.).

Abbildung 38 veranschaulicht die genannten Verbindungen zwischen den Akteurinnen und Akteuren in Kassel und den verschiedenen Ländern.

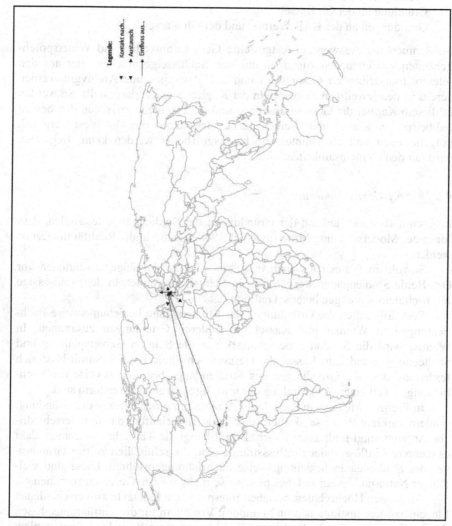

Abbildung 38: Internationale Verbindungen der an der Gründung in Kassel beteiligten Personen (eigene Darstellung)

4.6   Vergleich der Fallbeispiele

Betrachtet man beide Fallbeispiele, lassen sich drei Vergleichsebenen unterscheiden:

- Gründung an der HAB Weimar
- Gründung an der Gh Kassel
- Gründungen an der HAB Weimar und der Gh Kassel

Im Rahmen der Auswertung festgestellte Gemeinsamkeiten und Widersprüchlichkeiten zwischen den Aussagen aus den Schlüsselgesprächen oder aus den selektiv transkribierten Gesprächen und den Aussagen aus Archivgut werden bereits in den jeweiligen Teilkapiteln der Kapitel 2 und 3 dargestellt. So werden in diesem Kapitel die Gemeinsamkeiten und Unterschiede zwischen den beiden Fallbeispielen Kassel und Weimar beleuchtet, damit ein Ost-West-Vergleich vorgenommen und als Quintessenz herausgearbeitet werden kann. Begonnen wird mit den Gemeinsamkeiten.

4.6.1   6.1 Gemeinsamkeiten

Insgesamt lässt sich anhand der Gründungen der Studiengänge feststellen, dass Ideen der Modernisierung Mitte/Ende der 1960er-Jahre in die Realität umgesetzt werden.

Sowohl in Weimar als auch in Kassel gibt es Vorgängerinstitutionen vor Ort. Beide Studiengänge werden also in Städten gegründet, in denen ansässige Hochschuleinrichtungen bereits Tradition haben.

Ebenfalls fallen die Gründungen der Studiengänge beziehungsweise Fachrichtungen in Weimar und Kassel mit anderen Gründungen zusammen. In Weimar wird die Sektion 5 beziehungsweise die Sektion Gebietsplanung und Städtebau gegründet, in Kassel die Gesamthochschule Kassel. Somit lässt sich festhalten, dass die Gründungen des Studiengangs beziehungsweise der Fachrichtungen Teil einer Neugründung der jeweiligen Organisationsform sind.

In Weimar wie auch in Kassel gibt es nicht nur einen Prozess der Gründung, sondern mehrere Prozesse, die teilweise parallel verlaufen, da sie unterschiedliche Anfangs- und Endpunkte haben. Damit hängt die Tatsache zusammen, dass es mehrere Einflüsse oder Einflussstränge gibt, die schließlich zu den Gründungen des Studiengangs beziehungsweise Fachrichtungen führen. Diese sind vielfältiger Natur und lassen sich beispielsweise nicht nur den Gesetzen zuordnen.

An beiden Hochschulen bestehen internationale Kontakte zu verschiedenen Einzelpersonen, Institutionen und Ländern. Vor allem für die Einführungsphasen des Studiengangs oder der Fachrichtungen können diese Kontakte belegt werden. Diese internationalen Kontakte bilden die Grundlage für die Beobachtung, dass es durch die Ausbildung und den Austausch zu immateriellen Exporten gekommen ist.

Sowohl in Weimar als auch in Kassel ist jeweils eine Kombination aus Einzelpersonen und Akteursgruppen an den Gründungen beteiligt. Mit Joachim Bach in Weimar und Lucius Burckhardt in Kassel gibt es in den beiden Fallbeispielen jedoch zwei starke Persönlichkeiten, die den neuen Studiengang beziehungsweise die neuen Fachrichtungen prägen. Auch ihre Frauen, Anita Bach und Annemarie Burckhardt-Wackernagel, spielen in diesem Zusammenhang eine bedeutsame Rolle. So hat sich Annemarie Burckhardt-Wackernagel neben Prof. Martin Schmitz, dem „doku:lab" und der „documenta" um den Nachlass von Lucius Burckhardt verdient gemacht. Anita Bach hat den Nachlass ihres Mannes größtenteils an das Archiv der Moderne (AdM) weitergegeben und pflegt weiterhin sowohl die persönlichen als auch die kollektiven Erinnerungen an ihn. Weitere Betrachtungen, die sich auf Anita Bach und Annemarie Burckhardt-Wackernagel beziehen und dies nicht ausschließlich im Kontext ihrer Ehemänner, sind wünschenswert. Das Ehepaar Bach und das Ehepaar Burckhardt/ Burckhardt-Wackernagel legen Wert auf eine Lehre auf Augenhöhe mit den Studierenden, sodass diese stark durch diese Ansicht geprägt werden. Darüber hinaus lässt sich sowohl bei Joachim Bach als auch bei Lucius Burckhardt eine für damalige Verhältnisse in der DDR und der BRD ungewöhnliche akademische Kultur erkennen. Das ist beispielsweise darauf zurückzuführen, dass Bach und Burckhardt vor ihren Berufungen auch im außeruniversitären Bereich gearbeitet haben. Bach ist als Stadtarchitekt in Weimar und unter Paulick in Halle-Neustadt tätig gewesen, Burckhardt hat als Redakteur der Zeitschrift „Werk" gearbeitet. Beide haben außerdem eine Affinität zur Internationalität, die sich anhand der durch sie initiierten und von ihnen gepflegten internationalen Kontakte ausgeprägt darstellen lässt. Ebenfalls sind für Bach und Burckhardt Kunstbezüge und ein geschichtliches Interesse nachzuweisen. Im Jahr 1992 sind beide in Weimar gewesen: Bach wird damals emeritiert, Burckhardt gründet die Fakultät Gestaltung der heutigen Bauhaus-Universität. Sowohl in Weimar als auch in Kassel hat sich im Rahmen der Gründungen der Stadtplanungsstudiengänge ein Generationenwechsel vollzogen, der sich in Weimar unter anderem an der Person Bach und in Kassel beispielsweise durch die Berufung von Meyfahrt ablesen lässt.

In Weimar und Kassel ist die Lehre interdisziplinär als „ASL" betrachtet worden, wie durch die Studienpläne für die Grundstudienrichtung Städtebau und Architektur für die DDR und damit auch für Weimar sowie die für ASL gemeinsam gültige Diplomprüfungsordnung belegt wird. Für beide Studienorte werden im Jahr 1983 wichtige Dokumente veröffentlicht, wobei es sich um einen Studienplan für Weimar sowie eine Diplomprüfungsordnung für Kassel handelt.

Der unmittelbare Praxisbezug in der Lehre wird sowohl in Weimar als auch in Kassel hervorgehoben. Während es in Kassel die Berufspraktischen Studien (BPS) gibt, werden in Weimar die sogenannten Komplexbelege angefertigt. Die Gruppen- beziehungsweise Projektarbeit ist in beiden Studiengängen beziehungsweise Fachrichtungen verankert. Die Stadtplanungslehre ist an den zwei Standorten Weimar und Kassel am Bedarf der Praxis orientiert gewesen, aber darüber hinaus hat man der kritischen Auseinandersetzung mit damaligen Diskussionen einen hohen Stellenwert beigemessen. Deutlich wird das beispielsweise am Artikel zum Städtebaulichen Ideenwettbewerb in Weimar, der den Umgang mit bestehender Bausubstanz hinterfragt, und an Lucius Burckhardts Ansicht, die sich mit „Der kleinstmögliche Eingriff" (Burckhardt 2013) beschreiben lässt.

Auch Arten einer außeruniversitären Zusammenarbeit zwischen Lehrenden und Studierenden bestehen an beiden Orten. In Kassel wird das Büro mit dem Namen Entwicklungsgruppe Landschaft (EGL) als Verein in Kooperation zwischen Studierenden und Prof. Grzimek gegründet. Wettbewerbsteilnahmen mit Arbeitsgruppen, die sich aus Studierenden des neugegründeten Studiengangs und Lehrenden zusammensetzen, sind an der HAB Weimar keine Seltenheit.

4.6.2   Unterschiede

Nachdem die Gemeinsamkeiten der Fallbeispiele erläutert worden sind, wird nun auf die Unterschiede eingegangen.

Die politischen und wirtschaftlichen Rahmenbedingungen in der BRD und der DDR sind durch große Unterschiede geprägt. So wird die BRD als Demokratie und die DDR als Diktatur, die BRD als Markt-, die DDR als Planwirtschaft definiert, womit die Gegensätze bereits deutlich werden.

Auch der Aufbau und der Inhalt der Systeme der räumlichen Planung sind verschieden. In der BRD wird beispielsweise im Rahmen des (Städte-)Baurechts geplant, in der DDR gibt es Richtlinien zur Orientierung. Das System der räumlichen Planung in der DDR besteht neben der staatlichen Ebene aus der Bezirks- und Stadtebene, während es in der BRD die staatliche Ebene sowie die der Bundesländer, Landkreise und Gemeinden gibt.

Auch in Bezug auf die für die Gründungen zuständigen Ebenen gibt es in Weimar und Kassel Unterschiede. Für die HAB sind es Institutionen und Ministerien auf DDR-Ebene, für die GhK Institutionen auf Bundes- und Landesebene.

Mit der Gründung des Studiengangs in Kassel hat man unter anderem eine Durchlässigkeit zwischen verschiedenen Studiengängen schaffen wollen. Dies ist für Weimar nicht thematisiert worden.

Während in Kassel der integrierte Studiengang ASL (Architektur, Stadtplanung, Landschaftsplanung) neugegründet wird, umfasst die Neugründung in Weimar die zwei Fachrichtungen Technische Gebietsplanung sowie Städtebau. Die Bezeichnungen Gebietsplanung in Weimar, Landschaftsarchitektur in der DDR und Landschaftsplanung in Kassel zeigen begriffliche Unterschiede auf, die jedoch genauer betrachtet werden müssen, um herausfinden zu können, ob es sich dabei auch um eindeutig inhaltliche Unterschiede handelt.

In Kassel dürfen die Studierenden zumindest teilweise selbst ihre Projektthemen und Betreuenden auswählen, in Weimar gibt es einen vorgegebenen Stundenplan. Damit lässt sich für Kassel in dieser Hinsicht ein höherer Freiheitsgrad belegen.

Vergleicht man die Lehre in Weimar und Kassel, lässt sich feststellen, dass sie in Weimar nach dem Vollständigkeitsprinzip angelegt gewesen ist. Alle Maßstabsebenen betreffend, wird ganzheitlich gedacht und dementsprechend gelehrt. Dennoch behalten die einzelnen Disziplinen ihren Wert und so haben Lehrinhalte von übergreifender räumlicher Planung hinunter bis zum städtebaulichen Entwurf entsprechend Bestand.

In Kassel wird hingegen additiv gelehrt, wobei beispielsweise die übergreifende Planung kaum eine Rolle spielt.

Der Studienplan für Weimar ist für die gesamte DDR einheitlich gewesen, die Diplomprüfungsordnung für den integrierten Studiengang ASL ist speziell für die GhK erarbeitet worden.

Während in Weimar studentische Arbeiten in einer öffentlichkeitswirksamen Ausstellung außerhalb der Hochschule gezeigt worden sind, ist etwas Ähnliches für Kassel nicht bekannt.

Darüber hinaus hat es in Weimar und Kassel verschiedene Arten des Praxisbezuges gegeben. So ist eine Berufsausbildung beziehungsweise ein Vorpraktikum Pflicht für die Aufnahme eines Studiums in den Fachrichtungen Technische Gebiets- und Stadtplanung sowie Städtebau. Um weitere praxisnahe Elemente in Weimar hat es sich zum Beispiel beim Betriebspraktikum oder Kommunalen Praktikum gehandelt, ebenso beim Ingenieurpraktikum, bei Komplexbelegen und Diplomarbeiten mit Praxisbezug. In Kassel sind hingegen zwei „BPS" implementiert worden.

Eine ausführliche Auseinandersetzung mit der Gründung durch Hochschulforscherinnen und Hochschulforscher findet in Kassel zum Beispiel durch die Dissertationen von Aylâ Neusel (vgl. Neusel 1979) und Helmut Winkler (vgl. Winkler 1979) sowie durch ein von Helmut Winkler verfasstes Arbeitspapier des „Wissenschaftlichen Zentrums für Berufs- und Hochschulforschung" an der Gesamthochschule Kassel mit dem Titel „Erfahrungen mit integrierten Studiengängen an der Universität Gesamthochschule Kassel. Ein Beitrag zur Diskussion um differenzierte Studiengangsstrukturen an Universitäten" (vgl. Winkler 1994) statt. Hingegen ist für die Gründung in Weimar keine dementsprechende Reflexion bekannt. Die Beschäftigung mit der Gründung in Weimar und angrenzenden Themen hat mit dem Artikel von Bach begonnen, der mit „Zu einigen Aspekten der städtebaulichen Arbeit der Weimarer Hochschule in den letzten 25 Jahren" (Bach 1974) betitelt ist. Weitere anknüpfende Auseinandersetzungen folgen mit den Dissertationen von Harald Kegler (vgl. Kegler 1987) und Norbert Korrek (vgl. Korrek 1987) in den 1980er Jahren. Mit den von Max Welch Guerra verfassten Buchkapiteln (vgl. Welch Guerra 2011; 2012a; 2012b) wird daran angeschlossen. Die aktuellste Beschäftigung zur Thematik ist im August 2019 von Harald Kegler und der Verfasserin dieser Arbeit veröffentlicht worden (vgl. Hadasch und Kegler 2019).

Während in Weimar keine Frauen als an der Gründung beteiligte Personen genannt werden, wirken Frauen zum Teil federführend an den Gründungen in Kassel mit.

Zu den Personen Joachim Bach und Lucius Burckhardt ist festzustellen, dass Bach in einer Arbeiterfamilie und Burckhardt in bürgerlichen Verhältnissen aufgewachsen ist. Während Bach bereits vor der Gründung direkt an Prozessen seiner Alma Mater involviert gewesen ist, wird Burckhardt erst an die GhK berufen, als diese schon gegründet worden ist.

Die internationalen Kontakte bestehen in unterschiedlichem Ausmaß. Während in Weimar aufgrund der politischen Umstände zum Beispiel kein wirklicher Austausch mit der TU Wien möglich ist, gibt es in Kassel vielfältige und gegenseitige Kontakte. Darüber hinaus wird für Kassel neben Kontakten und Austausch auch Einfluss aus den USA genannt. Für Weimar wird auf keinen derartigen Einfluss hingewiesen.

Etwas, das es in Kassel gar nicht gegeben hat, ist eine offensichtlich ideologische Verankerung wie beispielsweise die Zivilverteidigung als verpflichtendes Element des Studiums an der HAB Weimar; es ist extra als „Rahmenlehrprogramm für die berufsspezifische Zivilverteidigungsausbildung in der Grundstudienrichtung Städtebau und Architektur" (BArch DR/3/20855) veröffentlicht worden. Auch Sport und Fremdsprachen haben, im Gegensatz zu Kassel, zum festen Bestandteil des Weimarer Studienplans für angehende Stadtplanerinnen und Stadtplaner gehört.

Der Institutionalisierungsgrad ist in Weimar höher als in Kassel, da es sich bei der HAB um eine Hochschule handelt, die bereits zwei Jahrzehnte, wenn auch mit unterschiedlichen Namen, Bestand hat, als der Studiengang gegründet wird. Hingegen wird die GhK erst wenige Jahre vor der Gründung des Studiengangs ins Leben gerufen. Dementsprechend lässt sich für die HAB eine stärkere Hierarchie als für die GhK feststellen. Dies ist beispielsweise dadurch belegbar, dass Studierende der GhK Mitglieder in den Berufungskommissionen werden können und so im Vorfeld von bedeutsamen Entscheidungen beteiligt werden.

Innerhalb der Hochschulen kommt den neuen Institutionen eine unterschiedliche Bedeutung zu. In Weimar gibt es bis zur Wende keine starken Veränderungen in dieser Hinsicht, jedoch sieht die Situation in Kassel anders aus, was sich an der Entwicklung des Fachbereichs vom gemeinsamen ASL zu den Fachbereichen A und SL zu wiederum einem Fachbereich ASL ablesen lässt.

In Weimar hat es sich um eine robuste Struktur gehandelt, die schrittweise weiterentwickelt worden ist. Deshalb hat Weimar nur ansatzweise eine Schule werden können, da die Hochschule nach der politischen Wende abgewickelt worden ist und die Fachrichtung eine Lücke hinterlassen hat, die erst mit dem Aufbau des Studiengangs Urbanistik einen – wenn auch ungleichen – ein Stück weit hat geschlossen werden können. Hingegen lässt sich für Kassel eine Verlustgeschichte des Integrationscharakters, den die Gesamthochschule beinhaltet hat, rekonstruieren. Das Image als Reformhochschule sowie heterodoxe Denk- und Lehrweisen haben dort zum Ruf der Kasseler Schule geführt.

Mit der Bologna-Reform sind alle Ansätze vereinheitlicht worden, sodass sich aus den damaligen Strukturen Mythen gebildet haben.

Zusammenfassend lässt sich feststellen, dass in Weimar und Kassel aktive und passive Orientierungen zur Transformation bestehender Verhältnisse vorhanden gewesen sind. Während man sich in Weimar zunächst von der bisher üblichen Lehre abgewandt hat, um Planerinnen und Planer für die Praxis auszubilden, hat zum Beispiel Lucius Burckhardt in Kassel schon früh damit begonnen, Fachleute auszubilden, die die Gesellschaft, beispielsweise weg von der autogerechten Stadt, haben verändern sollen. Damit ist festzuhalten, dass Ansätze für einen Modus-3-Typ zeitversetzt zwischen Weimar und Kassel entstanden sind. Dennoch zeigen beide, dass die Entwicklungen sich nicht mehr allein aus den Kriterien von Modus 2 erklären lassen und so die Vermutung nahelegen, dass bereits ein neuer Wissenschaftstypus heranreift.

5 Fazit

Im vorletzten Kapitel dieser Arbeit wird auf den Erkenntnisertrag eingegangen, es werden die wissenschaftlichen Ergebnisse diskutiert und zuletzt wird ein methodisches Fazit zu den Gesprächen, zu der Archivarbeit und zum Ost-West-Vergleich gezogen.

5.1 Erkenntnisse und Diskussion der wissenschaftlichen Ergebnisse

Die kombinierten Auswertungen der Schlüsselgespräche, einzelner extra hinzugenommener Aussagen aus selektiv transkribierten Gesprächen und des Archivguts zeigen, dass sich die Prozesse in Kassel und in Weimar hinsichtlich einzelner Aspekte rekonstruieren lassen.

Als Maßstab für den Erkenntnisertrag werden die aus dem Kapitel „Forschungsstand" abgeleiteten und im Kapitel „Methodisches Vorgehen" benannten Leitfragenkomplexe sowie die Forschungsfrage hinzugezogen. Darüber hinaus wird die Entwicklung der Wissenschaftstypen als übergreifendes Vergleichsmoment diskutiert.

Ein Erkenntnisertrag stellt die Antwort auf die Forschungsfrage „**Welche Einflüsse haben im Kontext der gesellschaftlichen Modernisierung in der DDR und der BRD um 1970 zur Gründung eigenständiger Stadtplanungsstudiengänge geführt, insbesondere der HAB Weimar und an der Gh Kassel?**" dar.

In den Beschreibungen der Gründungsprozesse sind verschiedene Einflüsse identifiziert worden:

Politische Instrumente wie die dritte Hochschulreform der DDR und der Wissenschaftsrat der BRD bilden eine Grundlage für die Gründungen der neuen Stadtplanungsstudiengänge in Weimar und Kassel.

Darüber hinaus haben beide Studiengänge Vorgängerinstitutionen am selben oder, wie im Fall Weimars mit dem Beispiel der Hochschule für Bauwesen Cottbus belegt worden ist, auch an anderen Orten. Auf diesen hat die Lehre personell und inhaltlich aufgebaut werden können. Dabei wird deutlich, dass die politische Entscheidung des Umzugs der Fachrichtung Raumplanung der Hochschule für Bauwesen Cottbus in die Fakultät Bauingenieurwesen der HAB Weimar eine Chance darstellt, die im Zusammenspiel mit anderen Faktoren und Einflüssen genutzt worden ist.

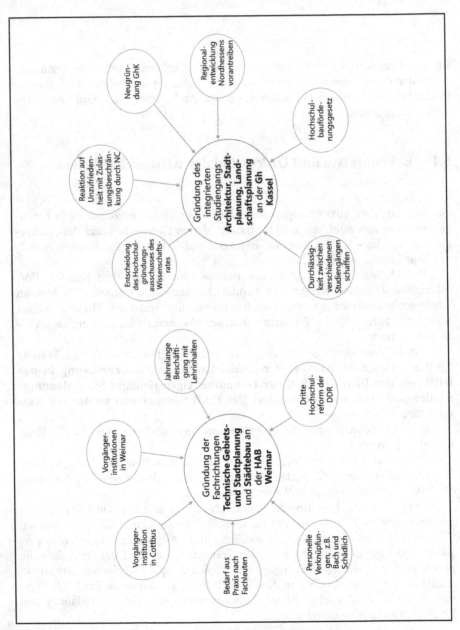

Abbildung 39: Einflüsse, die zu den Gründungen an der HAB Weimar und der Gh Kassel geführt haben (Auswahl) (eigene Darstellung)

Weiterhin ist mit den Gründungen der Sektion Gebietsplanung und Städtebau und der Gesamthochschule Kassel jeweils ein passendes institutionelles Umfeld für die zwei neuen Studiengänge geschaffen worden, die sich nur deswegen zu den Studiengängen haben entwickeln können, die sie geworden sind.

Die Beschäftigung mit den Lehrinhalten ist ebenfalls als Einflussfaktor zu nennen. Auch dabei ist für die Fachrichtung Gebietsplanung und Städtebau an der HAB Weimar in Teilen die Vorgängerinstitution Hochschule für Bauwesen Cottbus zu nennen. Außerdem ist gezeigt worden, dass beispielsweise die studentische Konferenz, die Studierende der Architektur in der DDR in den 1950er-Jahren organisiert haben, im Kontext der Gründung im Jahr 1969 zu sehen ist.

Bei den genannten Aspekten wird deutlich, dass es erst nach deren Zusammenspiel zu den Gründungen der Stadtplanungsstudiengänge gekommen ist. An dieser Stelle lässt sich diskutieren, ob allein die politischen Instrumente ausgereicht hätten und damit Gründungen „von oben" hätten zustande kommen können. Man kann davon ausgehen, dass die von den zuständigen Ministerien getroffenen Entscheidungen alleine stark und folgenreich genug gewesen und dadurch die Institutionen gegründet worden wären. Jedoch bleibt zu vermuten, dass die Studiengänge ohne all die anderen Einflüsse nicht in den beschriebenen Formen entstanden wären, da diese in beiden Fallbeispielen in jahrelangen Aushandlungsprozessen entwickelt worden sind.

Andererseits bietet ein Gedankenexperiment Raum für die Überlegung, ob jeder andere Einfluss ohne die zusätzlichen politischen Instrumente zu schwach gewesen wäre, um die Gründung in Weimar oder Kassel zu ermöglichen. Dies lässt sich für die Fallbeispiele nicht abschließend klären. Es ist aber schwer vorstellbar, dass ohne die dritte Hochschulreform ein neuer Studiengang an der HAB ins Leben gerufen oder sogar gegen die Mehrheit der Politikerinnen und Politiker in Hessen die GhK, geschweige denn der Studiengang ASL, gegründet worden wäre.

Daran wird deutlich, dass den durch die Politik geschaffenen Rahmenbedingungen eine besondere Bedeutung im Vergleich zu den anderen Einflüssen zugeschrieben werden kann.

Insgesamt wird offensichtlich, dass weder die Gesprächspartnerinnen und Gesprächspartner noch das Archivgut einen konkreten Bezug zur gesellschaftlichen Modernisierung herstellen. Dies führt zu der Frage, ob die gesellschaftliche Modernisierung tatsächlich eine Rolle bei den Gründungen des Studiengangs beziehungsweise der Fachrichtungen gespielt hat. Darauf wird in den weiteren Ausführungen eingegangen.

Auf welche Zeiträume können die Gründungen bezogen werden?

Die Zeiträume der Gründungen sind anhand des dafür hinzugezogenen Materials beschrieben worden. Dokumente belegen einzelne Daten, die Erläuterungen der

Gesprächspartnerinnen und Gesprächspartner fügen diese wiederum in einen
Zusammenhang. Diese Zusammenstellung zeigt, dass langfristige Prozesse zu
den Gründungen geführt haben. Für das Fallbeispiel Weimar wird sogar ein
mehr als zwei Jahrzehnte andauernder Zeitraum beschrieben. Während es in
Weimar eine lange Vorphase bis zur Gründung der Sektion und der Fachrichtung
Gebietsplanung und Städtebau gegeben hat, bezieht sich beim Fallbeispiel Kassel die Vorphase auch auf die Zeit zwischen der Gründung der GhK und des
Studiengangs ASL. Ob es sich um einen Zufall handelt, dass die Gründungen der
Studiengänge jeweils beispielsweise nicht innerhalb eines kürzeren Zeitraums
wie den von zwei Jahren zustande gekommen sind, kann an dieser Stelle nicht
beantwortet werden. Dies müssten weiterführende Untersuchungen zu anderen
Fallbeispielen zeigen. Unklar bleibt auch, ob es eventuell auch für Kassel eine
längere Vorphase gegeben hat. Dies wird von den für die Arbeit ausgewählten
Gesprächspartnerinnen und Gesprächspartner nicht beschrieben und in Dokumenten und Archivgut nicht erwähnt. Dabei stellt sich die Frage, ab wann Prozesse der Vorphasen erwähnenswert sind. Hierfür gibt es zwei Möglichkeiten.
Einerseits könnte man dafür plädieren, nur direkt mit den Gründungen im Zusammenhang stehende Prozesse zu nutzen, um die Gründungsvorgänge zu beschreiben. Andererseits erscheint es sinnvoll, möglichst viele Prozesse aufzu-
nehmen, um ein breites Spektrum abzubilden. Die Entscheidung für diese Arbeit
ist auf die zweite Variante gefallen, da die Hinweise als ausreichend betrachtet
worden sind und es personelle Verflechtungen innerhalb der verschiedenen Pro-
zessstufen, wie es zum Beispiel durch die Personen Bach und Schädlich für das
Fallbeispiel Weimar belegt worden ist, gegeben hat.

*Welche Planungssysteme haben in der BRD und der DDR zur Zeit der Studien-
gangsgründungen vorgelegen? Wie lassen sich diese in der Lehre erkennen?*

Der Begriff „Planungssysteme" wird durch „Systeme der räumlichen Planung"
ersetzt, um somit Verwechslungen mit Plänen der Wirtschaft beziehungsweise
Planwirtschaft weitestgehend zu vermeiden. Darauf wird im methodischen Fazit
detaillierter eingegangen. Die Systeme der räumlichen Planung können für die
BRD sowie für die DDR dargestellt werden. Während sie sich in Aufbau und
Abläufen unterscheiden, bestehen beide Systeme der räumlichen Planung aus
mehreren Ebenen.

   Auch das Widerspiegeln der Systeme der räumlichen Planung auf die Lehre
des neugegründeten Studiengangs und der neugegründeten Fachrichtungen wird
durch Aussagen und Archivgut bewiesen. Verschiedene Lehrveranstaltungen
zum Aufbau und zu Wirkungsweisen sind in Weimar und Kassel geplant und
durchgeführt worden. Dazu kommt, dass die Planungspraxis ebenfalls in der
Lehre verankert worden ist. Ein Beispiel in Kassel sind die BPS, in Weimar die
Komplexbelege und das „Kommunale Praktikum".

Diskutiert werden kann in diesem Kontext, welchen Stellenwert ein System der räumlichen Planung innerhalb der Disziplin Stadtplanung einnimmt und ob es dabei einen Unterschied gibt zum Stellenwert in der Ausbildung von Stadtplanerinnen und Stadtplanern. Dies könnte anhand von weiterführenden Untersuchungen erörtert werden; denkbar ist ein Vergleich vom Verständnis der Disziplin Stadtplanung und der Ausbildung von Stadtplanerinnen und Stadtplanern in verschiedenen Ländern, um so verschiedene Systeme räumlicher Planung betrachten zu können.

Dabei steht außerdem die Frage im Fokus, ob es sich bei dem jeweiligen System der räumlichen Planung um eine von vielen Rahmenbedingungen oder die wichtigste Rahmenbedingung handelt. Es wird vermutet, dass diese Frage in Abhängigkeit von persönlichen Perspektiven und Interessen beantwortet wird, da vielfältige Handlungs- und Betätigungsfelder von Stadtplanerinnen und Stadtplanern bestehen, die unterschiedlich stark mit dem System der räumlichen Planung zusammenhängen.

Ebenfalls sollte diskutiert werden, inwieweit es sich bei einem Studium der Stadtplanung um ein tatsächliches Studium im eigentlichen Sinne oder vielmehr um eine Berufsausbildung handelt. Dabei müssten die Absichten genauer beleuchtet werden, mit denen Studienpläne erstellt worden sind und werden und weshalb künftige Stadtplanerinnen und Stadtplaner das Studium gewählt haben und wählen.

Wie ist die Lehre der zwei Studiengänge an große gesellschaftliche Umbrüche beziehungsweise Modernisierungen angepasst worden?

Wie hat die spezifische inhaltliche und methodische Struktur der neugegründeten Institutionen in Bezug auf die Anforderungen der jeweiligen Planungspraxis ausgesehen? Verbergen sich dahinter Modernisierungsprozesse der Industriegesellschaft?

Diese Fragen beziehen sich auf die Hypothese der vorliegenden Arbeit:

„Die Analyse der gesellschaftlichen Ereignisse hat einen Modernisierungsstau sowohl für die BRD als auch für die DDR Ende der 1960er-Jahre dargelegt. Daraus ergibt sich die Hypothese, dass es sich bei den Gründungen der Gesamthochschule Kassel und der Sektion Gebietsplanung und Städtebau an der Hochschule für Architektur und Bauwesen Weimar um Antworten auf die Krisen als Top-Down-Reaktionen handelt und indirekt gleichzeitig Bottom-Up-Kräfte wirken. Darüber hinaus sind die Fallbeispiele gewählt worden, da sie am treffendsten die institutionelle Einbindung, die eigenständige Ausbildung von Stadtplanerinnen und Stadtplanern, die räumlich-gestalterische Perspektive sowie den Modus 2 abbilden."

Auffälligkeiten der damaligen Gesellschaft sind erläutert und deren Einfluss auf die Lehre in Weimar und Kassel bestätigt worden. Der Bezug zur Planungspraxis in der Lehre ist an beiden neugegründeten Institutionen in verschiedenen Formen gegeben.

Erstens sind gesellschaftliche Umbrüche thematisiert worden, indem verschiedene Veranstaltungen in die Studienpläne aufgenommen und so zum Gegenstand der Lehre gemacht worden sind. Zweitens ist durch den Austausch mit der Planungspraxis eine unmittelbare Nähe zur gesellschaftlichen Realität gegeben worden, wodurch eine Wechselwirkung zwischen Theorie und Praxis möglich geworden ist und von beiden Seiten – wenn auch nicht immer deutlich voneinander trennbar – auch genutzt worden ist. Auch die Absolventenvermittlung in Weimar hat für einen engen Kontakt zwischen der Hochschule und der Praxis gesorgt. Darüber hinaus stellt Weimar aufgrund der Tatsache, dass es sich dabei um die einzige Ausbildungsstätte für Gebietsplanerinnen und Gebietsplaner, Städtebauerinnen und Städtebauern in der DDR gehandelt hat, einen Extremfall dar.

Man kann dabei insofern von Modernisierungsprozessen der Industriegesellschaft sprechen, da diese Veränderungen, die im Rahmen der Neugründungen durchgeführt worden sind, unter anderem durch gesellschaftliche Bewegungen beeinflusst worden sind, die dem damaligen Zeitgeist entsprechen. Einerseits lässt sich feststellen, dass die Ausbildung von Stadtplanerinnen und Stadtplanern als Möglichkeit betrachtet und genutzt worden ist, gesellschaftliche Aspekte zu beeinflussen. So sind Studieninhalte nicht von oben, von ministerieller oder staatlicher Ebene verordnet, sondern von den jeweiligen Planenden und Lehrenden in Weimar und Kassel entwickelt worden. Andererseits ist dies nicht erst seit den Gründungen der Studiengänge in Weimar und Kassel der Fall. Auch die internationalen Kontakte haben die Möglichkeit geboten, die eigenen Haltungen hinsichtlich der Gesellschaft und der Planungspraxis zu hinterfragen und die bisher für richtig angenommenen Ansichten und Arbeitsabläufe infrage zu stellen und damit zu einem Modernisierungsprozess beizutragen.

Welche Schlüsselpersonen beziehungsweise welche Personenkreise oder personellen Verflechtungen haben in den Prozessen eine besondere Rolle gespielt?

Die für die Gründungen bedeutsamen Personen sind einzeln und, falls im Zusammenhang genannt, gemeinsam beschrieben worden.

Es lässt sich feststellen, dass es sowohl Schlüsselpersonen als auch Personenkreise und personelle Verflechtungen gegeben hat, die im Hinblick auf die betrachteten Entwicklungen eine Rolle gespielt haben. Den vorgenommenen Auswertungen zufolge sind in Weimar Männer und in Kassel Frauen und Männer an den Vorbereitungen der Gründungen beteiligt gewesen. In beiden Fallbeispielen gehören die Akteure unterschiedlichen Generationen an. Für Weimar werden beispielsweise mit Lehmann und Räder ältere Professoren sowie ihre jüngeren Kollegen genannt. Beim Fallbeispiel Kassel setzt sich die Akteursgruppe unter anderem aus meist älteren Lehrenden der bereits vorhandenen Einrichtungen wie der Werkkunstschule und jüngeren Neuberufenen zusammen. Es ist deutlich geworden, dass die Personenkreise aus verschiedenen Institutionen stammen, die auch außerhalb der Hochschulen angesiedelt gewesen sind. Dabei handelt es sich zum Beispiel um das Ministerium für Hoch- und Fachschulwesen, den Bund der Architekten der DDR für die Gründung in Weimar und um das Kultusministerium des Landes Hessen für die Gründung in Kassel.

Bezogen auf die (fehlende) Geschlechterverteilung in den Personengruppen lässt sich diskutieren, ob Frauen die Prozesse in Weimar und ein ausschließlich aus Männern bestehender Personenkreis die Prozesse in Kassel anders gestaltet hätten. Dies ist unter den Gesichtspunkten der damaligen Verhältnisse und gleichzeitig mit neuen Erkenntnissen aus der Netzwerkforschung und den „Gender Studies" zu untersuchen und könnte in nachfolgenden Betrachtungen analysiert werden. Da weder in den Gesprächen noch in den Dokumenten dieser Aspekt thematisiert worden ist, bietet das für die vorliegende Arbeit verwendete Material nicht ausreichend Inhalt und Grundlage für diese Fragestellung.

Die verschiedenen, in Abbildug 40 dargestellten institutionellen Herkünfte der Personen in den Akteursgruppen lassen darauf schließen, dass diese Tatsache entweder zu einer Dynamik oder zu Konfrontation geführt hat. Für das Beispiel Kassel sind beide Fälle erläutert worden. Einerseits ist es durch die Integration des Bauwesens zu Konfrontationen gekommen, andererseits sind Neuberufungen als Chance für einen weitreichenden Wandel angesehen worden. So vertritt ein Gesprächspartner für seine Tätigkeit in Berufungskommissionen die Absicht, außergewöhnliche Leute zu berufen. Die Realisierung der Forderungen, die die Neuberufenen an ihren Arbeitgeber gestellt haben, habe auch den bereits an der GhK Tätigen gedient.

Nach Aussagen eines Gesprächspartners zum Fall Weimar haben Lehmann und Räder sich selbst als mögliche Kandidaten für die Sektionsdirektion ausgeschlossen, da sie sich als zu alt empfunden und ein paar Jahre vor der Emeritierung befunden haben. Dadurch ist die Möglichkeit für jüngere Lehrende wie Bach, Heidenreich, Schädlich und Sieber geschaffen worden, zu den Hauptakteuren der neuen Fachrichtung zu werden.

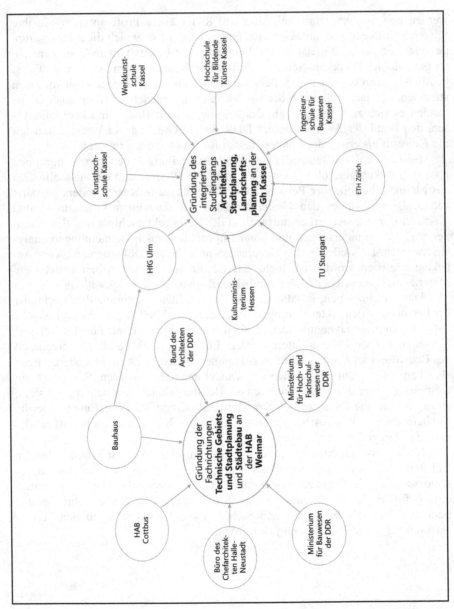

Abbildung 40: Gedankliche& reale Quellinstitutionen der für die Gründungen der Stadtplanungsstudiengänge in Weimar und Kassel wichtigen Personen (Aus-
wahl) (eigene Darstellung)

Haben internationale Kontakte von den an der Gründung in Kassel und in Weimar beteiligten Personen bestanden?

Bezogen auf die Frage, ob internationale Kontakte bestanden haben, gibt es unterschiedliche Meinungen. Für Weimar sind internationale Kontakte und verschiedene Austauschbeziehungen ins Ausland identifiziert und im thematischen Teilkapitel präsentiert worden. Für Kassel wird einerseits erwähnt, dass die Internationalität nicht vorhanden gewesen ist. Andererseits kann nachgewiesen werden, dass sich in Vorbereitung auf die Gründungsprozesse mit Studienplänen aus anderen Ländern beschäftigt worden ist und einige internationale Austauschbeziehungen, Kontakte und Einflüsse bestanden haben. So sind beispielsweise wie in Weimar einige internationale Studierende im neugegründeten Studiengang eingeschrieben gewesen. Auch die konkret an den Gründungen in Weimar und Kassel beteiligten Personen haben zum Teil langjährige persönliche Kontakte ins Ausland gehabt.

Verglichen mit der heutigen Internationalität von Hochschulen sind die damaligen Kontakte eher gering ausgefallen. Als Grund wird dafür der Zweite Weltkrieg genannt, der laut Aussagen eines Gesprächspartners zu Kassel dazu geführt hat, dass das Bild der Deutschen im Ausland lange geschädigt gewesen ist. Außerdem sind die Möglichkeiten Ende der 1960er- und Anfang der 1970er-Jahre durch einige Rahmenbedingungen begrenzt. So ist es die Zeit vor der politischen Wende, vor den Bestrebungen und finanziellen sowie ideellen Fördermöglichkeiten der Europäischen Union wie beispielsweise dem Erasmus- oder Sokrates-Programm, vor dem Wettbewerb um Finanzierung durch Bund, Länder, Stiftungen und Firmen – und ebenso eine Zeit ohne Internet und somit, bevor *soziale Medien* genutzt und konsumiert worden sind. Daran wird deutlich, dass sich in den letzten vier bis fünf Jahrzehnten in dieser Hinsicht viel verändert hat, was die Internationalität von Hochschulen stark beeinflusst. Ob die internationalen Kontakte der betrachteten Beispiele für die damaligen Verhältnisse außergewöhnlich zahlreich oder durchschnittlich gewesen sind, müssten weitere Untersuchungen zeigen.

Während für diese Arbeit die Schlüsselgespräche hinsichtlich der oben genannten Leitfrage analysiert werden, könnten für die weiterführende Fragestellung alle für diese Arbeit geführten Gespräche ausgewertet und mit weiteren Beispielen in DDR und/oder BRD verglichen werden.

Welche Zusammenhänge und welche Brüche lassen sich zwischen den Prozessen in Weimar und Kassel feststellen?

Es bestehen hinsichtlich bestimmter Aspekte Zusammenhänge, aber auch Brüche in den Prozessen der Gründungen in Kassel und Weimar.

Trotz verschiedener politischer Systeme lassen sich ähnliche Vorgehensweisen und Rahmenbedingungen feststellen. Darüber hinaus hat in beiden Fallbeispielen der Wille bestanden, durch die neuen Studiengänge Stadtplanung als
Disziplin voranzubringen, mit (neuem) Leben zu erfüllen, eigene Ideen zur Ausbildung von Stadtplanerinnen und Stadtplanern in die Realität umzusetzen und
Nachwuchs vor allem für die Praxis auszubilden.

Dadurch ist die Grundlage geschaffen worden für die Entwicklung der Disziplin an den zwei betrachteten sowie an weiteren Ausbildungsstätten.

Der Forschung ist in Weimar den Gesprächen zufolge keine besondere Rolle beigemessen worden, weder die der Lehrenden noch als Ziel, Nachwuchs für
die Forschung auszubilden. Als möglicher Grund ist anzuführen, dass es sich bei
den Gesprächspartnerinnen und Gesprächspartnern eher um Praktikerinnen und
Praktiker beziehungsweise auf Praxis ausgerichtete Personen gehandelt hat.
Jedoch zeigt auch die in den Dokumenten vermittelte Sicht keinen Unterschied
in dieser Hinsicht auf. So ist denkbar, mit weiteren Untersuchungen dieser Thematik im Detail nachzugehen.

Insgesamt lässt sich die Frage nach Zusammenhängen und Brüchen mit dem
Modell von Schneidewind und Singer-Brodowski zu Modus 1, Modus 2 und
Modus 3 diskutieren, indem gefragt wird, welche Aspekte Modus 1, Modus 2
oder Modus 3 entsprechen.

Hinsichtlich des Ansatzes der Disziplinentwicklung sind dabei speziell Modus 2, der die interdisziplinäre Wissenschaft beschreibt, und Modus 3, der für
transformative Wissenschaft steht, von Interesse.

Für das Fallbeispiel Weimar lassen sich sowohl interdisziplinäre als auch
transformative Aspekte ausmachen. Die gelebte Interdisziplinarität von Professor
Gerold Kind mit seinen wissenschaftlichen Mitarbeitern Beyer und Heidenreich
und die Zusammenarbeit mit Architektinnen und Architekten sowie Bauingeni-
eurinnen und Bauingenieuren kann man als interdisziplinäre Beispiele aufzählen.
Darüber hinaus hat es nicht dem damaligen politischen System entsprechendes
Verhalten gegeben, das dieses sogar (stückchenweise) infrage gestellt hat, wie es
beispielsweise bei den Kommunalen Praktika der Fall gewesen ist.

Durch die Abwicklung der HAB Weimar nach der politischen Wende und
die Neugründung der Bauhaus-Universität Weimar sind die Rahmenbedingungen
stark verändert worden, ein grundständiger Stadtplanungsstudiengang ist dort bis
2008 nicht mehr existent gewesen. Daher lässt sich keine wirkliche Stetigkeit
nachzeichnen, die hinsichtlich der Aspekte Interdisziplinarität und Transformation analysiert werden könnte, obwohl zum Teil eine personelle Kontinuität
vorgelegen hat.

Während man den Kasseler Studiengang ASL sowie den gleichnamigen
Fachbereich an der GhK an sich als interdisziplinär betrachten kann, lassen sich
vom System abweichendes Verhalten und dementsprechende bewusste Entschei-

dungen als transformativ einordnen. So werden in Kassel außergewöhnliche Leute berufen, eine Persönlichkeitsentwicklung durch das Studium auch ohne Abitur ermöglicht Noten, die nicht als Mittel der Machtausübung genutzt werden. Die Hochschule wird als experimentell, die Studierenden werden nicht als Kunden, sondern als eigenständige Menschen mit individuellen Bedürfnissen und Interessen wahrgenommen und geschätzt.

Es lässt sich diskutieren, ob beziehungsweise inwieweit diese innovativen, experimentellen und transformativen Momente in der Universitätsentwicklung verloren gegangen sind. Etwa 20 Jahre nach der Gründung der GhK erhält die Hochschule den Doppelnamen Universität Gesamthochschule Kassel, der schließlich in den Namen Universität Kassel umgewandelt wird. Auch durch den Bologna-Prozess kommt es vermutlich zu einer immer stärkeren Angleichung an andere Hochschulen.

Die in der Arbeit beschriebenen konservativen Gegnerinnen und Gegner der Gesamthochschulidee haben damit als Universitätsverfechterinnen und Universitätsverfechter die Entwicklung in diese Richtung vorangetrieben. Was als Rückfall hinsichtlich einer transformativen Wissenschaft interpretiert werden kann, ist aus anderer, deren Perspektive als Fortschritt zu bezeichnen.

Auch am Wandel des Fachbereichs von „ASL" zu den zwei Fachbereichen „A" und „SL" und wieder zum Fachbereich „ASL" wird deutlich, dass das Modell von Modus 1, Modus 2 und Modus 3 nicht unbedingt einen linearen Weg beschreibt, wenn man dabei „ASL" als eine interdisziplinäre Konstellation betrachtet, die zeitweise (formell) nicht vereint gewesen ist. Dementsprechend ist davon auszugehen, dass die Fachbereiche zu der Zeit, als sie in „A" und „SL" aufgeteilt gewesen sind, weniger miteinander kooperiert haben als in den Zeitspannen zuvor und danach.

Die von Pasternack geübte Kritik, die sich auf klassische, nicht angewandte Disziplinen bezieht, gibt Anlass dazu, die Übertragung dieses Modells durch weitere Untersuchungen zu konkretisieren.

Die Theorie der Modus-Typen ist ansatzweise bestätigt worden, jedoch kann keine umfassende Transformationsorientierung der Lehre nachgewiesen werden. Einzelne Komponenten sprechen für ein transformatives Potenzial, das sich durch die Gründungsprozesse entwickelt hat, aber nicht ausreichend gewesen ist, um langfristig Veränderungen zu bewirken. Aufgrund verschiedener Umbrüche in Kassel und der Abwicklung in Weimar sind die Anfänge nur als „Sedimente" übrig geblieben. Diese sind in Kassel „bestaunt" und in Weimar in Vergessenheit geraten, sodass eine produktive Aneignung der jeweiligen Geschichten und Geschichte nur rudimentär hat erfolgen können. Da es sich bisher dabei größtenteils um Spekulationen gehandelt hat, ist mit der vorliegenden Arbeit eine Basis geschaffen worden, um weitergehende Untersuchungen und Vergleiche anstellen zu können.

5.2   Methodisches Fazit

Im Folgenden wird ein Fazit gezogen, das speziell der Methodik dieser Arbeit, wie sie in Abbildung 41 illustriert wird, entspricht.

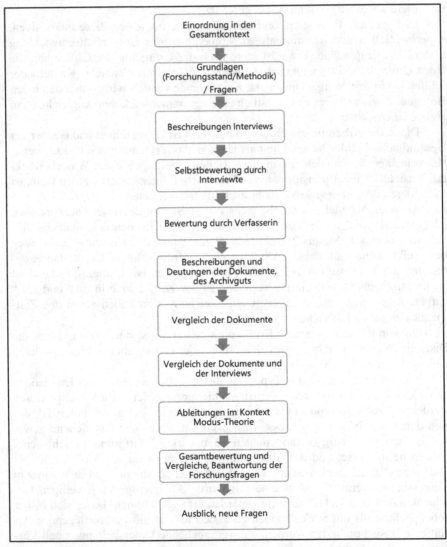

Abbildung 41: Methodenkaskade (eigene Darstellung)

Es lässt sich insgesamt feststellen, dass für die Herangehensweise zum Teil an anderen Stellen nicht beschriebene und damit neue Methoden haben gefunden werden müssen, um den Forschungsprozess voranzutreiben. So ist für die vorliegende Arbeit eine Methode entwickelt worden, die die Identifikation der Schlüsselgespräche ermöglicht hat, da aus forschungsökonomischen Gründen nicht alle 63 Gespräche ausgewertet und verwendet werden sollten. Außerdem ist das Archivgut thematisch den durch die inhaltlich strukturierende qualitative Inhaltsanalyse herausgefilterten Zitaten zugeordnet worden, weil der Verfasserin keine Betrachtungen beziehungsweise Rekonstruktionen von Studiengangsgründungen im Ost-West-Vergleich bekannt sind und damit die Möglichkeit fehlt, sich an anderen vorangegangenen Untersuchungen zu orientieren.

Nun wird jeweils hinsichtlich der Gespräche, der Archivarbeit und des Ost-West-Vergleichs ein methodisches Fazit gezogen.

5.2.1 Methodik der Gespräche

Das Fazit zur Methodik der Gespräche umfasst das Schneeballverfahren (Sampling), die Beobachtung zum Inhalt der Gespräche, Störungen der Gespräche, den Gesprächsleitfaden und die Selbstreflexion der Interviewerin/Verfasserin.

Schneeballverfahren (Sampling)

Beim Sampling ist nach dem Schneeballverfahren vorgegangen worden. Dabei stellt sich die Frage, ob aus Versehen für die Fragestellungen wichtige Personen als Gesprächspartnerinnen und Gesprächspartner außen vor gelassen worden sind. Wenngleich wie beschrieben die theoretische Sättigung erreicht worden ist, ist es nicht möglich, diese Frage abschließend zu klären.

Beobachtung zum Inhalt der Gespräche

Nach der Auswertung des Inhalts der Gespräche sind verschiedene Chancen und Grenzen der Gespräche beobachtet worden.

Einzelne Gesprächspartnerinnen und Gesprächspartner nennen einzelne Einflüsse. So legt beispielsweise Anita Bach den Fokus auf die Kommission Ausbildung beim BdA der DDR, sagt jedoch nichts über die dritte Hochschulreform. Daran wird deutlich, dass natürlich nur die Kombination der Gespräche und die Hinzunahme des Archivguts die Vielfalt der Einflüsse nachvollziehbar machen können.

Außerdem ist festgestellt worden, dass gesellschaftliche Auffälligkeiten und deren Auswirkung auf die Lehre von den Gesprächspartnerinnen und Gesprächspartnern wenig reflektiert und wiedergegeben worden sind. So wird der Zeitraum von den 1920er- bis in die 1960er-Jahre mit der Person Prof. Dr. Hanns Lehmann verbunden, die Planungstheorie der 1920er-Jahre jedoch nicht von Beyer und Heidenreich gelehrt.

Störungen der Gespräche

Die Gespräche sind teilweise durch äußere Umstände beeinträchtigt worden. Dazu gehören zum Beispiel Zeitdruck aufgrund von Zugverspätungen, Unterbrechungen durch Telefonate, hohe Lautstärke in Cafés sowie bei Gesprächen mit zwei Gesprächspartnerinnen oder Gesprächspartnern, dass eine oder einer von der anderen Gesprächspartnerin oder vom anderen Gesprächspartner unterbrochen worden ist. Diese Rahmenbedingungen sind unter anderem dadurch zu erklären, dass darauf geachtet worden ist, die Gesprächspartnerinnen und Gesprächspartner in einem ihnen angenehmen Umfeld wie zum Beispiel bei sich zu Hause oder an einem ihnen vertrauten Ort zu treffen. Im Gegensatz dazu wären Gespräche zu nennen, die in einer sogenannten Laboratmosphäre stattfinden.

Gesprächsleitfaden

Im Nachhinein lässt sich feststellen, dass es besser gewesen wäre, anstelle nach dem Planungssystem nach dem System der räumlichen Planung zu fragen. Hier ist es teilweise zu Verständnisproblemen gekommen, da Planungssystem als Planwirtschaft, also die Planung der Wirtschaft, verstanden worden ist und es sich bei den Gesprächspartnerinnen und Gesprächspartnern um Personen mit verschiedenen disziplinären Hintergründen handelt. Darunter sind Landschaftsplanerinnen und Landschaftsplaner, Architektinnen und Architekten, Ingenieurinnen und Ingenieuren, Juristinnen und Juristen.

Selbstreflexion der Interviewerin/Verfasserin

Als Selbstreflexion ist der Lernprozess der Interviewerin beziehungsweise der Verfasserin zu verstehen. So ist es in einem Gespräch zu dieser Aussage gekommen: „Interviewer: Na ja, mir geht es darum, dass ich sowohl die Sicht der Personen habe, aber auch dann die Dokumente, weil gerade die Dokumente aus der DDR sind ja vielleicht nicht immer so einfach zu verstehen" (W3:19).

Inzwischen ist deutlich geworden, dass die Dokumente aus der DDR natürlich ebenso wie die aus der BRD in ihrem Kontext zu sehen sind, jedoch nicht allgemein schwieriger zu verstehen sind, als in der Aussage noch vermutet worden ist. Diese Aussage ist getroffen worden, da die Archivarbeit sich erst nach den Gesprächen angeschlossen hat.

Einwilligungserklärungen und Interessensbekundungen

Zu dem Vorgehen bezüglich der Einwilligungserklärungen und der Interessensbekundungen hat es aus Sicht der Verfasserin zwei mögliche Vorgehensweisen gegeben. Einerseits hätten die beiden Formulare vor oder nach den Gesprächen von den Gesprächspartnerinnen und Gesprächspartnern ausgefüllt und unterschrieben werden können.

Andererseits ist durch die gewählte zweite Variante ein erneuter Kontakt möglich gewesen und die Rückkoppelung, dass sichergegangen werden kann, dass keine Missverständnisse vorliegen. Die letztere Vorgehensweise ist bestätigt worden, indem einige der Gesprächspartnerinnen und Gesprächspartner die Möglichkeit genutzt haben, die Aussagen mit Anmerkungen an die Verfasserin zurückzuschicken.

Genderperspektive

Auffällig viele Gespräche sind mit männlichen Gesprächspartnern geführt worden. Während es für das Fallbeispiel Kassel sieben und für das Fallbeispiel Weimar sechs Gesprächspartnerinnen gewesen sind, sind für das Fallbeispiel Kassel 26 und für das Fallbeispiel Weimar 25 Gespräche mit Männern geführt worden.

Dies entspricht einem Anteil der Gesprächspartnerinnen von 27 Prozent für das Fallbeispiel Kassel und einem Anteil von 24 Prozent für das Fallbeispiel Weimar.

Im Rahmen dieser Arbeit kann nicht ausführlich und angemessen genug auf diesen Aspekt oder die Thematik der Genderperspektive eingegangen werden, weswegen in Kapitel VI. eine an diese Arbeit anschließende Forschung empfohlen wird.

Gesprächspartnerinnen und Gesprächspartner

Darüber hinaus ist das Alter der Gesprächspartnerinnen und Gesprächspartner bereits zum Zeitpunkt der Gespräche fortgeschritten gewesen. Inzwischen sind leider vier der Gesprächspartnerinnen und Gesprächspartner verstorben (s. auch Traueranzeigen beziehungsweise Nachrufe in Anhang 33 bis 36[4]).

Diese traurigen Anlässe heben die Bedeutung der Gespräche hervor. Zukünftig können die im Rahmen der Gespräche angefertigten visuellen und akustischen Aufzeichnungen als Hilfestellungen für das Erschließen von neuem Archivgut verwendet werden und so eine Einordnung dieser neu hinzugezogenen Dokumente ermöglichen. Damit ist eine Grundlage für eine an diese Arbeit anschließende Beschäftigung geschaffen.

---

4 Der Anhang sowie die Anlagenbände sind per Mail bei Ilona Hadasch anzufragen (ilona.hadasch@gmail.com).

5.2.2   Methodik der Archivarbeit

Auffälligkeiten im Hinblick auf die Archivarbeit werden im folgenden Abschnitt erläutert.

Fehlendes Universitätsarchiv in Kassel

Der Empfehlung einer Archivmitarbeiterin, die „Sofern noch nicht geschehen, empfehle ich Ihnen außerdem eine Anfrage beim Archiv der Gesamthochschule Kassel" gelautet hat, kann nicht nachgegangen werden, da es kein Universitätsarchiv Kassel gibt.

Diese Tatsache stellt aus wissenschaftlicher Sicht ein Versäumnis dar, das es aufzuholen gilt. Die klare Empfehlung besteht darin, möglichst bald ein Archiv der und für die Universität Kassel aufzubauen, da die Universitätsbibliothek Kassel und die am Fachbereich Architektur–Stadtplanung–Landschaftsplanung angesiedelte Dokumentationsstelle „doku:lab" diese Lücke nicht schließen kann, wie die Erfahrungen im Rahmen der Arbeit an der vorliegenden Promotion gezeigt haben. Nach dessen Installation ist eine Betreuung des Archivs durch mehrere Hauptamtliche notwendig, da es als zentrale Anlaufstelle und aktiver Kontakt für die Sammlung von Vor- und Nachlässen sowie weiterer historischer Dokumente fungieren soll.

Nicht alle Belege auffindbar

Ein Beispiel zeigt, dass ein Archiv nicht automatisch als Garantie dafür betrachtet werden kann, dass alle dort vermuteten Dokumente verfügbar sind. So konnte der in einer Vorlage erwähnte Beschluss der Hessischen Landesregierung trotz Anfrage an das Archiv des Hessischen Landtags nicht gefunden werden. Da aus den Dokumenten nicht klar hervorgeht, in welchem konkreten Rahmen dieser Beschluss gefasst worden ist, sondern nur das Datum des Beschlusses genannt wird, ist auch die weitere Recherche diesbezüglich erfolglos geblieben.

Schlechte Papierqualität des Archivguts

Da sich das Archivguts bezogen auf die Papierqualität in einem teilweise sehr schlechten Zustand befindet, besteht aus Sicht der Verfasserin die Notwendigkeit, die Dokumente durch Duplizieren oder Digitalisieren zu sichern, damit auch zukünftig auf die Inhalte der Dokumente zurückgegriffen werden kann.

Schutzfrist als Diskussionsgegenstand

Bei den Besuchen in den verschiedenen Archiven ist aufgefallen, dass es unterschiedliche Regelungen zur Schutzfrist und zu deren Verkürzung gibt.

Dabei hat sich die Verfasserin beispielsweise diese Frage gestellt: Welchen Sinn hat es, Archivgut nicht selbst abfotografieren zu dürfen, wenn jedoch zugleich ein Reproduktionsauftrag möglich ist?

Erweiterte Perspektive durch offene Arbeit mit Archivgut

Das Heranziehen des Archivguts stellt für die vorliegende Arbeit eine bedeutsame Ergänzung dar. Dadurch, dass die Gespräche zwar die Richtungen der Archivarbeit vorgegeben haben und zugleich weiterhin ergebnisoffen geforscht worden ist, hat beispielsweise die Sichtweise auf die Gründungszeiträume stark verändert werden können. Während vor der Archivarbeit ein Zeitraum von zehn Jahren für die Gründungen angenommen worden ist, belegen Dokumente, dass es Ereignisse gibt, die außerhalb dieses Zeitraums liegen, aber dennoch Einfluss auf die Gründungen gehabt haben beziehungsweise als Ergebnis der Gründungen anzusehen sind.

Reproduktionen des Archivguts

Je nach vorhandener Infrastruktur der Archive sind die Reproduktionsaufträge des Archivguts für die Anlagenbände dieser Arbeit improvisiert bis professionell möglich gewesen. Zum Beispiel hat eine von der Verfasserin beauftragte und für diese Aufgabe bezahlte Studentin die im „doku:lab" ausgeliehenen Dokumente im „clab" (Computerlabor des Fachbereiches 06 der Universität Kassel) gescannt und die Dateien digital übermittelt. Während manche Archive wie das Universitätsarchiv Weimar und das Hessische Hauptstaatsarchiv die Reproduktionen selbst anfertigen, werden die Reproduktionen der Dokumente aus dem Bundesarchiv von einem externen Dienstleister hergestellt. Unterschiede gibt es auch in der Bereitstellung der Dateien. Während manche Archive die Dateien digital übermittelt haben, haben andere diese auf einer CD an die Verfasserin gesendet. Der mit den Reproduktionen des Archivguts für die Anlagenbände verbundene zeitliche und finanzielle Aufwand ist für den Forschungsprozess eingeplant worden und hat so abgefedert werden können.

5.2.3 Methodik Ost-West-Vergleich

Die Verfasserin ist im Jahr 1989 geboren worden. Im Rahmen der Forschung hat sich in verschiedenen Situationen gezeigt, dass es ihr dadurch möglich ist, eine relativ unvoreingenommene Perspektive ein- und „die DDR als Chance" (Mählert 2016) wahrzunehmen. Somit ist eine Darstellung nicht in Schwarz-Weiß, sondern in Grautönen und der Vergleich zweier Länder möglich, die zusammengehört haben, durch ein „Aufeinanderbeziehen" geprägt gewesen sind und inzwischen wieder zusammen ein Land bilden. Edel sieht in der – bisher – verpassten Aufarbeitung der gescheiterten Hochschulreformen, die in der BRD und der DDR der 1970er durchgeführt worden sind, einen Missstand:

> „Anregungen aus dem Osten Deutschlands in Betracht zu ziehen, war für die Bildungsreformer der nach der Wende größer gewordenen Bundesrepublik Deutschland offensichtlich keine Option. Man war der Auffassung, die Transformation des ostdeutschen Hochschulsystems auf westdeutschen Standard und die Reformierung des westdeutschen Hochschulsystems nicht gleichzeitig bewältigen zu können, auch wenn auf diese Art für das westdeutsche Hochschulsystem eine historische Chance für Reformen verpasst wurde" (Edel 2013, S. 6).

Er zieht das Fazit, dass die Bologna-Reform ein verheerendes Ergebnis unter anderem dieser nicht aufgearbeiteten deutscher Geschichte darstellt:

> „Die Fachhochschulen sahen in dem Prozess eine Möglichkeit, zur Gleichstellung mit den Universitäten zu kommen, die Universitäten ihrerseits, einen großen Teil der Studenten an die Fachhochschulen abschieben zu können. Beides hat sich als Irrtum erwiesen. Die Art der Umsetzung des Bologna-Prozesses in Deutschland [...] weitgehend ohne parlamentarische Beteiligung, das Gerede vom ‚Entrümpeln‘ der Curricula und deren ‚Modernisierung‘, die Unfähigkeit der Politiker, auf Gegenargumente sinnvoll zu reagieren, wenn sie überhaupt reagieren, Entwicklungen und Erfahrungen aus dem Ausland nicht zur Kenntnis zu nehmen und den als Reform getarnten Strukturänderungsprozess mit missionarisch-jakobinischem Eifer voranzutreiben, zeigt, dass es sich bei der Realisierung des Bologna-Prozesses um die Durchsetzung eines Glaubensbekenntnisses handelt und nicht um ein Handeln nach bestem Wissen bei Abwägung von bedenkenswerten Argumenten. Die dauerhaften Auswirkungen dieser politisch gewollten Änderungen lassen sich für unser akademisches Bildungssystem hinsichtlich ihrer national und international nicht gegebenen Vergleichbarkeit, ihrer Schwere und ihrer Dauerhaftigkeit nur mit Auswirkungen des Dreißigjährigen Krieges auf die Entwicklung Deutschlands, auf seine Wirtschaft und seine europäischen Bedeutung vergleichen, wenn von Seiten der Politik nicht endlich die verheerenden Wirkungen des Bologna-Prozesses erkannt und ihnen entgegen gewirkt werden! Die Konsequenzen des mit Repression vorangetriebenen Bologna-Prozesses, denen die Politiker nahezu aller Parteien willig wie die Lemminge folgen, ist nicht die Etablierung eines Systems leicht ‚verständlicher und vergleichbarer Abschlüsse‘, sondern das, was die US-Amerikaner als ‚educational zoo‘ bezeichnen" (ibid., S. 17).

Diese Einschätzung von Edel hebt die Beschäftigung mit der hochschul- und bildungspolitischen Vergangenheit des geteilten und wiedervereinten Deutschlands sowohl in den europäischen als auch internationalen Kontext hervor und betont die Bedeutung einer Einbindung verschiedener Perspektiven vor der Umsetzung. Im Fall der Bologna-Reform hätte die Chance genutzt werden können, die geschichtlichen Aspekte der deutschen Vergangenheit als Diskussionsgrundlage zu verstehen. So lässt sich im Nachhinein feststellen, dass Edels Vorschlag für die Bologna-Reform zu spät gekommen ist, doch nicht für zukünftige Reformen der Reform, sei es in kleineren oder größeren Kontexten.

6 Offene Fragen und Ausblick

Die Rekonstruktionen der Prozesse weisen Lücken auf, die jedoch in weiteren Forschungen minimiert werden können. Es bestehen vielfältige Möglichkeiten für weitere Beschäftigungen innerhalb der Thematik mit anderen Schwerpunktsetzungen und weiterführenden Fragestellungen. Im nun folgenden Ausblick werden Anknüpfungspunkte dargestellt, die im Rahmen dieser Forschung nicht haben bearbeitet werden können. So sind aus forschungsökonomischen Gründen neben ausgewähltem Archivgut und bestimmten Dokumenten nur Schlüsselgespräche sowie selektiv-transkribierte Gespräche für die konkrete Auswertung genutzt worden. Dabei handelt es sich um elf Gespräche, womit deutlich wird, dass ein Großteil der Gespräche nicht im Detail verwendet worden ist.

Es ist daher möglich, auf Basis der Aufzeichnungen aller für diese Arbeit geführten Gespräche bei Zustimmung der Gesprächspartnerinnen und Gesprächspartner weiteren Fragestellungen nachzugehen.

Die Anlagenbände können ebenfalls als Grundlage für eine Beschäftigung mit an diese Arbeit anknüpfende Themen genutzt werden. Um welche es sich dabei handeln könnte, zeigen die folgenden Ausführungen, die sich aus den in den Schlüsselgesprächen genannten, im Rahmen der Archivarbeit entdeckten und aus den im Kontext der Beantwortung der Leitfragen entstandenen Themen zusammensetzen.

6.1 Zum Fallbeispiel Weimar

Bezogen auf das Fallbeispiel Weimar ist festgestellt worden, dass keine Informationen zur Entwicklung der Studierendenzahlen an der HAB Weimar vorliegen. Eine entsprechende Zahlenreihe könnte anhand vorhandener Informationen gegebenenfalls rekonstruiert werden.

Außerdem könnte eine detaillierte Darstellung der „Studentenkonferenz der Bauhochschulen der DDR" am 5. und 6. April 1956 in Weimar (s. BArch DH/2/ 20337) neue Erkenntnisse hinsichtlich verschiedener Fragestellungen bringen.

Bezogen auf die dritte Hochschulreform gibt es weiteren Forschungsbedarf. Einerseits wäre beispielsweise zu untersuchen, weshalb das Jahr 1975 als Endpunkt der Planungen im Zusammenhang mit der dritten Hochschulreform festgelegt worden ist. Andererseits könnte man der Frage nachgehen, welche längerfristigen Folgen die dritte Hochschulreform mit sich gebracht hat.

I. Hadasch, *Wege zur Stadtplanungslehre in der DDR und der BRD um 1970*,
https://doi.org/10.1007/978-3-658-30887-2_6

Insgesamt sind personelle Verknüpfungen, vor allem der Personen Joachim Bach und Christian Schädlich, speziell anhand von Archivgut, festgestellt worden. Diese könnte beispielsweise mithilfe der Studienpläne und Stundentafeln aus den Jahren 1974 und 1983 und der daran beteiligten Akteure tiefergehend überprüft werden.

Für das Lehrgebiet Soziologie müsste untersucht werden, ob die Deutung in Bezug auf die gesellschaftlichen Veränderungen richtig ist.

Der Antwort auf die Frage, ob damit eine Überinterpretation der Bedeutung von Ideologie im Studienplan vorliegt oder dieser Zusammenhang in der Realität gegeben gewesen ist, könnte man sich mithilfe von weiteren Gesprächen zu diesem Thema nähern.

Ein detaillierter Vergleich der verschiedenen Stundentafeln wäre über den Rahmen dieser Arbeit hinausgegangen, sodass diese Betrachtungen zu einem anderen Zeitpunkt und in einem anderen Kontext fortgeführt werden müssten.

Zur Person Joachim Bach könnte man sich fragen, warum er es sich nicht einfacher gemacht und Leute zu sich in die Stadtplanungslehre an die HAB geholt hat, die (zumindest größtenteils) seiner Meinung sind.

Außerdem ist der nach der politischen Wende stattgefundene Übergang zwischen der Abwicklung und der sich daran anschließenden (Neu-)Gründung als Bauhaus-Universität als ein möglicher sich dieser Arbeit anschließender Forschungsfokus identifiziert worden. Ein Dokument für die Beschäftigung mit diesem Thema stellt die Expertise „Bedarf an Aus- und Weiterbildung sowie Umschulung von Landes- und Regionalplanern" (Köhl und Kind 1990) dar. Dabei ließe sich die Stadtplanungsausbildung an der HAB mit der in der Nachwendezeit vergleichen, um beispielsweise feststellen zu können, ob einzelne Elemente – bewusst oder unbewusst – fortgeführt worden sind. Möglich wäre eine Betrachtung bis zum Jahr 2008, da im Oktober des Jahres der Bachelorstudiengang Urbanistik installiert worden ist und dieses Ereignis keinen zufälligen Neubeginn der Ausbildung von Stadtplanerinnen und Stadtplanern in Weimar darstellt.

Durch die dritte Hochschulreform sind Änderungen umgesetzt worden wie beispielweise die Wandlung von Lehrstühlen zu Wissenschaftsbereichen. In diesem Zusammenhang könnte das Themenfeld des Diplomrechts genauer untersucht werden.

Das Beispiel von Halle-Neustadt ist in der Arbeit kurz thematisiert worden. Nachfolgende Analysen könnten aufzeigen, welche konkreten Einflüsse dieses Projekt auf die HAB Weimar gehabt hat und speziell auf die Sektion Gebietsplanung und Städtebau oder auch, wie der von Gesprächspartnerinnen und Gesprächspartnern angesprochene gesellschaftliche Kontrast, der sich einerseits auf die neue Wohnqualität für Arbeiter und andererseits auf die fehlende Ästhetik bezieht, von verschiedenen Gruppierungen wahrgenommen worden ist.

Ebenfalls für Weimar wäre eine umfassende Untersuchung der städtebaulichen Entwicklung der Hochschulinstitutionen im Stadtgebiet denkbar. Über eine
räumliche Analyse hinaus könnte auch eine organisatorische Analyse vorgenommen werden. Ein studentisches Projekt mit dem Titel „Die Bauhaus-Universität Weimar und die politische Geschichte hinter ihrem Städtebau" hat sich im
Wintersemester 2017/2018 bereits mit dieser Thematik beschäftigt (vgl. Welch
Guerra 2017), sodass daran angeknüpft werden könnte. Eine Grundlage für diese
Betrachtung bietet das Kapitel „Neubauten: Hochschulen und Stadtraum" (vgl.
Hechler, Pasternack und Zierold 2018, S. 47 ff.).

Zudem bietet die Frage „Wie beeinflussten und beeinflussen Architektur-
trends, zum Beispiel die Rückbesinnung auf klassische Formen, die Ausbildung
von Stadtplanerinnen und Stadtplanern?" Anlass zur Beschäftigung.

Des Weiteren sind Reflexionen zu Kontakten der HAB zu Wissenschafts-
einrichtungen, politischen Mandatsträgern und der „Zweiten Reihe" in der DDR
und zu Ausbildungsstätten für Architektinnen und Architekten in der DDR möglich.

Die Beschäftigung der HAB mit Klein- und Mittelstädten, der Stellenwert
von Teilnahmen an Wettbewerben sowie die Tatsache, dass West-Literatur an
der HAB auch für Studierende zugänglich gemacht worden ist, verlangt ebenfalls
nach detaillierteren Untersuchungen.

Darüber hinaus ist eine Überprüfung möglich, die analysiert, ob es sich bei
der Einführung des Lehrgebiets Soziologie um eine Reaktion auf die Modernisierung handelt.

Der Austausch mit sozialistischen Ländern könnte ebenfalls in weiteren Untersuchungen en detail analysiert werden. Insbesondere wäre es möglich, in diesem Zusammenhang den Rat für gegenseitige Wirtschaftshilfe (RGW) genauer
zu betrachten.

6.2 Zum Fallbeispiel Kassel

Im Hinblick auf das Fallbeispiel Kassel wäre es interessant, den Einfluss der
„documenta" auf die HbK und die GhK zu untersuchen.

Personelle Veränderungen von Osswald und von Friedeburg zu Börner und
Krollmann könnten ebenfalls näher betrachtet werden. Eine Möglichkeit bietet
dazu eine Analyse der Wirkung von Friedeburgs Funktion als Kultusminister.

Ob die in der Diplomprüfungsordnung genannten Fächer den vermuteten
Bezug zu gesellschaftlichen Veränderungen haben, müsste ebenfalls überprüft
werden.

Wie für Weimar beschrieben, könnte die historische Entwicklung der Verteilung der OE beziehungsweise des Fachbereichs ASL im Stadtgebiet Kassels

analysiert werden sowie die Zusammenarbeit der Stadtverwaltung Kassel und der GhK in Bezug auf den städtebaulichen Beitrag für das Stadtbild durch die immer weiter fortschreitende Vergrößerung der GhK und – inzwischen – der Universität Kassel.

Außerdem könnte auch der Frage nachgegangen werden, ob es auch für die Gründung der GhK und des Studiengangs ASL eine längere Vorphase gegeben hat als die, die in der vorliegenden Arbeit dargestellt worden ist.

Aufgrund der Umbenennung der „Gesamthochschule Kassel" in „Universität Gesamthochschule Kassel" und „Universität Kassel" liegt die Vermutung nahe, dass es sich bei der Bezeichnung „Gesamthochschule" um eine leere Worthülse handelt, einen Euphemismus. Daher müsste der Frage nachgegangen werden, inwieweit die Namensänderungen reflektiert, begründet und strukturell widergespiegelt worden sind. Welche Rolle haben dabei weitere Gesetze gespielt? Auch weitere Umbenennungen könnten unter dem Gesichtspunkt, ob es sich dabei auch um Umformungen handelt, betrachtet werden: 1976 Bildung der OE (Organisationseinheit) 06, 1979 Spaltung der OE 06 in „A" und „SL" und 2003 Zusammenschluss zum Fachbereich „ASL" (vgl. Bruns 2020, S. 24) sowie Umbenennung des „Infosystem Planung" zum „Grauen Raum" und zum „doku:lab".

Verschiedene Reflexionen wie die zu den Zusammenhängen zwischen der BRD und der DDR, von Wirtschaft und Wissenschaft, der (Nach-)Kriegszeit als Mädchen und der damit in den Kontext gesetzten Politisierung sowie der Beschäftigung mit Lebensläufen von Alumni der GhK zeigen Themenfelder auf, die zukünftig aufgegriffen und behandelt werden könnten.

Die Besonderheiten der GhK wie die Bezüge zur Hochschule für Gestaltung (HfG) Ulm, zur Eidgenössischen Technischen Hochschule (ETH) Zürich und Kunstaktionen wie den „Zebra-Streifen" könnten vor dem Hintergrund einer dem entgegenstehenden Angepasstheit von Hochschulen heute und einer Veränderung des Arbeitsethos an Hochschulen seit damals genauer betrachtet werden. Darüber hinaus sind einige Hochschulzeitungen, die von Studierenden veröffentlicht worden sind, die beispielsweise für eine zeitgeschichtliche Medienanalyse im Kontext der Hochschulentwicklung zur Verfügung stehen, im doku:lab archiviert. Weitere Analysen der HfG Ulm und der ETH Zürich könnten auch im Zusammenhang mit Paul Feyerabend, von Weizsäcker und des ersten Berichts des Club of Rome („Grenzen des Wachstums") vorgenommen werden.

Nicht zuletzt ist auch der Mythos um Lucius Burckhardt hervorzuheben, der in Kassel und anderswo weiterlebt. Wie kam dieser Mythos zustande? Worin besteht er konkret? Diese und weitere Fragen könnten hierbei untersucht werden.

6.3   Zu beiden Fallbeispielen

Neben Fragestellungen, die sich auf jeweils ein Fallbeispiel konzentrieren, gibt es ebenso Themen, die sich hinsichtlich beider Fallbeispiele bearbeiten lassen.

Zunächst ist dabei die relativ allgemein gehaltene Frage zu nennen, was von damals an den Universitäten in Kassel und in Weimar übriggeblieben ist beziehungsweise wie sich die Situation an den beiden Hochschulen seit den 1970er-Jahren verändert hat.

Weimar als Teil der Thüringer Städtekette und Kassel in Nordhessen zeigen Möglichkeiten des Vergleichs auch in Bezug auf die regionale Einordnung und städtische Bedeutung der Hochschulen auf (vgl. Hechler, Pasternack, und Zierold 2018).

Die Tatsache, dass es eine Forschungsstelle für DDR-Planungsgeschichte gibt, nämlich die am IRS Erkner, jedoch kein Pendant für die Planungsgeschichte der BRD vorhanden ist, zeigt, dass die DDR in dieser Hinsicht besser aufgearbeitet ist beziehungsweise wird. Hierzu ließe sich die Frage stellen, wieso dies der Fall ist und ob es nicht auch sinnvoll wäre, die BRD unter der Perspektive der Planung institutionell verankert zu beforschen. So könnte zum Beispiel auch ein Schema zum Institutionensystem des Bauwesens in der BRD entwickelt werden, wie dies zum DDR-Bauwesen in Abbildung 9 dargestellt worden ist.

Das Buch „Städtebau für Mussolini. Auf der Suche nach der neuen Stadt im faschistischen Italien" (vgl. Bodenschatz 2011) geht auch auf die Hochschulen in diesem besonderen Kontext ein. Vergleichbares fehlt bisher zu BRD und DDR.

Die Nähe zu anderen Disziplinen wie Architektur und Geografie bietet Raum für weitere Betrachtungen, die beispielsweise sowohl Ähnlichkeiten als auch Unterschiede im Zeitraum um 1970 detailliert beleuchten könnten. Hierfür ist beispielsweise ein Vergleich der Broschüren zur Ausbildung von Architektinnen und Architekten der Architekturverbände der BRD und der DDR denkbar.

Bezogen auf die Studienpläne für Weimar und die Diplomprüfungsordnung für Kassel lässt sich analysieren, inwieweit die jeweiligen Vorgaben umgesetzt worden sind.

Des Weiteren bieten die begrifflichen Verschiedenheiten Gebietsplanung in Weimar, Landschaftsarchitektur in der DDR und Landschaftsplanung in Kassel Anlass, diese auch auf mögliche inhaltliche Unterschiede hin zu betrachten.

Die Auswahl der für die Gründung relevanten Ereignisse für die Zeitstrahlen stellt eine beispielhafte Herangehensweise dar, die sich für andere Themenschwerpunkte wie die Auswertung der Ereignisse, an denen eine bestimmte Person teilgenommen hat, weiterentwickeln lässt.

Die internationalen Kontakte lassen sich weder als zahlreich noch als durchschnittlich oder gering einschätzen. Hierfür ist ein weitergehender Vergleich notwendig, der mit, das Einverständnis der Gesprächspartnerinnen und Gesprächspartner vorausgesetzt, der Auswertung aller im Rahmen dieser Arbeit geführten Gespräche beginnen und sich dann auf weitere Fallbeispiele aus der BRD und/oder der DDR ausweiten könnte.

Hinsichtlich der Internationalität sind ebenfalls die Fragen nach deren Einflüssen auf die Lehre in Weimar und Kassel sowie auf die internationalen Studierenden sowie deren an das Studium anschließende Berufstätigkeit zu analysieren.

Darüber hinaus könnte man den Einfluss des jeweiligen Curriculums auf die berufliche Laufbahn der Studierenden untersuchen, indem man biografische Studien anlegt.

In eine ähnliche Richtung ginge die Fragestellung, was die Alumni der HAB und GhK beruflich nach ihrem Studium gemacht haben. Eine ähnliche, sozusagen historische Absolventinnen- und Absolventenstudie ist von der Weimarer Architekturstudentin Frederike Lausch im Rahmen ihrer Masterarbeit (vgl. Lausch 2015) durchgeführt worden.

Auch wäre es spannend herauszufinden, welche Motivation die Studierenden und/oder Wissenschaftlerinnen und Wissenschaftler gehabt haben, an die GhK oder HAB zu kommen. Dies könnte im Vergleich zu heute beispielsweise mit Informationen aus Absolventinnen- und Absolventenstudien betrachtet und dabei die Veränderungen und Gemeinsamkeiten herausgearbeitet werden. Hier wäre auch ein möglicher Rückschluss auf die zukünftige Entwicklung der Studiengänge und Hochschulen denkbar.

Ein Ablesen der Themen, die die Disziplin und andere Disziplinen geprägt haben und prägen, ist anhand des für diese Arbeit gesammelten Materials möglich. Dabei muss natürlich beachtet werden, dass die dazu notwendigen Einwilligungserklärungen der Gesprächspartnerinnen und Gesprächspartner vorliegen.

Außerdem lassen sich das Bauhaus und die HfG Ulm als mögliche Verbindungen zwischen den Hochschulen in Weimar und Kassel genauer betrachten (s. dazu Spitz 2000; Wachsmann 2018).

Jeweils vertiefende Untersuchungen der internationalen Kontakte sowie einzelner Personen können neue Erkenntnisse liefern. Denkbar wären dafür biografische Forschungen, zum Beispiel zu Joachim Bach, Lucius Burckhardt, Hanns Lehmann, Klaus Pfromm und/oder Christian Schädlich. Im Fall der Person Lucius Burckhardt könnte dies ergänzend zu beziehungsweise anschließend an „Wer war Lucius Burckhardt?" (Ritter und Schmitz 2015) geschehen. Filmische Porträts wie das über Dieter Kienast wären ebenfalls möglich (vgl. HSR Landschaftsarchitektur 2019).

Auch sind weitere Betrachtungen, die sich auf Anita Bach und Annemarie Burckhardt-Wackernagel beziehen – und dies nicht ausschließlich im Kontext ihrer Ehemänner –wünschenswert. Hierbei ist ebenfalls ein Vergleich denkbar.

Mit den Personen zusammenhängend ist beispielsweise die folgende Fragestellung interessant: Inwieweit lässt sich von „Schulen" sprechen? Literatur zu

„Architekturschulen" (vgl. Fachschaft Architektur Universität Stuttgart 1992; Gribat, Misselwitz, und Görlich 2017) ist vorhanden, daher die Frage: Gab oder gibt es auch „Stadtplanungsschulen"? Im Kontext der GhK findet man den Begriff der „Kasseler Schule" (vgl. Böse-Vetter 2019), dies müsste weiter untersucht werden, da es bei den Gesprächen und in den Dokumenten keine Hinweise darauf gegeben hat.

Daneben könnte man die studentische Kultur an den beiden Hochschulen erforschen. Anhaltspunkte wie der Zeitungsartikel zum Studentenklub Kasseturm (AdM N/54/83/29) oder Jordans Ausführungen über die Humboldt-Universität zu Berlin (vgl. Jordan 2001) lassen sich dabei als Auftakt zur Beschäftigung nutzen.

Die Genderperspektive hat im Rahmen dieser Arbeit nicht angemessen behandelt werden können. Der geringe Anteil an Gesprächspartnerinnen, der etwas über ein Viertel der gesamten Gespräche ausmacht, führt beispielsweise zu der Frage, ob dies dem Anteil von Frauen an Hochschulen damals in Kassel und Weimar entsprochen hat.

Außerdem könnte aufgrund der (fehlenden) Geschlechterverteilung in den Akteursgruppen untersucht werden, ob Frauen die Prozesse in Weimar und ein ausschließlich aus Männern bestehender Personenkreis die Prozesse in Kassel anders gestaltet hätten. Anregungen dazu bieten das Radio-Feature „Zwischen Mythos und Realität: Architektinnen in der DDR" (Kulturradio RBB 2017), der Artikel „Die großen Unbekannten – Architektinnen in der DDR" (Scheffler 2017) sowie eine Studie zu Architektinnen in der DDR mit dem Titel „Zwischen Emanzipation und Dreifachbelastung" (Leibniz-Institut für Raumbezogene Sozialforschung 2016).

Ein weiteres Thema, das von K4 angesprochen worden ist, ist die gescheiterte Entnazifizierung, wie sie am Beispiel von einigen Landschaftsplanern erklärt. Auch hier schließen sich Fragenkomplexe an, die untersucht werden können: Hat es eine berufsbezogene Entnazifizierung gegeben? Inwiefern lässt sich die Entnazifizierung als erfolgreich oder als gescheitert bezeichnen?

Da der Forschung der Lehrenden oder dem Ziel, Nachwuchs für die Forschung auszubilden, keine besondere Rolle beigemessen worden ist, könnten dieser Sachverhalt und weitere Merkmale der Lehre genauer betrachtet werden.

Für beide Studiengänge könnte untersucht werden, welche Relevanz diese für die Planung im jeweiligen Land und nach der politischen Wende besessen haben. Begonnen werden könnte die Beschäftigung mit dieser Thematik mit dem Abschätzen einer Tendenz, indem man die Studierendenzahl pro Jahrgang mit der Anzahl der in dem Berufsfeld Tätigen abgleicht. Damit lässt sich ermitteln, ab wann beispielsweise eine durchgängige Qualifizierung der Planung in der DDR durch Alumni der HAB erfolgt ist. Dabei kann speziell die Besonderheit der „Absolventenvermittlung" betrachtet werden.

6.4   Zur Profilierung der Studiengänge

Bei der Bundesfachschaftenkonferenz, die im Rahmen des Planerinnen- und
Planertreffens (PIT) in Cottbus im Mai 2017 stattgefunden hat, ist der Stellenwert der Soziologie in der Ausbildung von Stadtplanerinnen und Stadtplanern
diskutiert worden.

In dieser Situation oder ähnlichen Situationen stellt sich die Frage, ob die
Geschichte der Studiengänge als Quelle für zukünftige Veränderungen nützlich
sein kann.

Darüber hinaus wäre es notwendig, die in dieser Arbeit beschriebenen Prozesse in die Zusammenhänge von Gründungen anderer Stadtplanungsstudiengänge an anderen Hochschulen zu stellen, um einen Gesamtüberblick zu ermöglichen. Zum 30-jährigen Jubiläum des Studiums der Stadtplanung in Hamburg ist
eine Schrift herausgegeben worden (vgl. HafenCity Universität Hamburg 2013).
Für den Studiengang Raumplanung in Dortmund gibt es eine Veröffentlichung
zum 20-jährigen Bestehen (vgl. Kunzmann, von Petz und Schmals 1990) sowie
eine weitere zum 50-jährigen Jubiläum (vgl. Gruehn, Reicher und Wiechmann
2019), womit in diesem Fall bereits eine eigene Geschichte der Historiografie
über die Studiengänge entsteht.

An den zwei Beispielen der Fachhochschule (FH) Erfurt und der Hochschule für Wirtschaft und Umwelt (HfWU) Nürtingen-Geislingen wird deutlich, dass
das jeweilige Jubiläum der Stadtplanungsausbildung als Anlass für Veranstaltungen genutzt worden ist. So sind im Oktober 2018 zehn Jahre Stadt- und
Raumplanung an der FH Erfurt (vgl. Sekretariat Stadt- und Raumplanung FH
Erfurt 2018), im März 2019 20 Jahre Stadtplanung an der HfWU Nürtingen ge-
feiert worden (vgl. Hochschule für Wirtschaft und Umwelt Nürtingen-Geislingen
2019). Die dazugehörigen Flyer befinden sich in Anhang 37 und 38[5].

Derartige Veranstaltungen sollten auch für die Gründungsjubiläen in Weimar und Kassel angedacht werden, um einen Austausch initiieren und eine zukünftige Ausrichtung diskutieren zu können. Eine mögliche Anregung dazu stellt
die Reflexion zu (fehlenden) Diskussionen in den 1990ern dar.

Zur Lehre der heutigen Stadtplanungsstudiengänge gehört zwar beispielsweise die Beschäftigung mit Stadtbaugeschichte, jedoch ist die eigene Disziplingeschichte kaum bis gar nicht Bestandteil. Diese Feststellung sollte zum Anlass
genommen werden, Aspekte der Disziplingeschichte in die Lehre von Stadtplanerinnen und Stadtplanern zu integrieren.

---

5   Der Anhang sowie die Anlagenbände sind per Mail bei Ilona Hadasch anzufragen
(ilona.hadasch@gmail.com).

6.5 Zentrum Planungsgeschichte zu Stadt & Landschaft

Am 07.07.2017 hat das Vernetzungstreffen Planungsgeschichte mit Akteuren verschiedener universitärer und außeruniversitärer Forschungsinstitutionen an der Universität Kassel stattgefunden, womit das Zentrum Planungsgeschichte zu Stadt & Landschaft ins Leben gerufen worden ist (vgl. Professur Freiraumplanung, Universität Kassel 2017).

Eine mögliche Aktivität dieses Zentrums besteht darin, Veranstaltungen zu organisieren und durchzuführen. In diesem Zusammenhang wird die vorliegende Arbeit einen Beitrag leisten.

6.6 Nationale und internationale Perspektive

Hinsichtlich der internationalen Perspektive kommt die Frage auf, wie sich Gründungen von Stadtplanungsstudiengängen in anderen Ländern vollzogen haben:

Welche Rahmenbedingungen haben ihnen zugrunde gelegen? Hat es Umbrüche gegeben? Lassen sich auch auf internationaler Ebene parallele Entwicklungen zu denen in Kassel und Weimar feststellen?

Als Reaktion auf die Präsentation des Themas der vorliegenden Dissertationsschrift auf der „Young Urban(h)ist Conference" in Košice, Oktober 2018, ist Interesse an dieser Arbeit und weiteren Forschungen, beispielsweise ein Vergleich zur Entwicklung der Planerinnen- und Planerausbildung an der TU Dortmund, geäußert worden. Es ist eine Diskussion um die Begriffe, die jeweilige Übersetzung und das Verständnis von „urbanism" sowie „urban studies" aufgekommen.

Darüber hinaus ist nach einer kurzen Abfrage festgestellt worden, dass „urbanism" beziehungsweise „urban studies" als Studienfach teilweise eigenständig wie zum Beispiel in Spanien, teilweise ins Architekturstudium eingegliedert wie zum Beispiel in Kroatien vorhanden ist.

Zukünftig wäre ein internationaler Vergleich der Entwicklung der Ausbildung von Stadtplanerinnen und Stadtplanern im internationalen Vergleich hilfreich. Das „UrbanHist"-Netzwerk stellt einen möglichen Ausgangspunkt für eine derartige Untersuchung dar. So könnte auch analysiert werden, welchen Stellenwert die einzelnen Systeme der räumlichen Planung innerhalb der Stadtplanungsausbildung besitzen und ob es sich bei dem jeweiligen Studium um ein Studium im eigentlichen Sinne oder eher um eine Berufsausbildung handelt.

Weitere, auf nationaler und internationaler Ebene angelegte Untersuchungen könnten außerdem Aufschluss geben darüber, ob es sich bei den beiden Fallbeispielen um einen Zufall handelt, dass die Gründungen der Studiengänge jeweils beispielsweise nicht innerhalb eines kürzeren Zeitraums wie den von zwei Jahren zustande gekommen sind. Weitere Betrachtungen könnten beispielsweise an die Veröffentlichung „50 Jahre Dortmunder Raumplanung" (vgl. Gruehn, Reicher, und Wiechmann 2019) anknüpfen und die Theorien und Prozesse hinter der Studiengangsgründung thematisieren.

6.7   BMBF-Verbundprojekt DDR-Geschichte: Stadtwende

Im Juni 2018 sind vom Bundesministerium für Bildung und Forschung (BMBF) 14 Forschungsverbünde in einem wettbewerblichen Verfahren (vgl. BMBF-Internetredaktion 2018) ausgewählt worden, die „Wissenslücken über die DDR schließen" (ibid.) sollen.

Bundesforschungsministerin Anja Karliczek begründet die Förderung wie folgt:

> „Wer seine Vergangenheit kennt, kann Zukunft gestalten. Viele Menschen in unserem Land haben nur ein geringes Wissen über die DDR. Die neuen Forschungsverbünde werden mit ihrer Arbeit dazu beitragen, diese Wissenslücken zu schließen. Denn für freie und demokratische Gesellschaften ist es entscheidend, die eigene Vergangenheit zu kennen und kritisch zu hinterfragen. Besonders wichtig ist mir, dass die Forschungsergebnisse in die Gesellschaft getragen und weitere Akteure wie Gedenkstätten in die Verbünde einbezogen werden. Darauf haben wir in der Ausschreibung Wert gelegt" (ibid.).

Eines der geförderten Verbundprojekte trägt den Titel „Stadtwende. Stadterneuerung am Wendepunkt – die Bedeutung der Bürgerinitiativen gegen den Altstadtzerfall für die Wende in der DDR" (Fischer 2019). An diesem Projekt sind seit Januar 2019 unter der Leitung von Prof. Dr. Holger Schmidt Forschende der Technischen Universität Kaiserslautern, der Bauhaus-Universität Weimar, des Leibniz-Instituts für Raumbezogene Sozialforschung (IRS) Erkner sowie der Universität Kassel beteiligt. Das Projekt hat im Januar 2019 begonnen und die Laufzeit beträgt zunächst vier Jahre (vgl. ibid.).

Hierbei handelt es sich um ein konkretes Vorhaben, das an den in dieser Arbeit betrachteten Themen und dem Zeitraum anschließt. Es bietet damit das Potenzial, einige der hier genannten Fragestellungen zu bearbeiten. Hans Joachim Meyer, „Professor i. R. für angewandte Sprachwissenschaft (Englisch) und ehemaliger sächsischer Staatsminister für Wissenschaft und Kunst" (Meyer 2018), hebt die Bedeutung der Wendezeit im Kontext der Hochschulen in seinem Artikel „Ostdeutscher Blick auf die 68er: Ort einer fernen Freiheit" hervor, indem er schreibt: „Die Studentenbewegung entfaltete 1989 an den Ost-Hochschulen ihre Wirkung" (ibid.).

6.8 Forschungsförderung notwendig

Darüber hinausgehende, weitere Förderungen von zukünftigen Forschungs-vorhaben zum Ost-West-Vergleich stellen eine wichtige Voraussetzung dafür dar, die Beschäftigung und Aufarbeitung von hier aufgezeigten sich an diese Arbeit anschließenden Themen angemessen zu ermöglichen.

6.9 Reform der Lehre

„Die Universitäten sind durch Pädagogisierung, Didaktisierung, Ökonomisierung zu bloßen Ausbildungsstätten geworden" (Geulen 2019), schreibt Christian Geu-len, Professor für Neuere und Neueste Geschichte und ihre Didaktik in Koblenz (vgl. ibid.) in seinem Artikel „‚Katastrophe' ist gar kein Ausdruck. Über Bildung – heute". Sein Plädoyer lautet:

> „Was wir brauchen, ist eine Bildungspolitik, die nicht obsessiv ‚Bildungsprozesse' steuern und kontrollieren will, sondern der Bildung selber Luft zum Atmen und den Bildungsinstitutionen das gibt, was sie am meisten brauchen: mehr Lehrpersonal sowie Zeit und Raum für individuelle Bildungserfahrung" (ibid.).

So ist die Bologna-Reform an den Hochschulen in ganz Europa umgesetzt wor-den, ohne die Debatten zur transformativen Wissenschaft zu reflektieren. Dem-entsprechend wäre eine Weiterentwicklung der Bologna-Reform, insbesondere für angewandte Wissenschaften, notwendig. Hierbei ist zu beachten, dass keine klare Zuordnung der Disziplin Stadtplanung – weder zu Natur- noch zu Geistes-wissenschaften – möglich. Abgesehen davon, ob es sich dabei um ein Dilemma oder einen Vorteil handelt, sollten die genannten Aspekte Anregungen zu einer weiteren Diskussion bieten. Die vorliegende Arbeit bietet dabei Ansatzpunkte, um die Erkenntnisse aus den Gründungsphasen in Weimar und Kassel in die Lehrstrukturen der Ausbildung von Planerinnen und Planern zu integrieren.

6.10 Weiterentwicklung des Modells der transformativen Wissenschaft

Auch die Übertragung des Modells der transformativen Wissenschaft bezie-hungsweise die des Modus 1, Modus 2 und Modus 3 könnte durch weitere Un-tersuchungen konkretisiert und damit neue Kriterien, wie von Hechler, Paster-nack und Zierold erwähnt (vgl. Hechler, Pasternack und Zierold 2018), ent-wickelt werden. So sind auch die angewandten Disziplinen noch nicht ausreichend im Zusammenhang mit dem Modus-Modell betrachtet worden, weitere Analysen können neue Erkenntnisse dazu bringen. Beschreibungen von Prozessen an anderen Hochschulen sind ebenfalls vielversprechend, um die in dieser Arbeit für Weimar und Kassel erhobenen Informationen in einen größeren Kontext zu stellen. Neben der Einbeziehung weiterer Hochschulen sollten auch Längsschnittuntersuchungen erfolgen, um Entwicklungsprozesse, Diskontinuitäten, Brüche und sich ändernde Kontexte besser berücksichtigen zu können.

Quellen

Albers, Prof. Dr.-Ing. Gerd. 1973. „Sehr geehrter Herr Kollege", 13. September 1973. Hessisches Hauptstaatsarchiv Wiesbaden.

Albers, Gerd. 2005. „Stadtplanung". In *Handwörterbuch der Raumordnung*, 4., neu bearbeitete Auflage, 1085–92. Hannover: Akademie für Raumforschung und Landesplanung. https://www.arl-net.de/system/files/s_s0997-1140.pdf.

Arbeitsgruppe Integration OE Architektur/Landschaftsarchitektur. 1972. „Materialien zur Architekten- und Designerausbildung an der GHS Kassel".

Armbruster, Bernt. 1996. „Von der Ritterschule zur modernen Universität. Eine chronologische Übersicht". In *ProfilBildung. GründungsPerspektiven FachKulturen GhKProfile StudienErfahrungen AußenAnsichten. Texte zu 25 Jahren Universität Gesamthochschule Kassel*, herausgegeben von Annette Ulbricht-Hopf, Christoph Oehler, und Jürgen Nautz, 493–500. Kasseler Semesterbücher, Reihe Studia cassellana. vdf Hochschulverlag AG an der ETH Zürich.

———. 2004. „Vom Adelphicum zur Universität Kassel. Eine chronologische Übersicht der Hochschulentwicklung in Kassel und Witzenhausen". In *Von der Henschelei zur Hochschule. Der Campus der Universität Kassel am Holländischen Platz und seine Geschichte*, herausgegeben von Ulbricht, Annette, 94–101. Kassel: kassel university press. http://www.uni-kassel.de/upress/online/frei/978-3-89958-099-0.volltext.frei.pdf.

Bach, Joachim. 1974. „Zu einigen Aspekten der städtebaulichen Arbeit der Weimarer Hochschule in den letzten 25 Jahren". *Wissenschaftliche Zeitschrift der HAB Weimar* 21. Jahrgang (Heft 3/4): 227–35.

———. 1986. „Städtebau im Ballungsgebiet. Probleme des Wohnungsbaues in der DDR am Beispiel des Bezirks und der Stadt Halle". Herausgegeben von Österreichische Gesellschaft für Raumforschung und Raumplanung. *Berichte zur Raumforschung und Raumplanung* Heft 4, 30. Jahrgang: 14–23.

———. 1990. „Thesen zum workshop: Die Ethik des Fortschritts und die Zukunft der Städte". *Wissenschaftliche Zeitschrift der HAB Weimar* 36 (1–3): 147–48.

———. 1991. „Funktionen der zukünftigen Stadt". *Wissenschaftliche Zeitschrift der HAB Weimar* 37. Jahrgang (4): 159–64.

Bauhaus-Institut für Geschichte und Theorie der Architektur und Planung. 2017. „Bernd Grönwald (1942–1991). Ein Kolloquium aus Anlass seines 75. Geburtstages". 2017. https://www.uni-weimar.de/fileadmin/user/fak/architektur/professuren_institute/Theorie_und_Geschichte_der_mordernen_Architektur/Tagungsprogramm_zum_Download.pdf.

Bauhaus-Universität Weimar. 2008. „Räumliche Planung in Theorie und Praxis | AUGIAS.Net". 14. Juli 2008. https://www.augias.net/2008/07/17/anet6288/.

© Der/die Herausgeber bzw. der/die Autor(en), exklusiv lizenziert durch
Springer Fachmedien Wiesbaden GmbH, ein Teil von Springer Nature 2020
I. Hadasch, *Wege zur Stadtplanungslehre in der DDR und der BRD um 1970*,
https://doi.org/10.1007/978-3-658-30887-2

BauNetz Media GmbH. 2016. „Dust and Data in Weimar - 13. Internationales Bauhaus Kolloquium". BauNetz. 18. Oktober 2016. https://www.baunetz.de/meldungen/ Meldungen-13._Internationales_Bauhaus_Kolloquium_4889533.html.

Berliner Zeitung. 2019. „Prof. Hubert Matthes", 2. Februar 2019.

Betker, Frank. 1998. „„Ja wollen Sie denn den Weltfrieden gefährden?' Stadtplanung und Planerdenken in der DDR und seit der Wende: zwischen bürokratischer Anpassung und fachlicher Renitenz". In *Stadt im Wandel - Planung im Umbruch*, herausgegeben von Tilman Harlander. Stuttgart: Kohlhammer.

Bibliographisches Institut GmbH. 2018a. „Duden | Dis-zi-p-lin | Rechtschreibung, Bedeutung, Definition, Synonyme, Herkunft". 2018. https://www.duden.de/ rechtschreibung/Disziplin.

————. 2018b. „Duden | Re-form | Rechtschreibung, Bedeutung, Definition, Synonyme, Herkunft". 2018. https://www.duden.de/rechtschreibung/Reform.

————. 2019. „Duden | Mythos | Rechtschreibung, Bedeutung, Definition, Synonyme, Herkunft". 2019. https://www.duden.de/rechtschreibung/Mythos.

BMBF-Internetredaktion. 2018. „Wissenslücken über die DDR schließen - BMBF". Bundesministerium für Bildung und Forschung - BMBF. 2018. https://www.bmbf.de/ de/wissensluecken-ueber-die-ddr-schliessen-6346.html.

Blotevogel, Hans H. 2011. „2.3 Raumordnung im westlichen Deutschland 1945 bis 1990". In *Grundriss der Raumordnung und Raumentwicklung*, 115–68. Hannover: ARL. https://shop.arl-net.de/media/direct/pdf/Grdr2011-Kapitel-Inhalt.pdf.

Blumenthal, Silvan. 2010. *Das Lehrcanapé*. Basel: Standpunkte Verlag.

Bodenschatz, Harald, Hrsg. 2011. *Städtebau für Mussolini. Auf der Suche nach der neuen Stadt im faschistischen Italien*. Berlin: DOM Publishers.

Boldt, Martin. 2019. „Halle (Saale) – Händelstadt: Geschichte des Stadtteils Halle-Neustadt". 2019. https://m.halle.de/de/Verwaltung/Stadtentwicklung/Stadtteile-und-Stadt-09564/Stadtteil-Neustadt/Neustadt/Geschichte/.

Brinckmann, Hans. 1996. „Profil und Perspektive. 25 Jahre Universität Gesamthochschule Kassel". In *ProfilBildung. GründungsPerspektiven FachKulturen GhKProfile StudienErfahrungen AußenAnsichten. Texte zu 25 Jahren Universität Gesamthochschule Kassel*, herausgegeben von Annette Ulbricht-Hopf, Christoph Oehler, und Jürgen Nautz, 9–33. Kasseler Semesterbücher, Reihe Studia cassellana. vdf Hochschulverlag AG an der ETH Zürich.

Bruns, Diedrich. 2020. Ulf Hahne zur Universität Kassel – eine kleine (Vor-)Geschichte, In: Samarraie, J. A., Markert, S.: *Meer Zeit für Tea-Time – Eine Festschrift für Ulf Hahne*, Kassel, S. 17-36.

Buck-Bechler, Getraude. 2012. „Die Idee der Hochschule in der DDR". In *Hochschul- und Wissensgeschichte in zeithistorischer Perspektive. 15 Jahre zeitgeschichtliche Forschung am Institut für Hochschulforschung Halle-Wittenberg (HoF)*, herausgegeben von Peer Pasternack, 32–34. HoF-Arbeitsbericht, 4´2012. Halle-Wittenberg.

Bund Deutscher Architekten BDA. o. J. „Karteibogen Kanow, Ernst".

Bund Deutscher Architekten BDA. 1968. „Die Ausbildung des Architekten, Reformvorschlag und Dokumentation".

Bundesbaugesetz. 1960. https://www.bgbl.de/xaver/bgbl/start.xav?start=%2F%2F* %5B%40attr_id%3D%27bgbl160s0341.pdf%27%5D#__bgbl__%2F%2F*%5B%40at tr_id%3D%27bgbl160s0341.pdf%27%5D__1548797963945.

Bundesministerium des Innern, für Bau und Heimat. 2018. „Städtebauförderung - Sanierungs- und Entwicklungsmaßnahmen". 2018. https://www.staedtebaufoerderung. info/StBauF/DE/Programm/SanierungsUndEntwicklungsmassnahmen/sanierungs_ und_entwicklungsmassnahmen_node.html.

Bundeszentrale für politische Bildung. 2016a. „Oral History". 2016. http://www.bpb.de/ lernen/projekte/geschichte-begreifen/42324/oral-history?p=all.

———. 2018b. „soziale Marktwirtschaft | bpb". 2018. http://www.bpb.de/nachschlagen/ lexika/lexikon-der-wirtschaft/20642/soziale-marktwirtschaft.

Burckhardt, Lucius. 1973. „Sehr geehrter Herr Präsident", 30. Juni 1973. Hessisches Hauptstaatsarchiv Wiesbaden.

Burckhardt, Lucius. 2013. *Der kleinstmögliche Eingriff oder die Rückführung der Planung auf das Planbare.* Herausgegeben von Martin Schmitz und Markus Ritter. Berlin: Martin Schmitz Verlag.

Bökemann, Dieter, Arnold Klotz, und Klaus Semsroth. 1993. „Rudolf Wurzer, der Gründer der Studienrichtung Raumplanung an der TU Wien. Versuch eines Portraits". In *Studienrichtung Raumplanung*, 42–43. Wien: Technische Universität.

Böse-Vetter, Helmut. 2019. „Arbeitsgemeinschaft Freiraum und Vegetation (Gemeinnütziger Verein). Über uns". 2019. http://freiraumundvegetation.de/ueber-mich/.

Churchman, C. West, Jean-Pierre Protzen, Melvin M. Webber, und David Krogh. 2007. „In Memoriam: Horst W.J. Rittel". *Design Issues* 23 (1): 89–91. http://www.jstor.org/ stable/25224093.

Deichmann, Carl. 2018. „Das politische System der DDR". http://www.kas.de/upload/ dokumente/DDRMythen/DDR_Mythen_Quelle_Deichmann.pdf.

Deutscher Städtetag. 1974. „Empfehlungen zum Europäischen Denkmalschutzjahr 1975". http://www.dnk.de/_uploads/media/189_1975_DS_Denkmalschutzjahr.pdf.

„Diplomprüfungsordnung für den Integrierten Studiengang Architektur, Stadt- und Landschaftsplanung an der Gesamthochschule Kassel". 1983. Doku:lab.

Domhardt, Hans-Jörg, und Hans Kistenmacher. 2005. „Planerausbildung und Berufsbild". In *Handwörterbuch der Raumordnung*, 4., neu bearbeitete Auflage, 753–58. Hannover: Akademie für Raumforschung und Landesplanung. https://www.arl-net.de/ system/files/p_s0753-0830.pdf.

Düwel, Jörn, und Niels Gutschow. 2019. *Ordnung und Gestalt. Geschichte und Theorie des Städtebaus im 20. Jahrhundert. Die Deutsche Akademie für Städtebau und Landesplanung 1922 bis 1975.* Berlin: DOM Publishers.

Eckardt, Michael. 2011. „Die dritte Hochschulreform an der Hochschule für Architektur und Bauwesen Weimar". In *Aber wir sind! Wir wollen! Und wir schaffen! Von der Großherzoglichen Kunsthochschule zur Bauhaus-Universität Weimar, 1860-2012*, herausgegeben von Frank-Simon Ritz, Klaus-Jürgen Winkler, und Gerd Zimmermann, Bd. 2 (1945/46-2010):S.227-250. Weimar: Verlag der Bauhaus-Universität.

Edel, Karl-Otto. 2013. „BOLOGNA und der Wandel der akademischen Bildung". Verschriftlichung des Beitrags zur Veranstaltung „25. Kulturanthropologisch-Philosophisches Canetti-Symposium – Wider den Erziehungszwang", 22. und 23. November 2013, Kunstverein Alte Schmiede, Schönlaterngasse 9, Wien.

Engler, Harald. 2012. „Das institutionelle System des DDR-Bauwesens und die Reformdebatte um den Städtebau". In *Städtebaudebatten in der DDR. Verborgene Reformdiskurse*, herausgegeben von Christoph Bernhardt, Thomas Flierl, und Max Welch Guerra, 71–104. Berlin: Verlag Theater der Zeit.

European Council of Spatial Planners / Conseil Européen des Urbanistes. 2018. „ECTP-CEU - Complete charter". 2018. http://www.ectp-ceu.eu/index.php/en/about-us-2/founding-charter?id=89#b.

Fachberatergruppe für die Architekten-/Planerausbildung an der Gesamthochschule Kassel. 1973. „Zwischenbericht 1 der Fachberatergruppe für die Architekten-/Planerausbildung an der Gesamthochschule Kassel. Stellungnahmen zur Einrichtung einer integrierten Abschlußphase (IAP) des Architekturstudiums als Übergangsmodell und erste Integrationsstufe der integrierten Architekten-/Planerausbildung an der Gesamthochschule Kassel".

Fachschaft Architektur Universität Stuttgart, Hrsg. 1992. *Stuttgarter Architektur Schule. Vielfalt als Konzept.* Stuttgart: Karl Krämer Verlag.

Fannrich, Isabel, und Rolf Lautenschläger. 2014. „Schwerpunktthema - 50 Jahre Halle-Neustadt: Die Stadt aus dem Baukasten". Deutschlandfunk. 3. Juli 2014. https://www.deutschlandfunk.de/schwerpunktthema-50-jahre-halle-neustadt-die-stadt-aus-dem.1148.de.html?dram:article_id=290690.

Felz, Achim, Frank Mohr, und Gerhard Richardt. 1981. „Städtebaulich-architektonische Gestaltung bei der Umgestaltung eines Altstadtgebiets in Greifswald". *Architektur der DDR*, Mai, 287–98.

Fischer, Thomas. 2019. „BMBF- Verbundprojekt: Stadterneuerung am Wendepunkt - S+O – Uni Kaiserslautern". 2019. https://www.uni-kl.de/stadtumbau/forschung/projekte/bmbf-verbundprojekt-stadterneuerung-am-wendepunkt.html.

Franz, Eckhart G., und Thomas Lux. 2017. *Einführung in die Archivkunde.* 9. vollständig überarbeitete und erweiterte Auflage. Darmstadt: Wissenschaftliche Buchgesellschaft.

Frey, Prof. Dr. René L. 1973. „Sehr geehrter Herr Pfromm", 12. September 1973. Hessisches Hauptstaatsarchiv Wiesbaden.

Frick, Dieter. 1997. „Zur Entwicklung des Studiengangs und des Instituts für Stadt- und Regionalplanung". In *Reflexionen – Ein Vierteljahrhundert Studiengang Stadt- und Regionalplanung an der Technischen Universität Berlin*, herausgegeben von Institut für Stadt- und Regionalplanung. Berlin. https://www.planen-bauen-umwelt.tu-berlin. de/uploads/media/entwicklung_srp_isr.pdf.

Fuß, Susanne, und Ute Karbach. 2014. *Grundlagen der Transkription*. Opladen & Toronto: Verlag Barbara Budrich.

Geipel, Ines, und Andreas Petersen. 2009. *Black Box DDR. Unerzählte Leben unterm SED-Regime*. Wiesbaden: Marix-Verlag.

Gehrke, Bernd. 2008. „Die 68er-Proteste in der DDR | APuZ". bpb.de. 18. März 2008. http://www.bpb.de/apuz/31327/die-68er-proteste-in-der-ddr.

Gesellschaft für Deutsch-Sowjetische Freundschaft. 1978. „Urkunde Verleihung des Namens Deutsch-Sowjetische Freundschaft für Wissenschaftsbereich Verkehrsplanung und Stadttechnik". Privatarchiv Dr. Hanfler.

Gesellschaft für Hochschulforschung. 2018a. „Aufgaben | GfHf". 2018. https://www.gfhf. net/home/ziele/#1520946297108-9cdbe766-2c65.

———. 2018b. „Ziele | GfHf". 2018. https://www.gfhf.net/home/ziele/#1520946297108-e1f3a588-9268.

Geulen, Christian. 2019. „'Katastrophe' ist gar kein Ausdruck. Über Bildung – heute". Geschichte der Gegenwart. 24. April 2019. https://geschichtedergegenwart.ch/katastrophe-ist-gar-kein-ausdruck-ueber-bildung-heute/.

Gibbons, Michael, Hrsg. 1994. *The New Production of Knowledge: The Dynamics of Science and Research in Contemporary Societies*. London: SAGE Publications.

Ginski, Sarah, Klaus Selle, Fee Thissen, und Lucyna Zalas. 2017. „Multilaterale Kommunikation: Die Perspektiven der Fachleute. Ergebnisse einer Interviewserie. Teil der Berichterstattung zum Forschungsprojekt multi|kom." http://www.pt.rwth-aachen.de/files/dokumente/pt_materialien/pt_materialien_39.pdf.

Graf, Ruedi. 2010. „Salin, Edgar". Historisches Lexikon der Schweiz. 23. August 2010. http://www.hls-dhs-dss.ch/textes/d/D29928.php.

Grau, Andreas, und Markus Würz. 2016. „Anfänge der Planwirtschaft". 2016. https://www.hdg.de/lemo/kapitel/nachkriegsjahre/doppelte-staatsgruendung/anfaenge-der-planwirtschaft.html.

Gribat, Nina, Misselwitz, Philipp, und Görlich, Matthias, Hrsg. 2017. *Vergessene Schulen. Architekturlehre zwischen Reform und Revolte um 1968*. Spector.

Gruehn, Dietwald, Christa Reicher, und Thorsten Wiechmann, Hrsg. 2019. *50 Jahre Dortmunder Raumplanung*. Berlin: Jovis Verlag.

Hadasch, Ilona. 2013. „Kommunale Praktika an der Hochschule für Architektur und Bauwesen Weimar. Ein Element der stadtsoziologischen Lehre an der Sektion Gebietsplanung und Städtebau und das Beispiel Gotha 1981". Bachelorarbeit im Studiengang Urbanistik, Fakultät Architektur, Bauhaus-Universität Weimar.

———. 2018. „Identifikation von Schlüsselgesprächen". Billet. *Sozialwissenschaftliche Methodenberatung* (blog). 2018. https://sozmethode.hypotheses.org/330.

Hadasch, Ilona, und Harald Kegler. 2019. „50 Jahre Stadtplanungslehre. Aufbruch in Weimar und neue Herausforderungen". *PLANERIN*, Nr. 4 (August): 21–23.

HafenCityUniversität Hamburg. 2013. „30 Jahre Studium der Stadtplanung in Hamburg TUHH-HCU".

Hamacher, Frithjof. 2018. „TU Dresden – Institut für Landschaftsarchitektur - Profil - Zur Entstehungsgeschichte". TU Dresden. 2018. https://tu-dresden.de/bu/architektur/ila/das-institut/profil?set_language=de.

Harders, Levke. 2014. „Biographie Karl Jaspers". Lebendiges Museum Online. 14. September 2014. https://www.dhm.de/lemo/biografie/karl-jaspers.

Hechler, Daniel, Jens Hüttmann, Ulrich Mählert, und Peer Pasternack, Hrsg. 2009. *Promovieren zur deutsch-deutschen Zeitgeschichte*. Berlin: Metropol Verlag.

Hechler, Daniel, Peer Pasternack, und Steffen Zierold. 2018. *Wissenschancen der Nichtmetropolen. Wissenschaft und Stadtentwicklung in mittelgroßen Städten*. Berlin: Berliner Wissenschaftsverlag.

Heinzel, Matthias. 1997. *Anforderungen deutscher Unternehmen an betriebswirtschaftliche Hochschulabsolventen: zur Marktorientierung von Hochschulen*. Wiesbaden: Deutscher Universitätsverlag.

Herbert, Ulrich. 2017a. „15. Deutschland um 1965: Zwischen den Zeiten". In *Geschichte Deutschlands im 20. Jahrhundert*, 2.,durchgesehene Auflage, 783–834. München: C.H. Beck.

―――. 2017b. „16. Reform und Revolte". In *Geschichte Deutschlands im 20. Jahrhundert*, 2.,durchgesehene Auflage, 835–83. München: C.H. Beck.

―――. 2017c. „17. Krise und Strukturwandel". In *Geschichte Deutschlands im 20. Jahrhundert*, 2.,durchgesehene Auflage, 887-. München: C.H. Beck.

Hessisches Landesamt für geschichtliche Landeskunde. 2017a. „‚Friedeburg, Ludwig Ferdinand Heinrich Georg Friedrich von', in: Hessische Biografie". 27. Januar 2017. https://www.lagis-hessen.de/pnd/116791950.

―――. 2017b. „‚Osswald, Albert', in: Hessische Biografie". 10. Februar 2017. https://www.lagis-hessen.de/pnd/118590405.

―――. 2017c. „‚Schütte, Ernst', in: Hessische Biografie". 1. März 2017. https://www.lagis-hessen.de/pnd/118762133.

―――. 2018. „‚Börner, Holger', in: Hessische Biografie". 3. August 2018. https://www.lagis-hessen.de/pnd/118820362.

―――. 2019a. „‚Krollmann, Hans Karl', in: Hessische Biografie". 8. April 2019. https://www.lagis-hessen.de/de/subjects/gsrec/current/1/sn/bio?q=Krollmann.

―――. 2019b. „‚Zinn, Georg August', in: Hessische Biografie". 8. Juli 2019. https://www.lagis-hessen.de/pnd/119311151.

Hessischer Landtag. 1969a. „Drucksache Nr. 1940. Große Anfrage der Abg. Dr. Lucas, Dr. Dregger, Beck, Böhm und von Zworowsky (CDU) an die Hessische Landesregierung betreffend Gründung einer Universität in Kassel". 26. Februar 1969. Starweb. http://starweb.hessen.de/cache/DRS/06/3/02293.pdf.

———. 1969b. „Plenarprotokoll 50. Sitzung, 6. Wahlperiode". 27. März 1969. Starweb. http://starweb.hessen.de/cache/PLPR/06/0/00050.pdf.

———. 1969c. „Drucksache Nr. 2293. Antrag des Abg. Kohl (FDP) und Fraktion betreffend Einrichtung einer Universität in Kassel". 26. August 1969. Starweb. http://starweb.hessen.de/cache/DRS/06/3/02293.pdf.

———. 1969d. „Plenarprotokoll 62. Sitzung, 6. Wahlperiode". 13. November 1969. Starweb. http://starweb.hessen.de/cache/PLPR/06/2/00062.pdf.

———. 1970. „Sach- und Sprechregister, IV. Wahlperiode 1. Dezember 1966 - 30. November 1970". Starweb. http://starweb.hessen.de/cache/REGISTER/06/1/Sachregister pdf6.pdf.

Hochschule für Architektur und Bauwesen Weimar, Hrsg. 1979. „Sektion Gebietsplanung und Städtebau, Ausbildung, Forschung, Planungsstudien, 1969-1979. Gewidmet dem 30. Jahrestag der Deutschen Demokratischen Republik".

Hicklin, Martin. 2012. „Spaziergängerin mit Weitsicht. Nachruf auf Annemarie Burckhardt-Wackernagel (3. März 1930-15. Juli 2012)". Basler Stadtbuch. 2012. https://www.baslerstadtbuch.ch/stadtbuch/2012/2012_3236.html.

Hochschule für Technik Rapperswil. 2019. „Pfauenblau und Pfeifen: Dieter Kienast im Video". 18. Juli 2019. https://www.hsr.ch/de/die-hsr/aktuell/news/detail/article/pfauenblau-und-pfeifen-dieter-kienast-im-video/.

Hochschule für Wirtschaft und Umwelt Nürtingen-Geislingen. 2019. „Tagungsprogramm 40 Semester Stadtplanung in Nürtingen. Herausforderungen für die Stadtplanung in den nächsten 20 Jahren". https://www.hfwu.de/fileadmin/user_upload/FLUS/SP/40_Semester_SP/190227_DIN_lang_6_S_Jubilaeum_web_fertig.pdf.

Honegger, Pascal. 2019. „Gründung Studiengang Stadt-, Verkehrs- und Raumplanung HSR", 20. August 2019.

Holtzhauer, Helmut. 1969. „Weimar - Kritik eines städtebaulichen Ideenwettbewerbes". *Deutsche Architektur* 3: 133, 185–86.

Holtzhauer, Helmut. 2017. *Weimarer Tagesnotizen 1958-1973*. Herausgegeben von Martin Holtzhauer, Konrad Kratzsch, und Rainer Krauß. Hamburg: tredition Verlag GmbH.

Holtzhauer, Martin. 2019. „Biografie von Helmut Holtzhauer (1912-1973)". Sächsische Biografie hrsg. vom Institut für Sächsische Geschichte und Volkskunde e.V. 30. August 2019. http://saebi.lsgv.de/biografie/Helmut_Holtzhauer_(1912-1973).

Hopf, Wulf, und Udo Kuckartz, Hrsg. 2016. *Schriften zu Methodologie und Methoden qualitativer Sozialforschung*. Springer Fachmedien, Wiesbaden.

Hoymann, Tobias. 2010. *Der Streit um die Hochschulrahmengesetzgebung des Bundes. Politische Aushandlungsprozesse in der ersten großen und der sozialliberalen Koalition*. Wiesbaden: VS Verlag für Sozialwissenschaften. https://link.springer.com/book/10.1007%2F978-3-531-92343-7#about.

HSR Landschaftsarchitektur. 2019. „*Dieter Kienast*". YouTube. 15. Juli 2019. https://www.youtube.com/channel/UC2MSysKyytYWxuKRVWOOF9w.

Höld, Regina. 2007. „Zur Transkription von Audiodaten". In *Qualitative Marktforschung*, herausgegeben von Renate Buber und Hartmut H. Holzmüller, S.655-668. Wiesbaden: Gabler.

Hunger, Bernd. 1983. *Soziologische Untersuchung zur Rekonstruktion der Gothaer Innenstadt*. HAB Weimar.

Hüller, Helga, und Karl-Heinz Loui. 1981. „Zur Rekonstruktion und Erneuerung eines innerstädtischen Wohngebietes in Greifswald". *Architektur der DDR*, Mai, 282–86.

Hüttenberger, Peter. 1996. „Deutschland seit 1945". In *Deutsche Geschichte. Epochen und Daten*, herausgegeben von Werner Conze und Volker Hentschel, 6., aktualisierte Auflage, 296–330. Darmstadt: Wissenschaftliche Buchgesellschaft.

INCHER-Kassel. 2018. „Hochschulplaner der ersten Stunde gestorben. Das INCHER-Kassel trauert um Helmut Winkler". 5. Oktober 2018. http://www.uni-kassel.de/einrichtungen/de/incher/aktuelles/meldung/article/hochschulplaner-der-ersten-stunde-gestorben-das-incher-kassel-trauert-um-helmut-winkler.html.

Jordan, Carlo. 2001. *Kaderschmiede Humboldt-Universität zu Berlin. Aufbegehren, Säuberungen und Militarisierung 1945-1989*. Forschungen zur DDR-Gesellschaft. Berlin: Ch. Links Verlag.

Jorgas, Martina. 2012. „Geschichte - RWTH AACHEN UNIVERSITY Fakultät für Architektur - Deutsch". 2012. http://arch.rwth-aachen.de/cms/Architektur/Die-Fakultaet/Profil/~nwb/Geschichte/.

Kaiser, Tobias. 2006. „Anmerkungen zur so genannten ‚Dritten Hochschulreform' an der Universität Jena". Herausgegeben von Peter Hallpap. *Geschichte der Chemie in Jena im 20. Jh. Materialien III: Die Dritte Hochschulreform*, 14. https://www.db-thueringen.de/servlets/MCRFileNodeServlet/dbt_derivate_00010273/urmmater3 kaiser.pdf.

Kanow, Ernst. 1986. „Gebietsplanung der DDR. Ein Rückblick". Privatarchiv Harald Kegler.

Kegler, Harald. 1987. „Die Herausbildung der wissenschaftlichen Disziplin Stadtplanung: ein Beitrag zur Wissenschaftsgeschichte". HAB - Dissertationen, Heft 5, Weimar: Hochschule für Architektur und Bauwesen Weimar.

Kitzler, Jan-Christoph. 2018. „50 Jahre Club of Rome - Der kritische Blick auf das Wachstum". Deutschlandfunk. 17. Oktober 2018. https://www.deutschlandfunk.de/50-jahre-club-of-rome-der-kritische-blick-auf-das-wachstum.769.de.html?dram:article_id =430812.

Kleßmann, Christoph. 1993. „Verflechtung und Abgrenzung. Aspekte der geteilten und zusammengehörigen deutschen Nachkriegsgeschichte". *APuZ*, Nr. 29-30/1993: S.30.

———. 2009. „Konturen und Entwicklungstendenzen der DDR-Forschung". In *Promovieren zur deutsch-deutschen Zeitgeschichte*, herausgegeben von Daniel Hechler, Jens Hüttmann, Ulrich Mählert, und Peer Pasternack, 40–54. Berlin: Metropol Verlag.

Korrek, Norbert. 1987. „Die Hochschule für Gestaltung Ulm: Dokumentation und Wertung der institutionellen und pädagogischen Entwicklung der Hochschule für Gestaltung Ulm unter besonderer Betrachtung der zeitbezogenen politischen und wirtschaftlichen Rahmenbedingungen in der Bundesrepublik Deutschland." Weimar: Hochschule für Architektur und Bauwesen.

Krämer, Jörg. 2018a. „Deutscher Bundestag - Bundesrepublik Deutschland". Deutscher Bundestag. 2018. https://www.bundestag.de/parlament/geschichte/parlamentarismus/brd_parlamentarismus/brd_parlamentarismus/199610.

Krämer, Jörg. 2018b. „Deutscher Bundestag - Deutsche Demokratische Republik (1949 - 1990)". Deutscher Bundestag. 2018. https://www.bundestag.de/parlament/geschichte/parlamentarismus/ddr/ddr/199586.

Krempkow, René, und Martin Winter. 2013. „Kartierung der Hochschulforschung in Deutschland 2013. Bestandsaufnahme der hochschulforschenden Einrichtungen". http://www.gfhf.net/fileadmin/user_upload/Bericht-Kartierung-der-Hofo-2013.pdf.

Kuckartz, Udo. 1999. „Texte transkribieren, Transkriptionsregeln und Transkriptionssysteme". In *Computergestützte Analyse qualitativer Daten. Eine Einführung in Methoden und Arbeitstechniken.*, herausgegeben von Udo Kuckartz, 178:40–50. wv studium. Opladen: Westdeutscher Verlag. https://www.audiotranskription.de/audiotranskription/upload/Transkribieren_Beispiel%20Hoffmann-Riem.pdf.

———. 2016. *Qualitative Inhaltsanalyse. Methoden, Praxis, Computerunterstützung.* 3., überarbeitete Auflage. Weinheim & Basel: Beltz Juventa.

Kulturradio RBB. 2017. „Zwischen Mythos und Realität: Architektinnen in der DDR". http://www.ardmediathek.de/radio/kulturradio-vom-rbb-Kulturtermin/Zwischen-Mythos-und-Realität-Architekti/kulturradio/Audio-Podcast?bcastId=48866008&documentId=48866118.

Kunzmann, Klaus R., Ursula von Petz, und Klaus M. Schmals, Hrsg. 1990. *20 Jahre Raumplanung in Dortmund. Eine Disziplin institutionalisiert sich.* Bd. 50. Blaue Reihe, Dortmunder Beiträge zur Raumplanung. Institut für Raumplanung (IRPUD) Universität Dortmund.

Köhl, Werner, und Gerold Kind. 1990. „Bedarf an Aus- und Weiterbildung sowie Umschulung von Landes- und Regionalplanern für die 5 neuen Bundesländer im Auftrag der Bundesforschungsanstalt für Landeskunde und Raumordnung, Bonn-Bad Godesberg". Privatarchiv Anita Bach.

Lamnek, Siegfried. 2005. *Qualitative Sozialforschung.* 4., vollständig überarbeitete Auflage. Weinheim & Basel. Beltz Verlag.

Lausch, Frederike. 2015. *Architektenausbildung in Weimar. 29 Lebensläufe zwischen DDR und BRD.* Forschungen zum baukulturellen Erbe der DDR 4. Weimar: Verlag der Bauhaus-Universität.

Lehmann, Hanns. 1955. *Städtebau und Gebietsplanung. Über die räumlichen Aufgaben der Planung in Siedlung und Wirtschaft.* Berlin: Deutsche Bauakademie.

Leibniz-Institut für Raumbezogene Sozialforschung. 2016. „Zwischen Emanzipation und Dreifachbelastung: Studie zu Architektinnen in der DDR". Leibniz-Institut für Raumbezogene Sozialforschung. 29. September 2016. https://leibniz-irs.de/aktuelles/meldungen/2016/09/zwischen-emanzipation-und-dreifachbelastung-studie-zu-architektinnen-in-der-ddr/.

Leibniz-Institut für Raumbezogene Sozialforschung, Wissenschaftliche Sammlungen. 2019. „Prof. Dr. Herbert Ricken". Text. 2019. http://www.digiporta.net/index.php?id=528646688.

Lübbe, Peter. 1981. *Kulturelle Auslandsbeziehungen der DDR: Das Beispiel Finnland.* Forschungsinstitut der Friedrich-Ebert-Stiftung.

Mader, Clemens. 2012. „Transformative Performance towards Sustainable Development in Higher Education Institutions". *Journal of Education for Sustainable Development* 6 (1): 79–89.

Martens, Bernd. 2010. „Die Wirtschaft in der DDR | bpb". bpb.de. 30. März 2010. http://www.bpb.de/geschichte/deutsche-einheit/lange-wege-der-deutschen-einheit/47076/ddr-wirtschaft.

Mayring, Philipp. 2002. *Einführung in die qualitative Sozialforschung. Eine Anleitung zu qualitativem Denken.* 5. Auflage. Weinheim & Basel: Beltz Verlag.

Menne-Haritz, Angelika. 2009. „10. Forschen im Archiv". In *Promovieren zur deutsch-deutschen Zeitgeschichte,* 142–59. Berlin: Metropol Verlag.

Metzner, Mathias. 2018. „Bürgerrechte in der DDR | bpb". 2018. http://www.bpb.de/155960/buergerrechte-in-der-ddr.

Meyer, Hans Joachim. 2018. „Ostdeutscher Blick auf die 68er: Ort einer fernen Freiheit". *Der Tagesspiegel online,* 21. Mai 2018. https://www.tagesspiegel.de/wissen/ostdeutscher-blick-auf-die-68er-ort-einer-fernen-freiheit/22578638.html.

Ministerrat der Deutschen Demokratischen Republik, Ministerium für Hoch- und Fachschulwesen, der Minister. 1969. „Kopie der Urkunde Sektionsgründung Gebietsplanung und Städtebau". Privatarchiv Dr. Hanfler.

Ministerrat der Deutschen Demokratischen Republik, Ministerium für Hoch- und Fachschulwesen, Minister Prof. Dr. h.c. Böhme. 1983. „Studienplan für die Grundstudienrichtung Städtebau und Architektur (Titelnummer: 110152) zur Ausbildung an Universitäten und Hochschulen der DDR". Bundesarchiv Berlin-Lichterfelde.

Murken, Jens. 2016. „Oral History". 2016. http://www.uni-konstanz.de/FuF/Philo/Geschichte/Tutorium/Themenkomplexe/Quellen/Quellenarten/Oral_history/oral_history.html.

Mählert, Ulrich, Hrsg. 2016. *Die DDR als Chance: Neue Perspektiven auf ein altes Thema.* Berlin: Metropol Verlag.

Möhring, Wiebke, und Daniela Schlütz. 2003. *Die Befragung in der Medien- und Kommunikationswissenschaft. Eine praxisorientierte Einführung.* Wiesbaden: Westdeutscher Verlag.

Möller, Frank, und Ulrich Mählert, Hrsg. 2008. *Abgrenzung und Verflechtung: Das geteilte Deutschland in der zeithistorischen Debatte.* Berlin: Metropol Verlag.

Neusel, Aylâ. 1979. „Zur Reform der Architekten- und Planerausbildung. Eine Fallstudie über die Studiengangplanung in der Gesamthochschule Kassel". Stuttgart: Universität Stuttgart (Technische Hochschule). FID INCHER Kassel.

Neusel, Aylâ, Wilhelm Ruwe, Helmut Westphal, und Karl Wucherpfennig. 1975. „Studieninformation zum Studiengang Architektur, Stadt- und Landschaftsplanung WS 75/76. Veröffentlichungen der Arbeitsgruppe des Modellversuchs, Nr. 9". Doku:lab.

Nowotny, Helga, Peter Scott, und Michael Gibbons. 2001. *Re-Thinking Science. Knowledge and the Public in an Age of Uncertainty.* Cambridge: Polity Press.

Nowotny, Helga, Peter Scott, und Michael Gibbons. 2008. *Wissenschaft neu denken. Wissen und Öffentlichkeit in einem Zeitalter der Ungewißheit.* 3. Auflage. Weilerswist: Velbrück Wissenschaft.

Oehler. 1970. „Betr.: Hochschulplanung", 5. Mai 1970. Hessisches Hauptstaatsarchiv Wiesbaden.

Oroz, Gabriela. 2013. „Namenserweiterung der Fakultät in »Fakultät Architektur und Urbanistik«". 10. Oktober 2013. https://www.uni-weimar.de/de/architektur-und-urbanistik/aktuell/aktuell/titel/namenserweiterung-der-fakultaet-in-fakultaet-architektur-und-urbanistik/.

Pasternack, Peer. 2012. „Politik und Wissenschaft in der DDR. Kontrastanalyse im Vergleich zur Bundesrepublik". In *Hochschul- und Wissensgeschichte in zeithistorischer Perspektive. 15 Jahre zeitgeschichtliche Forschung am Institut für Hochschulforschung Halle-Wittenberg (HoF),* herausgegeben von Peer Pasternack, 35–37. HoF-Arbeitsbericht, 4′2012. Halle-Wittenberg.

Pollak. 1969. „bitte blumen zum preis von 10.00-15.00 mark fuer donnerstag, 16.10. 14.00 uhr zur sektionsgruendung besorgen." Universitätsarchiv Weimar.

Professur Freiraumplanung, Universität Kassel. 2017. „Freiraumplanung: Vernetzungstreffen 7. Juli 2017". 2017. https://www.uni-kassel.de/fb06/fachgebiete/landschaftsarchitektur-und-planung/freiraumplanung/zentrum-planungsgeschichte-zu-stadt-landschaft/vernetzungstreffen-7-juli-2017.html.

Projektgruppe Gesamthochschule Kassel. 1971. „Dokumentation von Gesamthochschulmodellen. Arbeitsunterlage für die an der Planung der Gesamthochschule Kassel beteiligten Gremien". Privatarchiv Helmut Winkler.

———. 1972. „Überlegungen zur Integration"

Przyborski, Aglaja, und Monika Wohlrab-Sahr. 2010. *Qualitative Sozialforschung. Ein Arbeitsbuch.* 3., korrigierte Auflage. München: Oldenbourg Wissenschaftsverlag.

Pötzsch, Horst. 2018. „Funktionen des Rechts | bpb". 2018. http://www.bpb.de/politik/grundfragen/deutsche-demokratie/39388/funktionen-des-rechts?p=all.

Richter, Christoph D. 2017. „Reformation quergedacht - Die DDR-Umweltbewegung als Kind des Protestantismus". Deutschlandfunk. 9. Oktober 2017. https://www.

deutschlandfunk.de/reformation-quergedacht-die-ddr-umweltbewegung-als-kind-des.
697.de.html?dram:article_id=397798.

Ricken, Herbert. 1974. „Entwicklungsprobleme des Architektenberufs in der DDR. Reihe
Städtebau und Architektur". *Reihe Städtebau und Architektur*, Nr. Heft 46.

Rittel, Horst, und Melvin M. Webber. 1973. „Dilemmas in a General Theory of Planning".
Policy Sciences 4: 155–69.

Rittel, Horst, und Melvin M. Webber. 1992. „Dilemmas in einer allgemeinen Theorie der
Planung". In *Planen, Entwerfen, Design: Ausgewählte Schriften zu Theorie und Methodik*, 13–35. Stuttgart.

Ritter, Markus, und Martin Schmitz. 2015. „Querfeldein denken mit Lucius Burckhardt
(2/3) - Wer war Lucius Burckhardt?" Deutschlandfunk. 2015. https://www.
deutschlandfunk.de/querfeldein-denken-mit-lucius-burckhardt-2-3-wer-war-lucius.
1184.de.html?dram:article_id=320096.

o.Prof. H. Ronner. 1973. „Sehr geehrte Herren", 14. September 1973. Hessisches Hauptstaatsarchiv Wiesbaden.

Ryser, Vera. 2019. „Mode 2-Konzeption". Transdisziplinarität. Eine Bestandesaufnahme
des Forschungsdiskurses. 2019. https://blog.zhdk.ch/trans/mode2-konzeption/.

Scheffler, Tanja. 2017. „Die großen Unbekannten - Architektinnen in der DDR". *Bauwelt*,
Nr. 22.2017: S.10-13. http://bauwelt.de/dl/1230784/artikel.pdf.

Schelhaas, Bruno. 2011. „2.4 Räumliche Planung in der SBZ und DDR 1945 bis 1990". In
Grundriss der Raumordnung und Raumentwicklung, 169–81. Hannover: ARL.
https://shop.arl-net.de/media/direct/pdf/Grdr2011-Kapitel-Inhalt.pdf.

Schmitz, Martin. 2019. „Lucius Burckhardt Biografie". 2019. http://www.lucius-burckh
ardt.org/Deutsch/Biografie/Lucius_Burckhardt.html.

Schneider, Karl Heinz, und Stefan Kießler. 2003. „Oral History". http://www.lwg.uni-
hannover.de/w/images/6/68/Oral_history_Schneider_Kiessling_2003.pdf.

Schneidewind, Uwe, und Mandy Singer-Brodowski. 2013. *Transformative Wissenschaft.
Klimawandel im deutschen Wissenschafts- und Hochschulsystem*. Marburg: Metro-
polis-Verlag für Ökonomie, Gesellschaft und Politik GmbH.

Schrader, Karin, Carsten Thiemann, und Ralf Zumpfe. 1997. „Gesamthochschule (GhK)
1975-95". In *Architekturführer Kassel 1900-1999*, 2., vollständig durchgesehene Auflage, 30–31. Kassel.

Schreier, Margrit. 2014. „Varianten qualitativer Inhaltsanalyse: Ein Wegweiser im Di-
kicht der Begrifflichkeiten". *FQS Forum: Qualitative Sozialforschung* 15 (1). http://
www.qualitative-research.net/index.php/fqs/rt/printerFriendly/2043/3635.

Schubert, Dirk. 2013. „30 Jahre Stadtplanungsstudium in Hamburg". Herausgegeben von
HafenCity Universität Hamburg. *30 Jahre Studium der Stadtplanung in Hamburg
TUHH-HCU*, 10–23.

Schwarz, Marietta. 2019. „100 Jahre Bauhaus - Weimar: Der Mann mit dem Schlüssel".
Hörspiel und Feature. 8. März 2019. https://www.deutschlandfunkkultur.de/100-jahre-

bauhaus-weimar-der-mann-mit-dem-schluessel.3720.de.html?dram:article_id= 438416.

Schweppenhäuser, Gerhard. 2018. „Von der Bildungskatastrophe zur Bologna-Reform". *Neues Deutschland*, 16. Juni 2018.

Schädlich, Christian. 2001. „Bauhaus-Universität Weimar". Ohne Verlag.

Sekretariat Stadt- und Raumplanung FH Erfurt. 2018. „Einladung Jubiläumsfeier 10 Jahre Stadt- und Raumplanung FH Erfurt". https://www.fh-erfurt.de/arc/ fileadmin/Material/SUR/Aktuelles/2018/Flyer_Einladung_final_blau_ohne_anschnitt. pdf.

Signer, Rolf. 2014. „50 Jahre Raumplanung an der ETH Zürich". 2014. http://www. raumplanung.ethz.ch/#xd_co_f=MmFjMzA4MzJmOGNkOGU3MGFiODE1NT gwOTE4MDg5ODk=~.

Spektrum Akademischer Verlag online. 2000a. „Sich-selbst-erfüllende-Prophezeiung". https://www.spektrum.de/lexikon/psychologie/sich-selbst-erfuellende-prophezeiung/ 14234.

———. 2000b. „Triangulation".https://www.spektrum.de/lexikon/psychologie/triangu lation/15769.

Spitz, René. 2000. *HFG Ulm. Der Blick hinter den Vordergrund. Die politische Geschichte der Hochschule für Gestaltung 1953-1968.* Stuttgart: Edition Axel Menges.

Stadtverwaltung Weimar. 2015. „Chronik Juli 2015". https://stadt.weimar.de/ fileadmin/redaktion/Dokumente/ueber_weimar/stadtgeschichte/jahreschroniken/ 2015/CHR-15-07.pdf.

Stangl, W. 2017. „Transkription. Lexikon für Psychologie und Pädagogik." http://lexikon. stangl.eu/10893/transkription/.

Stiftung Deutsches Historisches Museum, Stiftung Haus der Geschichte der Bundesrepublik Deutschland. 2018. „Anfänge der Planwirtschaft". 2018. https://www.hdg. de/lemo/kapitel/nachkriegsjahre/doppelte-staatsgruendung/anfaenge-der-planwirt schaft.html.

Strauss, Anselm Leonard. 1998. *Grundlagen qualitativer Sozialforschung. Datenanalyse und Theoriebildung in der empirischen soziologischen Forschung.* München: Fink.

Sukrow, Oliver. 2018. „2.4.3.3 Zukunftsvorstellung institutionell: ‚Prognoseentwurf der Hochschule für Architektur und Bauwesen Weimar im Zeitraum 1970-1985'". In *Arbeit. Wohnen. Computer.: Zur Utopie in der bildenden Kunst und Architektur der DDR in den 1960er Jahren,* 102–10. Heidelberg: Heidelberg University Publishing.

Technische Universität Kaiserslautern. 2019. „TU Kaiserslautern - Geschichte der Universität". 2019. https://www.uni-kl.de/ueber-die-tuk/geschichte-der-universitaet/.

Teichler, Ulrich. 2014. „Hochschule und Beruf als Gegenstandsbereich der Hochschulforschung". *die hochschule*, Nr. 1/2014: 118–32.

Thüringer Allgemeine. 2017. „Gedenkseite von Oskar Büttner". 2017. https://trauer. thueringer-allgemeine.de/traueranzeige/oskar-buettner.

TU Berlin, Institut für Soziologie, Fachgebiet Planungs- und Architektursoziologie. 2013. „Vorträge". 21. Mai 2013. https://www.archsoz.tu-berlin.de/?id=80547.

Valentin, Peter. 2019. „Raumplanung Studium TU Dortmund". 2019. https://studieren.de/raumplanung-tu-dortmund.hochschule.t-0.a-431.c-181.html.

Wachsmann, Christiane. 2018. *Vom Bauhaus beflügelt. Menschen und Ideen an der Hochschule für Gestaltung Ulm.* Stuttgart: av edition.

Wagner, Fred. 2018. „Definition: Subsidiarität". Gabler Wirtschaftslexikon. Zugegriffen 2. Februar 2019. https://wirtschaftslexikon.gabler.de/definition/subsidiaritaet-44920.

Walther, Peter Th. 1997. „Bildung und Wissenschaft". In *DDR-Geschichte in Dokumenten. Beschlüsse, Berichte, interne Materialien und Alltagszeugnisse*, herausgegeben von Matthias Judt, 225–92. Forschungen zur DDR-Gesellschaft. Berlin: Ch. Links Verlag.

Weber, Hermann. 2012. *Die DDR 1945-1990.* 5., aktualisierte Auflage. München: Oldenbourg Verlag.

Weichelt, Gunter. 1980. „Regenerative Energiequellen und derzeitige Möglichkeiten ihrer Nutzung in der DDR". *Wissenschaftliche Zeitschrift der HAB Weimar* 27. Jahrgang (Heft 4): S.167ff.

Welch Guerra, Max. 2011. „Räumliche Planung und Reformpolitik an der HAB Weimar". In *Aber wir sind! Wir wollen! Und wir schaffen! Von der Großherzoglichen Kunsthochschule zur Bauhaus-Universität Weimar, 1860-2012*, herausgegeben von Ritz, Frank-Simon, Winkler, Klaus-Jürgen, und Zimmermann, Gerd, Bd. 2 (1945/46-2010): 277-301. Weimar: Verlag der Bauhaus-Universität.

———. 2012a. „Die 1960er Jahre und der Aufstieg der räumlichen Planung". In *Jahrbuch Stadterneuerung 2012*, herausgegeben von Uwe Altrock.

———. 2012b. „Fachdisziplin und Politik". In *Städtebaudebatten in der DDR. Verborgene Reformdiskurse*, herausgegeben von Christoph Bernhardt, Thomas Flierl, und Max Welch Guerra, 42–69. Berlin: Verlag Theater der Zeit.

———. 2017. „Die Bauhaus-Universität Weimar und die politische Geschichte hinter ihrem Städtebau". 2017. https://www.uni-weimar.de/de/architektur-und-urbanistik/professuren/raumplanung-und-raumforschung/lehre/wise-201718/m-p-bauhaus-pol-geschichte-staedtebau/.

Wengst, Udo, und Hermann Wentker. 2008. *Das doppelte Deutschland. 40 Jahre Systemkonkurrenz.* Berlin: Ch. Links Verlag.

Wentker, Hermann. 2009. „Forschungsperspektiven und -desiderate der DDR-Geschichte". In *Promovieren zur deutsch-deutschen Zeitgeschichte*, herausgegeben von Daniel Hechler, Jens Hüttmann, Ulrich Mählert, und Peer Pasternack, 25–39. Berlin: Metropol Verlag.

Wierling, Dorothee. 2009. „Zeitgeschichte ohne Zeitzeugen". Budrich. www.budrich-journals.de/index.php/bios/article/download/1478/1163.

Wigger, Friederike. 2019. „Der Mann mit dem Schlüssel". *Deutschlandfunk.*

Winkler, Helmut. 1979. *Zur Theorie und Praxis der Gesamthochschulplanung unter Berücksichtigung der Studiengangmodelle, Entscheidungsplanung und -organisation.* Minerva-Fachserie Wirtschafts- und Sozialwissenschaften. München: Minerva Publikation.

———. 1994. „Erfahrungen mit integrierten Studiengängen an der Universität Gesamthochschule Kassel. Ein Beitrag zur Diskussion um differenzierte Studiengangsstrukturen an Universitäten. Arbeitspapiere des Wissenschaftlichen Zentrums für Berufs- und Hochschulforschung an der Gesamthochschule Kassel Nr. 30". Privatarchiv Helmut Winkler.

Winkler, Klaus-Jürgen. 2011. „Die Hochschulgeschichte in einer Übersicht". In *Aber wir sind! Wir wollen! Und wir schaffen! Von der Großherzoglichen Kunsthochschule zur Bauhaus-Universität Weimar, 1860-2012*, Bd. 2 (1945/46-2010):463–87. Weimar: Verlag der Bauhaus-Universität.

Wissenschaftsrat. 1970. „Empfehlungen zur Struktur und zum Ausbau des Bildungswesens im Hochschulbereich nach 1970". http://digital.ub.uni-paderborn.de/ihd/content/titleinfo/442672.

Wolle, Stefan. 2013. *Der große Plan. Alltag und Herrschaft in der DDR 1949-1961.* Berlin: Ch. Links Verlag. https://www.christoph-links-verlag.de/index.cfm?view=3&titel_nr=738.

Zervosen, Tobias. 2016. *Architekten in der DDR: Realität und Selbstverständnis einer Profession.* Bielefeld: Transcript Verlag.

Zimmermann, Gerd. 2011. „‚Bauhaus-Universität Weimar' – Zur Genese einer Vision". In *Aber wir sind! Wir wollen! Und wir schaffen! Von der Großherzoglichen Kunsthochschule zur Bauhaus-Universität Weimar, 1860-2012*, herausgegeben von Frank-Simon Ritz, Winkler, und Gerd Zimmermann, Bd. 2 (1945/46-2010):431–60. Weimar: Verlag der Bauhaus-Universität.

Glossar

Archivgut
„Verwaltungsaufzeichnungen, sei es auf Papier oder in elektronischer Form,
entstehen, weil eine Organisation, wie eine Behörde oder ein Betrieb, auf Anforderungen und Kommunikationen von außen reagiert und dabei ihre Tätigkeiten
in Reaktion auf die sich ändernden Anforderungen, Anfragen, Wünsche von
außen ständig neu organisieren und strukturieren muss. Neben der Kommunikation mit der Umwelt gibt es deshalb eine ausführliche interne Kommunikation,
die sich auf die eigenen Mitteilungen an die Umwelt bezieht" (Menne-Haritz
2009, S. 143).

Disziplin
„Wissenschaftszweig; Teilbereich, Unterabteilung einer Wissenschaft"
(Bibliographisches Institut GmbH 2018a)

Mythos
„Person, Sache, Begebenheit, die (aus meist verschwommenen, irrationalen Vorstellungen heraus) glorifiziert wird, legendären Charakter hat" (Bibliographisches Institut GmbH 2019)

Reform
„planmäßige Neuordnung, Umgestaltung, Verbesserung des Bestehenden (ohne
Bruch mit den wesentlichen geistigen und kulturellen Grundlagen)"
(Bibliographisches Institut GmbH 2018b)

self-fulfilling prophecy beziehungsweise selbsterfüllende-Prophezeiung
„ein psychischer Mechanismus, dem eine spezifische Erwartungshaltung bzw.
Attribution und vorteilsvolles, diskriminierendes Verhalten gegenüber einer
anderen Person oder sozialen Gruppe zugrunde liegt. Mit der Zuschreibung von
Verhaltensweisen wird ein Prozess in Gang gesetzt, der bei diesen Personen oder
Gruppen einen Zwang zur Identifizierung mit der zugeschriebenen Rolle bewirkt
(Konformitätsdruck) und schließlich das vermutete Verhalten (z. B. Stehlen)
nach sich zieht, das die Erwartungshaltung bestätigt (implizite Theorien). Entsprechend passt sich auch deren Selbstbild mit der Zeit den Zuschreibungen
sowie den Bedingungen ihrer sozialen Situation an. Diese Mechanismen werden
sowohl negativ (Stigmatisierung) als auch positiv (z. B. bei Schönheit) wirksam"
(Spektrum Akademischer Verlag online 2000a).

© Der/die Herausgeber bzw. der/die Autor(en), exklusiv lizenziert durch
Springer Fachmedien Wiesbaden GmbH, ein Teil von Springer Nature 2020
I. Hadasch, *Wege zur Stadtplanungslehre in der DDR und der BRD um 1970*,
https://doi.org/10.1007/978-3-658-30887-2

Triangulation
„Methode, die zur Steigerung der Validität von Untersuchungen in der qualitativen Forschung eingesetzt wird. Ein Untersuchungsgegenstand wird mit unterschiedlichen Methoden, an unterschiedlichem Datenmaterial, von unterschiedlichen Forschern und/oder vor dem Hintergrund unterschiedlicher Theorien untersucht" (Spektrum Akademischer Verlag online 2000b)

Printed in the United States
By Bookmasters